中等职业教育产教融合立体化系列教材

养蚕学

主编

龚自南

参编

杜　鸿（四川省阆中蚕种场）

张　瑜（四川省阆中蚕种场）

张　开（四川省南充蚕种场）

四川大学出版社

SICHUAN UNIVERSITY PRESS

项目策划：段悟吾　王小碧　宋彦博
责任编辑：庄　溢　李畅炜
责任校对：曹雪敏
封面设计：墨创文化
责任印制：王　炜

图书在版编目（CIP）数据

养蚕学 / 龚自南主编． 一 成都：四川大学出版社，
2021.12
　ISBN 978-7-5690-4783-7

　Ⅰ．①养… Ⅱ．①龚… Ⅲ．①养蚕学－中等专业学校
－教材 Ⅳ．① S881

中国版本图书馆 CIP 数据核字（2021）第 125526 号

书名　养蚕学

主　　编	龚自南
出　　版	四川大学出版社
地　　址	成都市一环路南一段 24 号（610065）
发　　行	四川大学出版社
书　　号	ISBN 978-7-5690-4783-7
印前制作	四川胜翔数码印务设计有限公司
印　　刷	成都金龙印务有限责任公司
成品尺寸	185mm×260mm
印　　张	12.75
字　　数	309 千字
版　　次	2021 年 12 月第 1 版
印　　次	2021 年 12 月第 1 次印刷
定　　价	48.00 元

版权所有 ◆ 侵权必究

◆ 读者邮购本书，请与本社发行科联系。
　电话：(028)85408408/(028)85401670/
　(028)86408023　邮政编码：610065
◆ 本社图书如有印装质量问题，请寄回出版社调换。
◆ 网址：http://press.scu.edu.cn

四川大学出版社
微信公众号

前　言

在本书编写完成前，上一部具有重大影响力的养蚕学教材得追溯到 20 世纪 80 年代，在此之后，教材的修订与更新事业进展迟缓。当时间来到 21 世纪，随着《国家职业教育改革实施方案》（即教育界习称的"职教二十条"）的诞生，为了贯彻落实《国家中长期教育改革和发展规划纲要（2010—2020 年）》，本书应运而生。本书编写团队严格依照教育部《中等职业学校蚕业生产与经营管理专业教学标准》，并结合养蚕生产实际情况确定本书框架与内容。

《养蚕学》是蚕业生产与经营管理专业的核心课程，本书的编写及知识难易程度的安排符合学生的认知规律，全书共分 7 部分，主要特点如下：

1. 知识适用性。本书紧密联系行业实际，坚持以培养职业能力为目标，如对收蚁与除沙操作的演示。

2. 内容时代性。本书及时补充更新教学内容，反映新时代的新知识、新技术，如大棚养蚕。

3. 职业教育性。本书融知识与技能教育、职业道德与职业意识教育于一体，有利于学生择业观、职业操守的树立。

本书还为重点内容配备了视频资料，学生可通过扫描书中二维码进行观看。

感谢四川省南充蚕种场、阆中蚕种场及南部县蚕桑局等单位对本书视频资料拍摄工作的大力支持。

目　录

绪　论……………………………………………………………………（ 1 ）

项目一　蚕与环境……………………………………………………（ 5 ）
　　任务一　概述……………………………………………………（ 5 ）
　　任务二　蚕与气象环境…………………………………………（ 6 ）
　　任务三　蚕与营养环境…………………………………………（ 22 ）
　　任务四　蚕与卫生环境…………………………………………（ 41 ）
　　任务五　环境条件对蚕的综合影响……………………………（ 46 ）

项目二　蚕室、蚕具…………………………………………………（ 48 ）
　　任务一　蚕室……………………………………………………（ 48 ）
　　任务二　蚕具……………………………………………………（ 51 ）

项目三　养蚕生产计划和蚕前准备…………………………………（ 61 ）
　　任务一　养蚕生产计划的制订…………………………………（ 61 ）
　　任务二　现行蚕品种性状………………………………………（ 68 ）
　　任务三　蚕室、蚕具消毒………………………………………（ 70 ）

项目四　催青和收蚁…………………………………………………（ 80 ）
　　任务一　催青……………………………………………………（ 80 ）
　　任务二　补催青与收蚁…………………………………………（ 94 ）

项目五　蚕的饲养技术………………………………………………（100）
　　任务一　小蚕饲养………………………………………………（100）
　　任务二　大蚕饲养………………………………………………（126）
　　任务三　昆虫激素在养蚕上的应用……………………………（145）

任务四　人工饲料育……………………………………………（149）

项目六　夏秋蚕饲养………………………………………………（158）
　　任务一　夏秋蚕饲养的特点…………………………………（158）
　　任务二　夏秋蚕饲养技术……………………………………（162）

项目七　上蔟、采茧和售茧………………………………………（171）
　　任务一　熟蚕的特性及营茧过程……………………………（171）
　　任务二　上蔟…………………………………………………（173）
　　任务三　采茧和售茧…………………………………………（185）
　　任务四　不结茧蚕及不良茧的发生与防止…………………（188）
　　任务五　蚕茧品质检验………………………………………（191）

参考资料……………………………………………………………（197）

绪　论

一、养蚕业的起源及分布

（一）养蚕业的起源

中国是世界文明古国之一，中华民族的祖先凭着智慧和勤劳的双手，在中华大地上繁衍生息，创造文明，对人类文明作出过重大贡献。栽桑养蚕，缫丝织绸，蚕文化的传播，是中华民族对世界文明的卓越贡献。在相当长的历史时期中，我国是世界上唯一生产丝绸的国家，被称为丝国。关于养蚕业的起源，流传着许多美丽动人的传说，如《搜神记》载马皮"卷女以行……尽化为蚕"，《皇图要览》载"伏羲化蚕桑为穗帛"，还有文献说黄帝元妃西陵氏嫘祖教人民养蚕，用蚕丝做衣服。这些传说虽然未必绝对可靠，但仍透露出我国养蚕业的历史相当久远，是世界上最早养蚕和织绸的国家。传说中的黄帝、伏羲时代，据考证大约是在距今 5000 多年前的仰韶时期。

我国养蚕的发祥地在哪里，众说纷纭，尚无确切定论。许多学者认为黄河流域是中华民族的发源地，养蚕也是从黄河流域开始的。在 3000 多年前的殷商时代，养蚕已经成为农业中的重要生产项目。西周到春秋时代，黄河中下游的养蚕业已相当兴盛，其中以山东最为发达。周秦以后，养蚕技术由黄河流域传到四川，尔后遍及长江流域。也有学者主张各地养蚕业各有独自的起源。从出土文物考证，我国养蚕业可追溯到 5000 年前的新石器时代。例如，1926 年在山西省夏县西阴村发现的新石器时代遗址出土有半个切割过的茧壳化石，至少说明蚕与人类在那时已发生联系了。1958 年从浙江省吴兴县（今湖州市吴兴区）钱山漾新石器时代遗址中发掘出的绢片、丝带和丝线，是迄今我国南方发现最早、最完整的丝织品，经测定为 4700 年前的文物。1976 年四川省成都市出土了战国时期的采桑纹铜壶和蚕纹铜戈。河南省安阳殷墟出土的甲骨文中发现有蚕、桑、丝、帛等字。上述这些发现表明我国养蚕业并非发祥于一时一地，而是不同部落在不同历史时期、不同地点由通过采集猎获野蚕茧，发展到利用当地桑、蚕资源，由驯化野蚕家养发展到规模化植桑养蚕，开创了当地的养蚕业。此后随着社会经济的发展和历史的推进，养蚕业才发展到各地区养蚕生产资源和技术相互交流和向外传播的繁荣局面。

（二）丝绸之路

养蚕业在相当漫长的历史时期中，为我国所独有，统治者禁止桑种、蚕种等养蚕业资源外传。但自周代以后，舟车发达，交通越发便利，中国与世界其他国家的交往、贸易增多，再加上丝绸纤细柔软、轻薄飘逸、光泽华丽的特性，使其早就博得邻国及西方人的青睐和惊叹，倍受古罗马和古希腊君王的赞美，被视为与黄金同样贵重的物品。在那种历史条件下，我国丝绸生产远不能满足国内外的需求，我国统治者虽因丝价昂贵而禁止养蚕之术外传，但其仍沿着丝绸运销途径向外传播。这些途径就是众所周知的"丝绸之路"。总括而言，中国养蚕技术向各国传播，是以丝绸输出为先导，继以蚕种、桑种和养蚕技术的外传。其途径大致有三条。

1. 向东传播

我国东北与朝鲜仅一江之隔，早在公元前 11 世纪的商末周初，我国养蚕业资源和技术开始传入朝鲜，再由朝鲜传入日本。到了秦汉时期，中日往来频繁，我国养蚕业技术全面传到日本，对日本养蚕业的兴起和发展起到十分重要的作用。

2. 向西传播

我国古代养蚕业向西传播始于公元前 1—2 世纪的汉代，那时我国与西方各国的交往日益频繁，随着大量丝绸辗转西运，我国养蚕业资源和技术也传到了中亚、西亚直至地中海沿岸和古罗马。自此，东西方文明得以连接，文化得以交流。19 世纪德国地理学家首次将这条以运输中国丝绸为主、连接欧亚大陆的交通大道称作"丝绸之路"。

3. 向南传播

公元 3－4 世纪，由于战乱频繁，北方人口大量南移，把进步的农耕、养蚕业技术陆续传到南方，促进了南方的经济繁荣。加上自秦汉开始，我国的航海技术不断进步，海运业蓬勃发展，我国南方丝绸及其他货物便由水路运往东南亚诸国以及非洲一些国家，由此形成了"海上丝绸之路"。

此外，还有一条丝绸之路，由四川经云南出境到缅甸、印度，为中、缅、印的最早通道，据说此路比北方丝绸之路早两个多世纪，当时我国的丝绸早已由此路输出到南亚、东南亚地区。养蚕业由我国直接或间接地向外传播，遍及亚、欧、非、美洲。

（三）养蚕业的分布

栽桑、养蚕均要求一定的环境条件。特别是桑树生长在野外，受自然条件的影响比较大，故养蚕业的分布主要受桑树自然分布的制约。而桑树的自然分布要受地理和气候条件的限制。

纬度：桑树按其起源来说，是低纬度植物，但从如今的栽培地区来看，已不局限于低纬度地区，还包括亚洲的东南部，东南欧和西欧，北美洲南部及南美洲西北部和东南部，以及非洲的一部分地区。

气候：桑树喜温暖湿润的气候，世界养蚕业主要集中在亚洲的东南部。

气温：世界蚕桑集中产区的平均气温为 10～22℃。

雨量：桑树生长一般以年降雨量 900～1600 毫米为宜。

我国的蚕桑产区现阶段主要分布在西部地区。

广西蚕区：地处热带和亚热带气候区，得天独厚的条件使之成为我国现阶段拥有最大的桑树栽种面积和最多的蚕茧量的地区。

四川蚕区：四川位于我国西南部，长江上游。著名的四川盆地既是我国重要的粮、棉、油生产基地，也是我国重要的蚕区之一。四川养蚕业历史悠久，素有"蚕丛古国"

之称。近年来，凉山州养蚕业发展速度很快，是四川优质的蚕茧生产基地。

二、养蚕业的特点和地位

（一）养蚕业的特点

1. 综合性生产

养蚕业包括植物栽培和动物饲养两项生产。就其性质来看，总的来说属农业。但栽桑是造林，可属林业，养蚕生产蚕茧，也可以说是林业的一种副业。蚕是昆虫，虽是小动物，但动物养殖的原理是一样的，故可属牧业。养蚕业可以说是涵盖农、林、牧、副四大产业的综合性生产。

2. 生态型生产

栽桑养蚕对农业生态平衡起着良性循环作用。栽桑既可养蚕，增加农民收入，提供工业原料，又能绿化环境，保持水土，调节气候。桑树全身是宝，桑枝可作肥料和燃料，更可造纸，桑叶喂蚕后的副产物如桑渣、蚕沙等，可作养鱼、养猪、养羊的饲料。广东的"桑基鱼塘"就是以桑叶喂蚕，以蚕沙养鱼，以鱼塘泥肥桑，这种实现物质循环、能量转换的良性经营模式，被国际上誉为农业生态经营的典型。

3. 劳动密集型生产

养蚕业工序多，技术操作繁细，是一项精巧的手工劳动，目前机械化程度仍有待提高，需要的劳动力多，这项生产是一种劳动密集型的生产。

4. 特产性生产

发展养蚕业要求一定的自然环境条件，气候要求温和，气温过高过低都不好。世界上发达的养蚕业集中在亚洲的中国、印度和越南等国家，这些国家的部分地区处在季风区域，故蚕丝又被称为季风区的特产。在全世界中，消费蚕丝的国家多而生产者少，故养蚕业常被视为特产业。

5. 商品性生产

养蚕业是一项商品化程度很高的产业，无论是原料、成品还是半成品都可以直接进入市场流通。原料茧生产与农户相连，丝织品与国内国际市场相连，养蚕生产环境繁多，产业化程度高，桑、蚕、种、茧、丝、绸相互关联，是一项庞大的系统工程。

（二）养蚕业的地位

蚕丝具有透气、吸湿、坚韧、轻柔、光泽好、易染色等特点，素有"纤维皇后"之称，是纺织工业的重要原料，不仅可织成各种精美的绫、罗、绸、缎，还可用于食品、医药、化工等领域。蚕蛹、蚕粪等副产物也是医药、食品、化工的重要原料。从蚕蛹中可提取蛋白质和多种氨基酸；蛹油可制肥皂，并可提取出多种脂肪酸；蚕粪不仅是很好的家禽饲料和有机肥料，从蚕粪中提取的叶绿素、植物醇和甾体激素，还可被广泛应用于农业和医药业。

我国历来有"男耕女织，农桑并重"的传统，养蚕生产是农村的一项主要副业，也是一项利国利民的产业，主要有如下优点。

一是活跃农村经济，增加农民收入。发展养蚕生产，可以充分利用农村劳动力和土地等资源，是很好的骨干副业。

二是为纺织工业提供原料。养蚕生产蚕茧，为发展纺织工业提供原料。纺织工业是我国历史悠久、规模较大的民族工业。

三是支援外贸出口。丝绸是我国传统的出口商品，早已闻名全球。我国是世界上最大的丝绸输出国，在国际丝绸市场上占主导地位。

三、现代养蚕业科学技术的进展

近半个世纪以来，我国的养蚕技术有了很大的发展，一些科技成果不仅用于养蚕生产，还广泛应用于生物科学领域。早在20世纪初，杂交技术就开始被应用于养蚕生产，并通过杂交育种培育出许多高产、抗病、出丝率高的优良蚕品种。1924年，家蚕人工孵化技术开始被用于养蚕生产，使过去一年只能养1~2次蚕变成一年多次养蚕，并能人为控制养蚕时间，推动了养蚕业的发展。家蚕病毒病、真菌病等蚕病的病原的发现，为蚕病的有效防治提供了可靠的依据，使蚕病危害性大大降低，提高了蚕茧的产量和质量。家蚕人工饲料研究的成功，为养蚕的机械化、工厂化生产开辟了广阔的前景。昆虫保幼激素、蜕皮激素、抗保幼激素等的发现及其在养蚕生产上的应用，使人为控制蚕的生长发育成为可能，并能有效地提高茧丝产量。蚕桑机械及省力化养蚕技术的研究和推广，减轻了栽桑养蚕的劳动强度，提高了劳动生产率。

近年来，家蚕作为科学研究的模式生物，在一些基础研究和应用研究方面已取得重要进展。转基因家蚕已经出现。利用蚕作生物反应器可以生产出很多有用的蛋白质或多肽，可被用于医疗、保健、食品等很多领域。以蚕丝为原料制造的外科手术缝合线明显优于普通手术缝合线。用蚕丝制成的丝素膜在医疗上的应用也日趋广泛：以丝素膜为材料可以制造隐形眼镜、人工皮肤、人工角膜、人工肺、人工肾等；如果在丝素溶液干燥成膜时，把具有抗血液凝固性的药物加入其中，就可形成制造人造血管的材料。利用蚕丝能将水溶性的酶固定在水不溶性的丝素上的特性可以制成固定化酶，再将这种固定化酶制成膜，以此为材料可以制成生物传感器，用于生化物质的提取和疾病的诊断。日本已将这一技术用于糖尿病快速检测及癌症的诊断。蚕丝钙化溶液具有抑制血栓形成的功能，同时还有延缓血液凝固的作用，利用蚕丝这种性质，有望制成抗血栓的新药。自20世纪日本科学家首次报告利用家蚕高效生产人的干扰素后，以多角体病毒为载体在蚕体中生产异源蛋白的研究发展迅速，并有多种表达产物已在医药领域进入临床试验阶段，展现了十分灿烂的前景。

未来的养蚕业，既要为纺织工业提供原料，满足人们对丝绸的需求，又要为食品、医药、化工等工业提供原材料。尤其是利用蚕体生产异源蛋白一旦达到实用化时，养蚕生产发展的趋势将是规模化、机械化、工厂式的产业化生产，将给古老的养蚕业注入新的活力。

养蚕学是蚕桑专业的主要专业课程之一，它是一门以蚕体解剖生理学及蚕病学为基础的应用科学。学习本课程的目的在于掌握养蚕生产的基本知识、基本理论和基本技术，坚持理论与实践相结合，加强与相关课程的联系，在学习理论知识的同时，积极实践，注重将基础理论知识应用于指导养蚕生产的过程，获得基本技能。

项目一　蚕与环境

任务一　概述

一、生物与环境的关系

任何生物都不能脱离环境条件而生存。生物体要从周围环境中摄取营养，供给自身组织器官生长发育的需要，并向周围环境排出新陈代谢的废物。因此，周围环境也因生物体的活动而改变。这种长期存在的互动关系，构成了环境条件对生物体生长发育的影响，也构成了生物体对一定环境（生态条件）的适应。

二、蚕与环境的关系

蚕和其他任何生物有机体一样，不能脱离特定环境而生存。

家蚕在长期的自然选择和人为培养过程中，逐渐形成了对一定环境有限的适应性。在环境满足蚕各发育阶段的生长发育要求时，蚕生长发育正常，才能正常地完成其生活史，养蚕人从而获得量多质优的蚕茧并制造出优良的蚕种。否则，在异常的外界条件影响下，蚕将生长不良，体弱多病，甚至死亡，生产必遭损失。根据客观自然规律、蚕生长发育的规律，研究蚕正常生长发育所要求的环境条件和养蚕过程中可能发生的异常环境条件对蚕生理的影响，就可以发挥主观能动性，为蚕创造良好的生长发育环境，以达到养好蚕、结好茧，为缫丝工业提供量多质优的原料茧的目的。

三、养蚕环境

养蚕环境是蚕周围所有外界因素的总称。养蚕环境包括气象环境、营养环境、卫生环境。气象环境包括温度、湿度、空气、气流、光线；营养环境主要指桑叶的数量与质量以及人工饲料、代用饲料的数量与质量；卫生环境包括蚕区卫生、蚕室和蚕具卫生、蚕座卫生。在养蚕过程中，这些因素都可能直接或间接地影响蚕的生长发育、健康和产茧量。正确调节蚕与环境的关系，是养蚕技术的主要内容。

任务二　蚕与气象环境

养蚕的气象环境是指周围大气环境和养蚕场所的微气象环境，养蚕生产主要研究养蚕场所的微气象环境。微气象环境不但对蚕产生直接影响，而且通过影响饲料和病原生存、繁殖等对蚕产生间接影响。气象环境主要指蚕所接触的温度、湿度、空气、气流和光线等。蚕对这些因素的适应具有一定限度，适宜的环境条件有利于蚕的生长，反之，蚕的正常的生长发育便受到抑制。恶劣的环境条件还会对蚕的生命造成威胁。

一、温度

（一）蚕的体温特点

1．变化特点

①蚕是变温动物，脑内没有热调节中枢，缺乏调节体温的能力，体内产生的热量比恒温动物少，其体温极易受外界温度的影响，会随着外界环境变化而变化。因而养蚕过程中必须控制环境温度，保持饲育温度稳定，保证蚕正常的新陈代谢。

②在外界温度相同的条件下，蚕的体温因蚕的龄期及同一龄期不同发育阶段而有所差异。

同等条件下，大蚕体温比小蚕体温高。小蚕体温比室温低 0.5℃左右，大蚕体温比室温一般高 0.3～0.5℃，这表明蚕的体温随着龄期的增长而升高。同一龄期中，又以龄初体温较低，以后逐渐升高，生长到一定程度时，体温达到该龄期的最高点，以后逐渐下降。

③蚕体温因饲养环境不同而不同。当气温高时，蚕的体温与气温的差异较显著，气温较低时，这种差异较小。

同时，当空气干燥或有气流时，蚕体内水分容易散发，带走的热量多，使蚕体温较低；相反，空气湿度大或蚕座内残桑量多，蚕座潮湿，蚕体内水分散发量小，体热散发亦减少，体温就较高。因此在大蚕期气温较高时，应避免蚕座潮湿，以免蚕的体温升高，给蚕的生长带来不利影响。

2．蚕的体热来源

蚕的体热来源主要有两种：蚕体内进行生物氧化活动所产生的热量和外部热量（太阳辐射热和人工加热）。蚕从食物中摄取水分的 60％留存在体内，剩下的 40％是通过体壁和气门来散发的，水分的散发会带走一定热量。

3．蚕的体温平衡

从环境条件上讲，温度高，蚕的生命活动旺盛，产生的热量多，从而使体温升高；在多湿、密闭或气流弱的情况下，蚕体水分通过体壁和气门蒸发的量少，热量不易散失，体温也较高。蚕的体温的变化主要与体表面积的变化有关。从龄期上讲，随着龄期的变化，蚕体表面积也跟着变化，致使热量散失有快慢之分。蚕的单位体重体表面积随着龄期增长而变小，如1千克蚁蚕的体表面积约16.5平方米，而1千克上蔟前的五龄蚕的体表面积仅为0.45平方米，前者是后者的近37倍。小蚕单位体重体表面积较大，体壁又薄，容易散热，而大蚕单位体重体表面积较小，体壁厚，不易散热；同时，小蚕体内水分比大蚕容易散发，从身体带走的热量也较多，是以小蚕、大蚕的体温与室温相比有所不同。

（二）温度对生长发育的影响

1. 温度对蚕发育的影响

蚕的生长发育受温度的影响很大，只有在一定的温度范围内，蚕的生长发育才能正常进行。一般地，蚕的发育起点温度为7.5℃；活动基本正常的温度范围为10～32℃。0～5℃时，蚕的活动几乎停止；-10℃时，蚕的生理活动达到最低点；-15℃时，蚕将被冻死；32～39℃时，蚕因高温而使不规则运动增加；39～44℃时，蚕的生理活动下降；44～46℃时，蚕呈昏迷状态；50℃时，蚕将被热死。

蚕能完成正常发育的温度范围为20～30℃。在此温度下，温度越高蚕的发育越快。如果温度超过30℃，龄期经过反而比在30℃时更长，发育减慢，如长时间如此将不利于蚕的生长。饲育温度对蚕发育的影响如表1-2-1所示。

表1-2-1 饲育温度对蚕发育的影响

温度/℃	一龄	二龄	三龄	四龄	五龄	全龄
15	100.00	100.00	100.00	100.00	100.00	100.00
20	55.73	53.82	60.80	62.33	51.75	56.88
25	33.43	30.70	33.51	40.15	31.80	33.92
30	28.35	24.35	26.04	31.35	24.88	26.99
35	30.12	25.71	26.09	33.54	25.03	28.10

注：表中数据以饲育温度为15℃时各龄龄期经过为100.00的指数。

小蚕期饲育温度的高低，对大蚕的发育有延长的作用，即小蚕因高温发育加快时，大蚕的发育时间会相应延长。养蚕生产上在适温范围内，小蚕偏高温饲育，大蚕偏低温饲育，可使大蚕期适当延长，食桑增加，茧量提高。蚕对温度的感受，在同一龄期的不同发育阶段也有不同，如小蚕饷食期和催眠期接触高温不会使龄期经过明显改变。养蚕生产上利用催眠期升高或降低温度来调节蚕的发育速度，控制蚕的日眠。

2. 温度对蚕生长的影响

温度对蚕的生长（体重的增加）的影响很大，与发育一样，蚕能正常生长的温度范围为20～30℃，在此范围内，蚕的生长随温度升高而增快，超过或低于此温度范围均不利于蚕的生长。其影响又因蚕龄而不同，从表1-2-2可以看出，在小蚕期采用17℃低温饲育或29℃高温饲育，蚕增重比用24℃中温饲育快，其中二、三龄期高温饲育比低温饲育增加的绝对量小，但到四龄期时情况开始转变，高温饲育的蚕比低温饲育的蚕增加的绝对量大，高温饲育的蚕体重仍重于中温饲育的，而到五龄期时低温饲育的蚕体重比中温饲育的轻，用高温或低温饲育的蚕的全茧量都比用中温饲育的轻。因此，单位时间蚕体重的增加量，以高温饲育者最大，低温饲育者最少，即用高温饲育的蚕生长最快，但因饲育温度高，龄期经过缩短，其体重不及中温饲育的蚕。

表1-2-2　饲育温度对蚕生长的影响

温度/℃	一龄起蚕重	二龄起蚕重	三龄起蚕重	四龄起蚕重	五龄起蚕重	全茧量	全龄经过
17	100.0	105.4	104.7	104.8	91.4	90.3	193.0
24	100.0	100.0	100.0	100.0	100.0	100.0	100.0
29	100.0	102.3	102.3	120.2	103.6	93.3	68.8

注：表中数据以饲育温度为24℃时的各项数据为100.00的指数。

各龄蚕对温度的要求以一龄最高，五龄最低，二至四龄居中，如果一至三龄期用高温饲育，蚕生长速度加快，但到了四至五龄期生长日趋缓慢。相反，当一至三龄期用低温饲育时，四至五龄期蚕的生长速度则加快。由此可见，蚕自身对温度具有一种补偿调节的机能。

（三）温度对蚕生理的影响

1. 活动情况

在适当的温度范围内，温度升高时，蚕行动活泼，单位时间食桑量增加，消化吸收和血液循环等生命活动都加快，新陈代谢旺盛，龄期经过缩短。

2. 温度与蚕食下量、消化量的关系

食下量是指蚕食下桑叶的量，即给桑量减去残叶量。消化量是指蚕食下桑叶被消化吸收的量，即食下量减去排泄量。在适宜温度范围内，蚕的单位时间食下量、消化量均随温度的升高而增加，超过一定温度时，蚕的单位时间食下量、消化量均减少。

3. 温度与蚕的呼吸、血液循环作用的关系

蚕的呼吸量以单位时间内呼出二氧化碳的多少来衡量，在适宜温度范围内，其随温度的升高而增长。血液循环作用的快慢，可以从蚕在单位时间内脉搏鼓动的次数看出，蚕的血液循环与食下量、消化量一样，也是在一定范围内，随温度增高而增加。

4. 酶的活性情况

酶是生物体内产生的一种具有高度特异催化作用的蛋白质。蚕的一切生理活动都是其体内各种酶参与进行的一系列生物化学反应的结果。温度对蚕的生理活动影响很大，其实质是温度影响蚕体内各种酶的活性，从而改变了蚕新陈代谢的速度，引起蚕生长发育的变化。

蚕体内的酶有很多种，各种酶工作时都有各自的最适温度范围。平衡各种酶工作的最适温度，以20~28℃为宜，在这一适宜的温度范围内，温度升高，酶的催化作用增强，相反，温度降低，酶的活动受到抑制。

由于酶是一种蛋白质，如温度过高（超过30℃），蚕体内酶的活性将受到抑制或破

坏，使蚕的生命活动受抑制，蚕的健康受影响，若加上其他不良条件，蚕就容易发病。如果温度过低，酶的活动同样会受抑制，影响蚕新陈代谢的进行，使蚕的生理作用减弱。但低温时酶的作用虽微弱却并不消失，如温度回升，仍可恢复活力。所以蚕对低温有一定的抵抗能力，例如蚁蚕在 3～5℃环境下可存活 3～5 天。不过，大蚕对低温的抵抗力较弱，五龄蚕在 5℃低温下短时间冷藏，即可能患上蚕病，长时间冷藏，发病率更高。

5. 温度与减蚕率的关系

温度通过影响蚕体内的酶的活力，使蚕的体质受到影响，蚕的抗病力亦有所不同。从表 1-2-3 可以看出，小蚕期以 25～30℃饲育时减蚕率较低，而大蚕期特别是五龄期以 20～25℃饲育时减蚕率较低。从中可以看出：

①小蚕耐高温能力较强，而大蚕耐高温能力较弱，无论哪个龄期，20℃以下、30℃以上的条件下减蚕率均高。

②温度过高、过低，蚕的抗病力均会减弱，蚕容易感染发病。

③饲育温度对家蚕的抗病力有较大影响：饲育温度为 20～29℃时，对小蚕不致引起抗病力的变化，但超过 30℃，将使蚕的抗病力明显下降。大蚕用 25℃以上温度饲育时，其抗病力会急剧下降。

④特别需要注意的是，眠中短时间接触异常高温，次龄起蚕（特别是五龄蚕）对病原的感染抵抗力会急剧下降，因此，眠中，特别是大眠中，切忌让蚕接触高温。在养蚕生产上，眠中保护温度需降低 0.5～1℃。

表 1-2-3　不同温度下各龄期减蚕率　　　　　　单位：%

温度	一龄	二龄	三龄	四龄	五龄
15℃	23.9	26.3	52.3	53.9	35.3
20℃	17.1	32.7	29.9	24.1	8.2
25℃	12.3	17.6	16.4	14.4	20.8
30℃	11.2	13.8	14.3	18.7	41.2
35℃	21.9	29.5	24.9	50.4	86.6

总之，温度实际上是通过对蚕体内酶的影响而对蚕的生理起作用的。因此，养蚕生产必须在适合蚕体内各种酶活动的温度中进行，才能取得良好的结果。

（四）温度对蚕茧产质量的影响

1. 温度对全茧量的影响

全茧量是衡量茧质的依据之一。全茧量的高低因小蚕期和大蚕期饲育温度不同而有差异。从表 1-2-4 可以看出，饲育过程中小蚕期用 28℃左右的高温饲育，大蚕期用 24℃左右的低温饲育，这样既可提高全茧量，又可缩短龄期经过。

表1-2-4　饲育温度对全茧量的影响

小蚕期饲育温度/℃	大蚕期饲育温度/℃	全茧量/g	全龄经过/h
24	24	1.58	908
24	28	1.49	706
28	24	1.69	640
28	28	1.54	430

其原因是小蚕期高温饲育对大蚕期发育时间有延长作用，小蚕高温饲育，大蚕低温饲育，大蚕期龄期经过延长，蚕食桑量增多，因此全茧量较高。

2. 温度对产茧量的影响

产茧量的高低受全茧量和减蚕率等多种因素的影响。温度可通过影响蚕体内各种酶的活性而影响蚕的生理活动，因此温度对产茧量的影响是很大的。

从表1-2-5可以看出，现行蚕品种五龄期均用24℃左右温度饲育时，减蚕率低，产茧量高。如用20℃的低温饲育，五龄期经过延长，给桑量增加，产茧量反而降低，千克茧用桑量明显增加，经济效益差。如用26℃饲育，减蚕率明显提高，产茧量下降。总之，饲育温度过低，将使龄期经过延长，给桑量增加，产茧量降低；饲育温度过高，将使减蚕率明显提高，产茧量下降。可见温度过高或过低均会降低产茧量。

表1-2-5　不同饲育温度对产茧量的影响

温度/℃	五龄经过/（d：h）	万头给桑量/kg	千克茧用桑量/kg	减蚕率/%	万头产茧量/kg	出丝率/%
20	8：16	395	23.4	3.0	16.9	17.0
24	7：18	340	19.5	2.5	17.4	17.9
26	7：10	301	19.0	3.5	15.8	17.9

3. 温度对丝蛋白的影响

蚕从桑叶中吸收的营养物质，在五龄第三天以前，主要留存在丝腺以外的蚕体组织内，而从五龄第四天开始则主要留存在丝腺内。研究显示，五龄蚕从桑叶中吸收的蛋白质在丝腺和其他蚕体组织中的留存率，因饲育温度的高低而不同。五龄后期若用20℃左右饲育时，蚕吸收的营养物质大部分参与蚕体组织蛋白的合成，仅少数参与丝蛋白的合成，因而蚕体虽肥大，但茧质差，出丝率低；相反，用24℃左右的较高温度饲育时，丝蛋白的合成旺盛，丝量显著增加。

丝蛋白的氨基酸的组成中，最主要的是甘氨酸，24℃饲育的蚕血液中甘氨酸含量要比20℃饲育的蚕低50%。这表明24℃饲育较20℃饲育的蚕有更多的甘氨酸被用来合成丝蛋白，促进了蚕体丝腺的生长。即高温有利于丝蛋白的合成，能提高茧层率和出丝率。

蚕体丝腺的发育成长与激素有关，主要受蜕皮激素的支配，而激素又受温度的支配，即温度通过调节激素的合成来影响丝蛋白的合成。当蚕体内的保幼激素与蜕皮激素都存在时，丝腺的合成作用受抑制，只有保幼激素分泌停止，蜕皮激素起主导作用时，丝腺的合成作用才活跃。一般在五龄后期可适当提高饲育温度，促进蜕皮激素的分泌，使丝腺显著成长。

综上所述，温度通过影响蚕的生长发育和丝物质合成等生命活动，从而影响蚕的体质，继而影响产茧量。小蚕期高温饲育（28℃左右），大蚕期中温饲育（24℃左右），有利于产茧量的提高。

（五）温度与发生三眠蚕和不结茧蚕的关系

养蚕过程中常有三眠蚕或五眠蚕发生，这与温度有一定的关系。小蚕期以高温饲育易使四眠蚕变三眠蚕。从表1-2-6可以看出，小蚕期以25℃以上温度饲育时，三眠蚕开始增多。在一至三龄期中以二龄期接触高温时三眠蚕发生率最高，如一、二龄期连续接触高温，则三眠蚕发生更明显。相反，小蚕期用22～24℃饲育可使五眠蚕增多。

控温不当将导致不结茧蚕的发生。不结茧蚕发生率也随着饲育温度的升高而增高。一、二龄期用温超过28.9℃时，不结茧蚕明显增多。在各龄期中，以四龄期接触高温时所发生的不结茧蚕率最高。此外，五龄期饲育温度高低激变或蔟中用温过低，或以26℃以上的高温催青，都可导致不结茧蚕的发生。

表1-2-6　饲育温度对三眠蚕和不结茧蚕发生率的影响

饲育温度/℃			三眠蚕发生率/%	不结茧蚕发生率/%
一龄期	二龄期	三龄期		
26.7	26.7	25.0	0.05	1.13
27.8	27.8	26.1	0.10	3.17
28.9	28.9	26.1	3.23	2.82
30.0	30.0	26.1	7.44	5.84
30.0	30.0	27.8	7.62	7.34
31.1	31.1	26.1	26.07	7.70
31.1	31.1	29.4	28.66	9.97

（六）蚕的饲育适温

适温有生理适温和饲育适温之分。

生理适温：指生物在生存和发育上最适宜的温度，也就是使生物体内各种酶的催化作用旺盛而协调的温度。蚕体内主要酶类的适温为20～28℃，这基本上是蚕的生理适温范围。

饲育适温：指生产上在考虑生理适温的基础上，谋求有较高经济效益的温度。因此饲育适温与饲育目的有关。丝茧育的目的是获得优质高产的蚕茧，其饲育适温应利于蚕进行正常的生理活动，在此温度下，蚕生长发育良好，体质强健，同时能节约用桑和劳力，提高叶丝转化率。饲育适温和生理适温基本上是一致的。

饲育适温应根据饲育目的、蚕品种特性、发育龄期、饲育环境等具体情况来决定。

①饲育适温因目的不同而不同。如五龄期用 24℃ 或略高的温度饲育，有利于蚕丝腺的生长，能缩短龄期经过，提高茧质，但不利于蚕体健康；如用较低的温度饲育，有利于蚕体蛋白的积累，蚕能正常发育繁殖后代，但茧质差，龄期长。因此，丝茧育的五龄饲育适温应比种茧育略高，以用 24℃ 饲育为宜。

②饲育适温因蚕品种不同而不同。原种比杂交种，日本种比中国种，一化性品种比二化性品种，二化性品种比多化性品种的饲育适温稍低。

③饲育适温因发育龄期不同而不同。一至四龄蚕对低温的适应性弱，如遇低温则会出现龄期经过延长，发育不齐，蚕体虚弱。用较高温度饲育时，蚕不但龄期经过短，而且食下量、消化量及体重增加快，全茧量和茧层量也有增加的倾向。相反，五龄蚕对低温的适应性比四龄蚕强，如遇高温则危害较大，虽然龄期经过短，但食下量、消化量减少，全茧量和茧层量减少。养蚕生产上应掌握小蚕期用温偏高，大蚕期偏低，同一龄中，龄初偏高，后期和眠中偏低的规律。

④饲育适温因饲育环境不同而不同。通风不良，叶质差，给桑量不足或养蚕技术较差时，饲育适温应偏低。

综上所述，蚕的饲育适温为 20～28℃。其中，一般一、二龄期用 26～28℃，三龄期用 25～26℃，四龄期用 24～25℃，五龄期用 24℃。在此温度下饲养，蚕发育快，食下量、消化量多，体重增加快，全茧量、茧层量高。

二、湿度

湿度对蚕的影响仅次于温度，但本质上与温度有类似的作用，其主要是通过引起蚕体内水分的变化而影响蚕的生理，还可通过影响营养物质、病原的繁殖间接对蚕产生影响。

（一）湿度的定义

湿度指空气中含有水分的多少，是表示空气潮湿程度的物理量，有绝对湿度、饱和湿度和相对湿度之分，养蚕生产上湿度常用相对湿度来表示。

绝对湿度：单位体积内空气所含水分的质量，单位为 g/m^3。

饱和湿度：在一定的温度、气压下，空气中所能容纳的水分质量的最大值。

相对湿度：在一定温度、气压下绝对湿度与饱和湿度之比，用百分率表示。相对湿度值小，表示干燥，相对湿度值大，表示潮湿。当相对湿度达 100% 时，为水量饱和。

养蚕生产中采用的相对湿度，一般用干湿球温差（以下简称"干湿差"）来表示，差数大表示干燥，差数小表示潮湿。生产上常用干湿计来测量相对湿度，这种干湿计可以测得空气的干湿差，根据某一温度下的干湿差，查对相对湿度表，便得到这一温度下的相对湿度。蚕室的湿度还可用干湿差直接表示。但要注意，用干湿差表示相对湿度时，必须连同当时的温度一起标示才有意义，干湿差不能单独表示相对湿度。蚕室内的相对湿度会因温度的升降而变化，所以升温时应注意补湿，低温多湿时，升温可以排湿。

（二）蚕体水分及其平衡

1．蚕体水分

水是生物生命活动的基础，蚕及一切生物的新陈代谢都是以水为介质的，体内营养物及代谢物（包括废物）的运输都离不开水，水分是蚕体的主要成分，并以自由水和结合水两种形式存在于蚕体内。

经测定，刚孵化的蚁蚕蚕体含水率为76%左右，食桑后急速上升，经24小时后达到85%，之后继续上升至87%，并且在一龄后期至五龄初期中基本保持这个水平。五龄第三天后开始急速下降，至熟蚕时与蚁蚕大致相同为75%。

2．蚕体水分平衡

（1）水分来源和排泄

蚕需要从环境中获得一定的水分，蚕体水分主要来自桑叶中的水，其次来自体内的代谢水，即蚕体生物氧化过程中所产生的水。蚕也要排出体内多余的水分：从桑叶中吸收的水分和蚕体代谢产生的水，除留存体内外，一部分经泌尿管随尿排出体外，一部分经气门呼出和体壁蒸发，以气态形式散发体外。蚕必须保持体内水分的得失平衡，才能保证生理活动的正常进行，否则会导致生理活动异常或中止，使蚕发育不良或死亡。蚕体水分的平衡主要决定于空气的湿度，但蚕也有一定的调节体内水分的能力。

（2）水分调节

当蚕需要水分时，可增加消化管对食下桑叶中水分的吸收量。在环境极其干燥时，蚕可关闭气门较长时间，以减少水分的散发量；当体内水分过多时，蚕除减少消化管对水分的吸收量外，可同时增加泌尿管对水分的排出量，即增加排尿量，以保持蚕体水分的得失平衡。

但蚕体对水分调节的机能并不强，饲育时必须人为地利用桑叶含水率及湿度等环境条件加以调节。蚕体的水分平衡与外界环境、发育龄期及蚕品种都有很大关系。

①环境干燥时，经气门、体壁蒸发失水多，经粪、尿排出的水分量虽相应减少，但总的失水量增加，因而蚕将增加对桑叶中水分的吸收量，以保持蚕体的水分平衡。如果环境过干，特别是在小蚕期或长期干燥的情况下，蚕体水分就会不足。环境过湿，特别是在大蚕期较湿润时，蚕体水分散失困难，也会破坏水分平衡。即在多湿时，蚕虽可增加泌尿管对水分的排出量，减少消化管对桑叶水分的吸收量，但蚕体含水率仍然会偏高。

②蚕体水分的平衡，又因龄期不同而有很大差异。小蚕因单位体重的体表面积和气门面积都较大，体壁蜡质层又薄，蚕体水分容易散失，小蚕生长又快，需要大量水分来构成蚕体，故小蚕特别是一、二龄蚕适宜生存于多湿的环境。大蚕则相反，蚕体水分经气门和体壁散失困难，而适宜生存于较干燥的环境。

（三）湿度对生长发育的影响

湿度对蚕生长发育的影响有直接和间接两个方面。湿度会直接影响蚕的体温调节、水分平衡和生理代谢的正常进行，继而影响蚕的生长发育。从表1-2-7可以看出，在温度一定的条件下，用90%的湿度饲养的蚕，龄期经过比用60%湿度饲养的缩短两天半左右，说明湿度在一定范围内，有促进蚕的生理活动的作用，使蚕发育速度加快。

表1-2-7　饲育湿度对全龄经过的影响

温度/℃	湿度/%	全龄经过/（d：h）	减蚕率/%
25	60	23：1	20.1
25	75	21：23	14.5
25	90	20：11	25.3

间接影响主要是湿度会影响蚕座的卫生条件和桑叶的含水量。过于干燥时，桑叶容易失水凋萎，影响蚕的食下量和消化量，导致蚕营养不良，发育缓慢，龄期经过延长，而多湿还会助长病原的滋生，蚕容易发生僵病。其具体情况如表1-2-8所示。

表1-2-8　饲育温湿度对蚕体影响对照表

项目	温度的影响	湿度的影响
龄期经过	随温度升高而减弱	随湿度增大而增强
健康性	高温对小蚕危害小，对大蚕危害大；低温对小蚕危害大，对小蚕危害小	多湿对小蚕危害小，对大蚕危害大；干燥对小蚕危害大，对大蚕危害小
绝食生命力	随温度升高而减弱	随湿度增大而减弱
体温	随温度升高而上升	随湿度增大而上升
脉搏	随温度升高而增加	随湿度增大而增加
呼吸	随温度升高而增强	随湿度增大而增强
消化量	随温度升高而增加	随湿度增大而增加

（四）湿度对蚕生理的影响

1. 湿度对蚕生理影响的表现

湿度对蚕生理的影响与温度相似。蚕在多湿的环境中，表现为血液循环加快，脉搏次数增多，呼吸量增大，体温上升，食桑量增加，龄期经过缩短，蚕体肥大。在过干时，蚕较瘦小，行动迟缓。在一定范围内，蚕的食下量、消化量、消化率随着湿度的升高而增加。其具体情况如表1-2-9所示。

表1-2-9　不同饲育湿度对蚕生理的影响

湿度/%		饲育经过/d：h	食下量/g	食下率/%	消化率/%
一至三龄	四至五龄				
70	80	22：2	3.459	37.18	52.35
80	80	22：1	3.553	38.19	53.91
90	80	21：3	4.019	42.80	63.89

2. 湿度对蚕生理影响的实质

（1）湿度影响蚕体内酶的生理作用

环境的干湿关系到蚕体水分散失的快慢，影响蚕的体温调节等，进而影响蚕体内酶的生理作用，影响蚕的生长发育。

（2）湿度影响蚕体水分的平衡

水是蚕体的主要成分，是蚕体细胞原生质和各种分泌液的组成成分，是蚕体内最好的溶剂。营养物质都必须呈溶液状态，才能被蚕体吸收利用。血液中的水具有运输体内营养物质和代谢废物的作用，即水是蚕体生命活动中不可缺少的物质。环境干湿程度会影响蚕体含水量，影响血液的酸碱度和渗透压，影响蚕体内营养物和排泄物的溶解和运输等。在环境条件过干时，蚕食下水分与排出水分往往不平衡，蚕体水分减少，血液含水率降低，渗透压提高，妨碍物质代谢的进行，使蚕举动迟缓，对疾病的抵抗力降低。在多湿时，特别是高温多湿条件下，蚕食下水分多的桑叶时，将大量排尿，使体内盐类含量显著降低，血液渗透压下降，pH值降低，致使蚕体虚弱，容易发病。在多湿情况下饲养多丝量品种时，往往会出现大量因蚕体肥大、血液酸度增加引起神经麻痹而不结茧的蚕。

（3）湿度影响桑叶的新鲜度和蚕座卫生

干燥时，蚕座卫生状态良好，但给桑后桑叶容易萎凋，使蚕营养不良，龄期经过延长。相反，多湿时桑叶容易保持新鲜，蚕能充分饱食，蚕的生长发育加快，但往往使其蚕体水分率偏高，蚕体肥大，健康度下降。同时多湿环境便于病原繁殖，使蚕座卫生状况不良，减蚕率增长。

（五）饲育适湿

1. 饲育适湿的定义

饲育适湿是指能使蚕充分饱食，有利于蚕维持体内水分平衡，进行正常生理活动，使其生长发育良好、体质强健，从而使蚕茧优质高产，并能节约桑叶和劳力的湿度。适湿与适温一样，因蚕品种、发育时期及其他饲育条件不同而有差异。

2. 饲育适湿与蚕品种

蚕品种不同时，其体壁蜡质层的含量也不同，体壁的透水性有差异，故饲育适湿因蚕品种差异而不同。如多化性蚕品种比二化性蚕品种的体壁蜡质含量少，体壁透水性强，宜用较湿的环境饲育。

3. 饲育适湿与蚕的发育龄期

在小蚕期特别是一、二龄期，由于蚕生长迅速，水分容易通过体壁及气门散失，用桑嫩容易凋萎等原因，宜用多湿的环境饲养；大蚕期则相反，宜用较干燥的环境。因此，饲育适湿应在一龄期多湿，五龄期干燥，随着蚕龄增大而降低湿度。在同一龄期中，应是前期偏湿，后期偏干，眠中应比食桑中干燥，眠中又应是前期偏干，后期偏湿，既利于保持蚕座卫生，又利于蚕蜕皮。

4. 饲育适湿与饲育环境

饲育适湿的选择还与当时的环境条件有关，如春蚕期用桑较嫩的小蚕期和秋蚕期用桑较老的大蚕期，应采用偏湿的环境，使桑叶保持新鲜，增加蚕食下量，以促进其发育。

5. 饲育适湿标准与饲育型式

一龄期的饲育适湿为90%，以后逐龄降低5%左右，到五龄期为70%，饱和状态下的多湿或50%以下温度的干燥环境，对蚕的生长发育不利。适湿标准还因饲育型式不同而有差异。采用防干育时应比采用普通育时注意保持多湿，在防干育中因饲育型式不同也有区别。小蚕期采用炕房育或炕床育的，一、二龄期适湿多为95%，三龄期适湿多为90%。小蚕期若采用薄膜覆盖育，饲育的相对湿度可比标准降低5%。

三、空气和气流

蚕与高等动物一样，依靠呼吸作用将体内有机物氧化分解并产生热能和机械能，并将二氧化碳排出体外。蚕就是这样不断进行着新陈代谢作用、维持生命活动，完成其生长发育的，因而空气中的二氧化碳和氧气及其他有害气体含量直接关系到蚕的生理及生长发育。

（一）空气对蚕的影响

1. 空气新鲜度

空气中有蚕呼吸不可缺少的氧气，也有对蚕有害的二氧化碳、一氧化碳、二氧化硫、氨等气体。蚕室内由于燃料燃烧，蚕座内蚕沙发酵以及工作人员、桑叶、蚕的呼吸，空气中氧气不断被消耗，而二氧化碳等不良气体却不断增多，使空气不够新鲜。蚕室空气新鲜程度，主要以二氧化碳含量为标准。

2. 空气对蚕生长发育的影响

（1）新鲜空气是蚕生长发育的必要条件

如果蚕处于缺氧的环境中，暂时的适应办法是加速其呼吸和血液循环，但这需要消耗额外的能量。如果时间过长，其生理机能将受影响，可导致其神经麻痹、体重减轻，使不蜕皮蚕和病蚕增加。如将毛脚茧和嫩蛹放在氧气不足的环境中，可引起蛾的触角、翅、足和胸、腹部第一背板颜色变浓，蛾翅枯瘦。在缺氧环境中保存蚕卵，蚁蚕孵化率会降低。

（2）不良气体对蚕生长发育的影响

①二氧化碳对蚕生长发育的影响：据试验，蚕室中的二氧化碳浓度在2%以内时对蚕并无妨害，但随着空气中二氧化碳浓度增加，蚕气门开度及开闭回数将发生变化。二氧化碳浓度超过2%时，蚕发育缓慢，减蚕率增加。当二氧化碳浓度达到4%时，蚕的气门开度达100%，使蚕体水分蒸发量增加，不仅影响蚕的新陈代谢，而且造成蚕座多湿，对蚕的生长发育有明显的不良影响。当二氧化碳浓度达到12%以上时，蚕口吐胃液，连续接触15%的二氧化碳浓度时，蚕将死亡。

二氧化碳对蚕的危害程度因蚕的发育时期、接触时间长短而有差异。一般蚕对二氧化碳的抵抗力小蚕期比大蚕期强；同一龄期中，起蚕抵抗力最强，以后逐渐减弱，以盛食期最弱，到眠蚕或熟蚕时又增强。高温多湿时其影响尤其明显，二氧化碳浓度大，蚕接触时间长，危害性大，二氧化碳浓度小，蚕接触时间短，危害性小。在蚕室空气流通，其他环境条件正常的情况下，蚕室二氧化碳浓度一般不超过1%，基本上无危害。

②一氧化碳对蚕生长发育的影响：蚕室空气中一氧化碳的含量超过0.5%时，可使蚕中毒。这主要是因为一氧化碳使蚕体内呼吸酶的活性受到明显抑制，从而影响细胞内氧化作用的正常进行。这种影响又因光线明暗差别而不同，在暗处显著，明处减轻。

③二氧化硫对蚕生长发育的影响：当二氧化硫在空气中的含量超过0.1%时，对蚕就有害，且使蚕茧解舒不良。若二氧化硫污染桑叶，蚕吃下被污染的桑叶后，将出现食欲减退、举动不活泼、发育不齐等症状，最后多数呈细小状或因软化病状而死。

④氨对蚕生长发育的影响：氨对蚕来说属有毒物质，对蚕生长发育有严重影响。当空气中氨的含量达0.05%时，就能引起蚕气门经常开放。蔟中氨过量时，还有损丝质。

氟化物、烟碱、农药气体都对蚕的生长发育有影响。

因此，应及时除沙和换气，采取合理的技术措施，保证蚕室和蚕座小环境的空气新鲜，使蚕生长发育正常。

3. 蚕室的通风换气

新鲜空气可促进蚕的新陈代谢，使蚕生长发育良好，而不良气体达到一定浓度后，将对蚕造成生理上的危害。因此，蚕室必须进行通风换气，保持空气新鲜。小蚕期采用炕房育等饲育型式，可减少室内不良气体的产生，有利于保持空气新鲜。根据调查，蚕座内二氧化碳浓度要比其在空气中的浓度大7~8倍，在蚕座底部可达到1%左右。而且小蚕期代谢作用旺盛，呼吸强度大，蚕易受不良气体危害。因此，在小蚕期仍须进行适当的换气。

蚕靠通风作用和扩散作用以气管直接输送气体而进行呼吸，且主要靠其中的扩散作用。扩散作用的强弱因蚕大小有很大的差别。大蚕期扩散作用强，小蚕期弱。其原因有四：一是五龄蚕的体重为三龄蚕的26倍，而气管的容积却增长了69倍，即单位体重的气管容积增长近3倍，造成五龄蚕气体扩散困难；二是大蚕气门面积增大的倍数比体重增大的倍数要小得多，气门面积对体重的比率相应减小；三是大蚕的呼吸量比小蚕大得多，如五龄第五日的蚕呼出二氧化碳量比蚁蚕多5671倍，氧气的吸入量增加了4752倍；四是大蚕期由于蚕沙发酵、桑叶呼吸等产生的不良气体要比小蚕期多，所以大蚕期必须通风换气，要开门养蚕。

（二）气流对蚕的影响

气流即空气的流动。气流对蚕的重要作用在于改善蚕室空气状况，排除不良气体，保持空气新鲜，并且气流可以调节蚕室温湿度，影响蚕的生理活动和桑叶的营养价值，从而影响蚕的生长发育。

1. 气流对蚕生长发育的影响

气流可以通过三种途径影响蚕的生长发育。

①气流可降低或提高蚕室的温度而影响蚕的体温。

一般气流可降低蚕的体温和蚕座温度，从而减轻高温多湿对蚕的危害，因此在大蚕期，气流可提高蚕的生命率。但是在低温干燥时，气流反而会加重环境对蚕的不良影响。此外，在外温过高的夏秋蚕期，开门窗直接导入气流，将造成蚕室温度过高而不利于蚕的体温平衡。

②气流可排除湿气而影响蚕的营养吸收及水分代谢等。

气流易使桑叶萎凋，特别是在用叶较嫩的小蚕期或给桑间隔时间较长时，会明显影响蚕对桑叶的食下和消化，造成蚕营养不良。气流在大蚕期可促进蚕体水分的散发，有助于蚕体水分的平衡，但在小蚕期往往会造成蚕体水分不足而不利于蚕的生长。气流可使蚕座干燥，有利于蚕座卫生。

③气流可排除或带来不良气体而影响蚕的呼吸。

一般气流可排除室内的不良气体，带来新鲜空气，有利于蚕的呼吸，而且气流本身可促进蚕的呼吸，蚕体二氧化碳呼出量会随气流增强而增加，但气流过大时，则不再有促进作用。若室外空气被有毒气体污染，从室外来的气流会影响蚕的呼吸，危及蚕的生命。

2. 气流对蚕茧产质量的影响

蚕上蔟结茧时，会因排粪、排尿、吐丝结茧排出大量水分和其他不良气体，污染蔟中环境，影响蚕生理及蚕茧产质量。此时应注意通风排湿，及时排除蔟中水气和不良气体，以有利于丝物质的合成和分泌，提高产茧量，同时保证解舒良好而提高茧质。但熟蚕对大的气流有回避作用，即背风性，在探索结茧场所时，如遇气流过大，则易聚集于背风密集处，使双宫茧增多，在吐丝时如遇气流过大，则易结多层茧或绵茧，造成茧层松浮而缫丝困难。

3. 蚕室的适当气流

气流对蚕的影响因蚕的大小和蚕室的温度高低而不同，故蚕室的适当气流应根据蚕龄大小及蚕室环境条件来决定。

小蚕期，由于蚕、桑叶、蚕沙所产生的不良气体较少，蚕体水分和热量容易散失，一、二龄期不需要气流，三龄期仅需要极微弱的气流。因此，小蚕期只需适当换气，否则气流过大反而使保温、保湿困难，加速桑叶失水萎凋，降低饲料价值，增大蚕体内水分散发，影响蚕体水分平衡，对蚕不利。

相反，大蚕期由于给桑量和蚕的排粪量增多，蚕座湿度大，蚕沙容易发酵，会助长病菌的繁殖，加之大蚕单位体重的体表面积比小蚕小，皮肤蜡质层较厚，水分散发比小蚕困难。所以大蚕期需要一定的气流，在盛食期及高温多湿的情况下，气流能促进蚕体水分的散发，降低蚕的体温，减轻高温多湿的危害。大蚕期应注意加强通风换气，开门开窗，保持一定的气流。在正常情况下，蚕室内应保持 0.02~0.03 m/s 的气流。若遇30℃及以上的高温及多湿时，就更需要气流，但在蚕座上有 0.1~0.3 m/s 的气流已足够，如果用强风直吹，或在温度较低时引入较大的气流，都对蚕不利。

一般来讲，凡是在具有不良的温湿度的环境中，引入气流而让饲育环境变成适温、适湿，这样的气流是适宜的。相反，已是适温、适湿却因引入气流而被破坏，这样的气流是不适宜的。蚕室气流是否适当，可凭人的感觉探测。在实践中，一般以小蚕期蚕室无特殊气味，大蚕期感觉有微风吹为宜。

四、光线

光对家蚕生命活动的影响，主要决定于光的性质、强度和周期。光可以直接影响蚕的孵化、生长发育、生殖、活动及摄食等，但主要是影响家蚕的活动和生活周期。

（一）蚕对光线的反应

1. 趋光性

蚕的单眼不能识别物体，只能感觉光线的强弱。蚕对光线的反应因光照强度、光质和蚕龄期、品种而不同。一般蚁蚕在光照强度为 5～100lx 时呈正趋光性（向光源方向运动），熟蚕在 131lx 时趋光性最强。在相同的光线条件下，小蚕期的趋光性比大蚕强，蚁蚕呈最大正趋光性，随着龄期的增长，蚕所要求的光照强度减弱；同一龄期起蚕所需光照强度最强，将眠蚕最弱，但对 100lx 以上的强光，各龄蚕都会回避（负趋光性）。在光质上，蚕对黄色光线的趋光性最强，对红光和紫光最弱，在蚁蚕或熟蚕时这种特征尤为突出。一般而言，中国种的蚕趋光性较日本种强。

2. 光线与蚕座分布及蚕的食桑活动

由于蚕有趋光性，光线会影响蚕在蚕座内的分布，因而对蚕的食桑活动产生影响。当蚕室内光线明暗不均时，蚕多向明的一侧聚集，特别是小蚕和各龄起蚕尤为明显，这样蚕在蚕座内分布不均，给桑后吃桑多少不一，蚕发育不齐，也增加了匀蚕扩座的工作量。明饲育时，蚕多数爬到蚕座上层食桑，暗饲育时，蚕多数在下层食桑，钻沙蚕增加；上蔟过程中有强光或光线偏于一方时，熟蚕聚集于暗处，使双宫茧增加，且茧层厚薄不匀。

（二）光线对蚕生长发育的影响

1. 光线对蚕的发育有抑制作用

这种抑制作用只有在高温时才比较明显，而且随着蚕龄的增长而逐渐消失。从表1-2-10可以看出，在29℃中明饲育下的全龄经过比暗饲育延长 8.6 小时，在 24℃中明饲育下的全龄经过比暗饲育仅延长 0.2 小时，而在 17℃低温下，光线对蚕的发育不但不起抑制作用，反而会出现促进的现象。这是因为在温度较低时，蚕的发育与蚕在蚕座内的分布有关，明饲育时，由于趋光性，光照能促进蚕上爬吃桑，蚕容易吃到新鲜桑叶，营养吸收好，发育较好，掩盖了光线的抑制作用；而暗饲育时，蚕多分布在蚕座中下层，啃食陈叶，营养吸收较差，发育较慢。

表 1-2-10　光线对蚕发育的影响

温度/℃	17		24		29	
光线条件	明	暗	明	暗	明	暗
一龄经过/h	242.1	243.0	113.7	110.2	85.5	80.6
二龄经过/h	198.7	199.5	79.2	76.2	69.4	65.6
三龄经过/h	223.7	222.4	116.1	115.2	86.0	83.5

温度/℃	17		24		29	
光线条件	明	暗	明	暗	明	暗
四龄经过/h	253.0	257.0	126.1	129.0	100.0	99.3
五龄经过/h	463.5	468.1	144.1	148.4	125.9	129.2
合计	1381.0	1390.0	579.2	579.0	466.8	458.2

2. 光线对蚕的生长的影响

光线对蚕的生长也起抑制作用。但试验（光线条件分为全明、半明、暗）表明，各龄眠蚕的增长率，以全明区最高，其中小蚕期全明饲育时眠蚕增加倍数为389.58倍，半明饲育时为384倍，暗饲育时为375倍。

3. 光线对全茧量的影响

小蚕期光线能使蚕向一化性方向发展，全龄经过延长，蚕体较重。从表1－2－11可以看出，大蚕期光线对生长的抑制作用减退，暗饲育时全龄经过长，蚕体重，全茧量大。因此，小蚕期采用明饲育，大蚕期采用暗饲育，可增加全茧量。

表1－2－11　蚕期光线对蚕发育和全茧量的影响

光线条件		全龄经过/h	全茧量/g
小蚕期	大蚕期		
暗	暗	596	1.58
	明	576	1.45
明	暗	605	1.62
	明	587	1.53

注：饲育温度为24℃。

4. 光线与蚕的抗病力和抗逆性有关系

据试验，对不同光线条件下的三龄起蚕添食一定浓度的多角体，15小时后调查其感受性得出：暗饲育的蚕，比明饲育的蚕对多角体感受性高，暗区发病率（90%）大于全明区（60%）和半明区（50%）。这证明光线能增强蚕的抗病力，提高健蚕率。

光线还能提高蚕的抗逆性。试验表明，不同光照下的三龄起蚕，食桑20小时后绝食，以35℃高温饲育48小时后调查其成活数，结果表明：全明区成活率（20%）大于半明区成活率（15%）和暗区成活率（10%）。这说明光线能增强蚕的抗逆性，提高其成活率。

明饲育下蚕抗多角体及抗逆性增强的原因，是光线能使蚕的消化液中生成抗病毒的红色荧光蛋白质，提高了蚕对病毒感染的抵抗能力。

（三）光周期对蚕生长发育的影响

光周期是指光线在昼夜中有规律地明暗交替的现象。光周期现象是指生物体在进化过程中，适应光周期而产生一种定时性的反应活动。例如，蚕的孵化和化蛾都有大约相隔 24 小时的周期现象。引起这种规律的原因主要在于光照，光照时间的长短可以影响这种节律性的出现。光周期的变化，对蚕的孵化、生长发育、蚕蛾羽化和卵的滞育都有影响。

1. 光周期对蚁蚕孵化和蚕蛾羽化的影响

光线明暗规律对蚁蚕孵化齐一程度的影响很大，但仅在催青胚胎到达反转期以后才产生。昼明夜暗，单位时间内的蚁蚕孵化率高，可出现明显的孵化高峰期；如果昼夜照明，则出现随时孵化的分散状态。又根据蚕有趋光性的原理，可知昼明夜暗下刚照明时的孵化率最高。光周期对蚕蛾羽化具有同样的影响。这一点在生产上常用来控制收蚁和发蛾时间，以提高孵化率和发蛾率。

2. 光周期与蚕生长发育的关系

光周期对蚕生理影响的实验表明，蚕在自然光照的一昼夜中，日间的生长倍数大于夜间，上午、上半夜生长量较大，下午和下半夜生长量较小。明短暗长的短日照能促进蚕的生长，缩短龄期经过。但也不是照明时间越短，发育就越快，而以每昼夜中有 6～9 小时照明时，蚕的发育快，龄期经过可比全日光照或全日黑暗的缩短 2～4 小时，对茧层量和茧层率无影响，同时薄皮茧和死笼茧等不良茧减少。但照明或黑暗都必须是连续的才有效，时断时续的照明，违反了自然节律性，即使累计时间足够也不能引起相应效果。例如，在 8 小时明、16 小时暗的光周期下饲育时，第八天进入三龄期的蚕有80.2%，而不定时开灯熄灯的只有 16.7%。可见，在饲育中为使蚕龄期经过缩短，发育齐，应注意利用蚕的光周期现象。

3. 光周期与眠性的关系

蚕的就眠机制具有日周期性，其在傍晚到深夜受到抑制，早晨到日中则被促进。这种日周期性强弱因龄期而不同，一、二龄期很强，三龄期较弱，到四、五龄期时又出现较强的倾向。生产上常用这种日周期性来控制蚕的日眠，使蚕就眠齐一。

（四）饲育的适当光线

因蚕有避强光而趋弱光的特性，蚕室应避免直射光或单向光线，否则会造成蚕背光密集，在蚕座内分布不匀，发育不齐，不但影响食桑，也增大了匀蚕扩座的工作量；同时直射光线会使蚕座局部温度升高，桑叶萎凋。所以蚕室一般宜采用散射光线，保持白天微明、夜间黑暗的自然状态。目前，养蚕上常在小蚕期进行明饲育，大蚕期进行暗饲育。光源一般以散射光为好，防止光线直射。如采用密闭饲育时，在每次给桑前应有半小时的光照。

五、各种气象因素的综合影响

（一）各因素的作用大小

温度、湿度、空气、气流和光线等因素都影响蚕的生长发育，而且都有各自的最适范围，过足与不足都会给养蚕生产带来不良后果。在养蚕生产过程中，这些因素是不可能单独存在的。在蚕的生命活动过程中，这些因素是综合起作用的。当然这些因素也有主次之分。因为蚕生理过程中的一切活动都是由酶催化的，所以温度对蚕的生长发育影响最大，如果超出适温范围，酶的活性受到抑制或破坏，会使蚕体内生理活动紊乱，健康度下降，不能进行正常的生长发育。如果温度对蚕造成损害，即使之后条件改善，蚕也很难恢复，终使蚕陷于虚弱，生长不良，容易发病。

湿度、空气和气流对蚕体也会产生影响，但处于次要的地位，光线对蚕有独特的作用，对某些酶的活性也有影响，但在生产实践中，影响远不如温度显著。

（二）各因素之间的关系

各因素之间是相互联系、相互制约的。如高温多湿和无气流等不利于大蚕期蚕生长发育的因素同时存在时，会加重各因素的不良影响；相反，高温多湿下加强通风换气，促进蚕体水分散发、体温降低，就会减轻高温多湿的危害。如小蚕期低温多湿时，利用光照可促进蚕的生长发育。因此，我们应充分认识各气象因素之间的关系，抓主要矛盾，并适当地进行调节，克服不利因素的影响，使养蚕生产顺利进行。

任务三　蚕与营养环境

桑蚕是寡食性昆虫。它的饲料分为天然饲料、人工饲料。天然饲料有实用饲料桑叶和代用饲料（柘叶、莴苣叶），人工饲料有合成饲料（含桑叶粉）和准合成饲料（不含桑叶粉）。

一般植食性昆虫，对所食植物都有不同的选择，这是生物在长期进化过程中所形成的。蚕虽然能食除桑叶外的其他一些植物的叶，但实践证明，桑叶是蚕最喜欢吃的营养价值最高的天然饲料，单位时间内蚕食下量多，食下后体质强健，生长发育快，饲料转化成丝的效率高。桑叶是家蚕最理想的饲料。其他植物叶蚕虽能吃，但营养价值不高，蚕吃下后生长发育缓慢，蚕体虚弱，产茧量低，只能作蚕的代用饲料。自1960年来，人们根据蚕的食性和蚕生长发育所必需的营养成分，用各种营养物质配制出蚕的人工饲料。用这种饲料养的蚕能正常生长发育，完成整个世代，其产茧量接近桑叶育的蚕。用人工饲料养蚕，可不受季节限制，全年均可饲养，便于机械化操作和工厂化生产，是养蚕技术一项大的革新。但是，人工饲料成本较高，需要一定的设备条件和专用的蚕品种，在我国一时还难以普及。目前，养蚕生产上仍把桑叶作为蚕的主要饲料。

一、蚕所需的营养

（一）营养成分

蚕对食物虽具有较严格的选择性，但所摄取的营养物质也和一般动物差不多，共有六类营养物质：碳水化合物、蛋白质、脂肪、水分、维生素、无机盐。蚕从饲料中吸收这些营养物质，以满足其生长发育和绢丝合成的需要。蚕对营养物质有一定的要求，各营养物质对于蚕体的营养作用也是综合性的，故在蚕的饲养中必须保持各营养物质之间量的平衡。否则，这些摄入的营养物质不仅难以被充分利用，还会引起蚕代谢速度的降低。

1. 水分

水分是蚕体中含量最多的成分，占蚕体组成的 $75\%\sim88\%$。水分在蚕体生理活动上具用极为重要的作用。各种营养物质必须以水溶液状态进入细胞，一切生命活动中的生物化学反应都必须在水中进行。

蚕不单独饮水，所需水分主要从食桑中获得。新鲜桑叶含水率约为 82%，老叶为 $70\%\sim75\%$，蚕从食桑中获得的水分有 $50\%\sim70\%$ 直接被肠壁吸收利用。其中约 60% 留存体内，40% 经代谢而排出体外。因此，桑叶含水率对蚕体水分平衡很重要。

桑叶含水率高，蚕食后蚕体水分率也高，蚕对桑叶水分的吸收能力随生长而逐渐降低，即小蚕强，大蚕弱，同一龄期中初期高，后期低。蚕对水的吸收率与食下量多少也有关系，一般食下量少的吸收率高。不同品种间也有差异，但蚕所食桑叶水分过多，也会影响蚕体水分平衡，对蚕不利，使减蚕率增高。其具体情况如表 1-3-1 所示。

表 1-3-1　桑叶含水率与蚕体水分率、减蚕率的关系

桑叶含水率/%	蚕体水分率/%	减蚕率/%
76~78	87.1	2.20
73~75	86.4	0.86
71~72	85.1	0.37

失水多的萎凋桑叶、含水率过低的桑叶，都会影响蚕体水分平衡，对蚕不利。蚕喜吃鲜叶。桑叶含水可保持新鲜状态，不仅能更好地为蚕供应水分，而且还会提高蚕的食下量和消化量。从表 1-3-2 可以看出，凡失水萎凋的桑叶，蚕食下量降低，消化量更低，饲料价值大减。

表 1-3-2　蚕食用不同桑叶的情况下食下量和消化量、消化率的比较

项　目	食下量/g	消化量/g	消化率/%
新鲜桑叶	100.0	100.0	100.0
萎凋90%桑叶	95.4	94.4	99.0
萎凋80%桑叶	82.6	81.6	97.1
萎凋70%桑叶	74.1	64.5	87.0

注：萎凋90%桑叶系新鲜桑叶萎凋失水减重10%。

桑叶是一种鲜饲料，饲养时必须注意保持桑叶的新鲜状态。

2. 蛋白质

蛋白质是构成蚕体的基本物质之一，是一切细胞的重要组成部分，是构成蚕体不同组织的结构材料，并且有维护器官组织生长更新的作用，是生产蚕卵和丝物质的原料。蛋白质还能与其他物质结合成复杂的酶和激素等物质，具有调节体内物质代谢的功能，

与蚕的生长发育、繁殖有密切关系。

对蚕来说，蚕白质的营养价值，取决于其氨基酸构成。蚕通过食桑从外界环境摄取氨基酸，其中50%用于丝蛋白合成，雌蚕蛹体蛋白的50%用于卵蛋白的合成。饲料中蛋白质的氨基酸种类越接近于蚕体构成，越容易被蚕吸收利用。

五龄蚕吸收的蛋白质有三分之二存于丝腺中，当饲料中蛋白质的含量超过蚕的需要时，蚕便通过丝腺以丝蛋白的形式排出多余的氨基酸，蚕茧的产量和质量得以提高。反之，当饲料中蛋白质含量少于蚕的需要时，蚕首先减少丝蛋白的合成，以减轻对蚕体本身的不良影响。因此，饲料中蛋白质含量的多少，直接关系到蚕的生长发育和茧层厚薄等。

蚕体需要的蛋白质、氨基酸，在桑叶里含量丰富，一般桑叶已能满足蚕的需要。桑叶干物中粗蛋白质含量在25%以上，可说是一种高蛋白植物，蚕食桑所产蚕茧的茧层率超过25%，可见蚕利用桑叶中的蛋白质转化为丝蛋白的能力是相当惊人的。

3. 碳水化合物

碳水化合物主要作为蚕生活的能源物质，是合成脂肪酸和非必需氨基酸物质的素材，是维持生命活动和构成蚕体的极其重要的营养素。蚕吸收的碳水化合物约有8.5%转化为糖原，约有40%转化为脂肪贮藏在体内，以供眠中、蛹蛾期消耗使用，其余的在体内被氧化分解利用。

碳水化合物虽不是直接组成蚕体及合成丝蛋白的主要原料，但可促进蛋白质的利用，减少蛋白质的消耗，有利于蚕的健康生长。因此，在生产实践中，在碳水化合物含量较少而富含蛋白质的嫩叶中适量添加蔗糖，增加桑叶的碳氮比，可达到增加蚕的体重、增加丝量的目的。

碳水化合物中的纤维素，对蚕来说虽不是营养物质，但对蚕的吞咽和不断取食大有助益，能促进蚕肠的蠕动，增强其消化吸收的能力，有益于蚕的健康。

4. 脂肪

脂肪类物质不溶于水，它不仅是储备能量的主要物质，也是细胞结构的重要组成部分。桑叶中含有的乙醚提取物被称为粗脂肪（主要是各种色素和磷脂），占桑叶干物的3%~6%，被蚕消化吸收的约58.7%。此外，在蚕体内还有由碳水化合物等物质合成而来的脂肪，此合成数量与蚕从桑叶中消化吸收的量相当。因此，蚕体脂肪积累含量较高，特别是熟蚕的脂肪含量达20%，蛹体更高，达到30%。这些贮藏丰富的脂肪，一部分供蚕蛹蛾期消耗，大约有50%转移到蚕卵。

5. 维生素

维生素是蚕调节生理机能不可缺少的物质。维生素是一种生物活性物质，量虽小而作用大，具有调节、控制代谢的作用，能促进蚕生长，增进其健康，维持其正常发育及生殖机能。

由于蚕体不能合成维生素，蚕必须从饲料中取得维生素。若饲料中缺乏维生素，则蚕不能完全发育，并且产卵量、卵的孵化率、孵出幼虫的成活率等都大受影响。而桑叶中所含维生素的量大大超过蚕的需要量，故能很好地满足其需求。

6. 无机盐

无机盐除构成蚕体外，在调节蚕的生理机能方面与其他营养物质结合能起到重要作用。

蚕所必需的无机物质主要有钾、磷、镁、锌、钙、铁等。

总之，上述六类物质都是构造蚕体的主要成分，其中提供能量的是碳水化合物、蛋白质、脂类，调节生理的是水分、维生素、无机盐。营养物质作用主要有三：构造蚕体组织和丝物质，提供蚕生命活动的能量和调节生理机能。

（二）营养量

1. 营养量的定义

蚕体的生长发育和繁殖需要一定的营养物质。蚕完成某一生命活动阶段所需的营养物质量，简称营养量。

2. 蚕对营养量的需求

蚕从食桑中所消化吸收的营养物质，一部分用于构造蚕体，一部分供生命活动消耗。蚕在一生中，食下桑叶量18~20克（干物4~5克），其转化的营养物质在幼虫期间大约有三分之二作为能源而被消耗，其中碳水化合物最多，为70%左右。蛋白质作为能源被消耗得极少，多用于合成丝物质（将近二分之一），其次是用于构成卵。

蚕食桑成长的速度相当惊人，就体重看，蚁蚕一般为0.0004克，成长到五龄盛食期体重约为4克，增长近万倍。

蚕的一生中，只在幼虫时期摄食、储积营养物质，蛹、蛾、卵三期均不摄食，全靠幼虫期储备的养分供给。除此之外，幼虫期还生产大量丝物质。其消耗的营养物质是比较多的。1000头蚕生产丝物质300~400克，所消耗的干物为五龄期中消耗总量的25%左右，占全龄的21%左右。蚕生产丝物质1千克，大约需食下42千克桑叶，其中干物10千克，食下干物中约有4.2千克被消化吸收，包括粗蛋白质1.68千克、粗脂肪0.23千克、可溶无氮物2.2千克、无机物0.07千克。

因此，营养量对产生的丝物质的量影响较大。营养量多则产丝多，营养量少则产丝少。不同品种中，多丝量品种食桑多，消化量大，叶丝转化率高，产丝多；同一蚕品种，其产茧量则因营养量不同而不同。

（三）添食

桑叶育中，在桑叶上添加某种物质给蚕食下，以达到增产的方法称为添食。添食打破了食桑营养的局限，为蚕与外界的食物联系开辟了新的途径。添食大致分为两类：营养添食、药物添食。

（1）营养添食

营养添食用于补足或增加桑叶的营养物质，包括碳水化合物添食（如添食蔗糖、淀粉等）、蛋白质添食（如添食豆浆、氨基酸等）和清水添食。高温干燥的夏秋旱季，在桑叶上喷洒适量清水，对蚕是有利的。在大蚕期，可用8%~10%浓度的蔗糖溶液喷洒桑叶（加糖量以不超过叶量的1.5%为宜），蚕食下后可提高食下率和增强对蛋白质的消化能力。

（2）药物添食

给蚕添食药物以保健防病或调节其生长发育，包括中草药添食（如大蒜、甘草等）、抗生素添食（如氯霉素、金霉素等）、维生素添食（如维生素C、维生素B等）、无机盐添食（如硫酸镁、小苏打等）、激素添食（如蜕皮激素、保幼激素以及抗保幼激素等）。

二、叶质

（一）叶质的定义

叶质就是作为蚕饲料的桑叶的品质，一般指桑叶的厚薄程度、所含营养成分的绝对量和比例，以及其与蚕的生理需要相适应的程度。

叶质的好坏要根据其用于养蚕的效率而定。首先，桑叶的性状要适合蚕的摄食、消化、吸收。桑叶的性状随生长情况而不同，涉及的因素很多，养蚕生产上主要是老嫩适度和营养价值高低等问题。蚕的营养状况与叶质关系密切，因此，叶质对蚕的生长发育和蚕茧产质量影响极大。叶质受桑品种、气候、土质、肥培管理等多种因素的支配，且在养蚕过程中，因饲育型式和龄期等不同，蚕对叶质也有不同的要求。所以，提高叶质的管理工作必需贯穿于栽桑和养蚕的整个过程中。

（二）桑叶的化学成分

桑叶的成分主要有水分和干物。干物由蛋白质、碳水化合物、脂肪、无机盐、维生素等组成。这些都是蚕不可缺少的营养物质。按照生产上选叶标准，各龄期用桑的主要成分如表1-3-3所示。

表1-3-3　各龄期用桑成分　　　　　　　单位:%

龄期	鲜叶成分		干物成分				
	水分	干物	粗蛋白	粗脂肪	粗纤维	灰分	可溶无氮物（可溶无氮物中的糖）
一龄	82.07	17.93	36.35	3.17	9.27	8.11	43.10（12.32）
二龄	78.99	21.01	31.00	3.19	9.50	7.20	49.11（18.71）
三龄	77.49	22.51	28.29	2.82	10.15	7.33	51.41（18.67）
四龄	78.40	21.60	27.35	3.15	10.79	7.97	50.74（18.02）
五龄	75.65	24.35	24.16	3.49	10.71	7.20	54.44（20.21）

注：其中可溶无氮物中的糖的占比指其占全部干物的比重。

（三）桑叶的物理性状

蚕对桑叶的物理性状要求主要是叶质的硬度。小蚕宜用硬度偏低的软叶，大蚕宜用硬度较高的成熟叶。叶的硬度和厚度等均随叶龄发育而变化，这与蚕龄发育要求基本一致。叶质软硬与减蚕率的关系如表1-3-4所示。

表 1-3-4　叶质软硬与减蚕率　　　　　　　　　　单位:%

龄期	减蚕率			
	普通叶	软叶	硬叶	日照不足叶
一至二龄	9.3	6.1	12.9	8.4
全龄	12.6	22.6	29.7	23.1

（四）桑叶成分的变化

桑叶中各种成分的含量因桑品种、树形养成、土质、施肥、叶位、气象等不同而不同。

1. 桑品种

一般地，山桑系和白桑系品种的桑叶的蛋白质和碳水化合物含量比鲁桑系丰富，早生桑比中生桑、晚生桑成熟早，糖类含量多，鲁桑系硬化迟。

2. 树形养成

低干桑的水分和蛋白质含量比中干桑、高干桑多，糖类少，成熟也迟，高干桑及乔木桑的叶中水分少，钙质、无机盐等含量较多。

3. 土质

在壤土上栽培的桑树，桑叶中含水分和蛋白质多、糖类少，成熟迟；在沙质土壤上栽培的相反，桑叶中含水分和蛋白质少、糖类丰富，成熟早。

4. 施肥

施肥过少的桑树生长不良，桑叶中所含水分和营养物质少，成熟早，易硬化；施氮肥过多的桑树桑叶含水分和蛋白质多，叶质较嫩，成熟迟。有机质肥料或氮、磷、钾肥料配合使用，可改善桑叶的性状，桑叶成熟快，营养价值高。

5. 叶位

不同叶位的桑叶老嫩程度不同。第1—7位叶（上部叶）较嫩，水分和蛋白质含量较高，但糖类含量少；第7—20位叶（中部叶）干物质多，水分减少，蛋白质和糖的含量都较丰富；第20位以下叶（下部叶）较老，所含的水分、蛋白质及糖类都较中部少。

6. 气象

叶质受日照时数、降水量、风及气温等气象因素影响极大。如阴雨连绵、日照不足，则桑叶易徒长，叶片软嫩，水分多，其他含量均少；反之，久旱无雨，因土壤水分不足，桑树生长停滞，桑叶硬化快，易凋萎。

此外，其他人为因素，如桑叶的采、运、贮对叶质影响也很大。一般说来，早采桑比夕采桑水分含量较高，但夕采桑碳水化合物含量较高。如贮存时间过久，桑叶中水分和营养物质消耗多，特别是碳水化合物损耗极大，饲料营养价值将下降。

丝茧育的目的在于获得高产优质的蚕茧，所以桑叶营养价值最终应表现在生产茧丝上，生产上常根据生产茧丝的效率来鉴定桑叶的营养价值。

（五）蚕对叶质的要求

不同龄期，蚕对各营养成分的需要量及桑叶物理性状的要求是不相同的。生产上用叶的选采应以蚕对桑叶中主要成分含量的要求为标准。

小蚕期，特别是一、二龄期中，蚕生长快，从桑叶中吸收的营养主要用于构造蚕体，需要大量的蛋白质，同时小蚕期新陈代谢旺盛，还需要适量的糖类供给能量。此外，小蚕期蚕体水分容易散发，需吸收较多的水分才能满足体内水分代谢的平衡。所以小蚕期用叶以质地柔软，厚薄适当，水分和蛋白质含量较多，碳水化合物含量适中的枝条上部偏嫩叶较好。

大蚕期，特别是五龄期，蚕生长减慢，虽然丝腺的发育也需要一定量的蛋白质，但从生理上讲，蚕对蛋白质的需要量相对减少，并能通过丝腺排出多余的蛋白质，而对糖的需要量增加。在丝茧育过程中，可充分利用这一特性，在五龄期给予糖类和蛋白质都较丰富的桑叶，特别是五龄中后期，这是丝腺迅速生长的时期，需要较多的蛋白质作为丝物质的原料，以促进丝物质的合成和分泌，提高蚕茧的产量和质量。同时，为了保证蛹蛾期的能量供给，大蚕期应给予糖类和蛋白质含量都较丰富、水分含量较少的桑叶。

三、叶质对蚕生长发育及茧质的影响

桑叶虽是最适合蚕的饲料，但叶质的好坏受多种因素的影响，如叶质低下，同样会影响蚕的生长发育。

（一）不同桑品种对蚕的影响

用不同桑品种而成熟度相似的桑叶饲育蚕，含水率较低、营养丰富的桑叶对蚕的生长发育有利。从表1-3-5可以看出，湖桑比剑持的含水率高，但饲育效果就不如剑持。桑品种对养蚕的成绩影响很大，生产上选择桑品种时，既要求产叶量高，还必须注意选择养蚕成绩好的桑品种，才能获得较高的经济效益。

表1-3-5　不同品种桑叶对蚕生长发育的影响

	项目	一龄	二龄	三龄	四龄	五龄	合计
湖桑	经过/（d∶h）	3∶19.5	3∶9.5	4∶9.5	6∶0	8∶7.5	25∶22
	蚕体重/g	0.0047	0.0273	0.1430	0.8400	3.7800	—
剑持	经过/（d∶h）	3∶19.5	3∶8.5	4∶7	5∶2.3	7∶12	24∶22
	蚕体重/g	0.0046	0.0268	0.1478	0.8600	3.8500	—

（二）不同季节的桑叶对蚕的影响

1. 对龄期经过的影响

从表1-3-6可以看出，春叶营养丰富，蚕生长发育快，龄期经过短；夏秋叶特别是秋叶营养较差，叶质老硬，蚕生长发育较慢，龄期经过延长。

表1-3-6　不同季节桑叶对龄期经过的影响

项目	温度	湿度	温度	湿度	温度	湿度	温度	湿度
	21℃	75%	24℃	65%	27℃	80%	29.5℃	72%
春叶/（d：h）	33：09		26：01		20：02		17：23	
夏叶/（d：h）	34：14		29：11		21：05		19：10	
秋叶/（d：h）	39：13		30：06		22：15		20：01	

2. 对蚕体质的影响

相同条件下，不同饲育时期减蚕率各有不同。从表1-3-7可以看出，春蚕期减蚕率低，夏蚕期次之，秋蚕期减蚕率最高。对抗逆性差的品种来说，这种规律更为明显。

表1-3-7　不同饲育时期减蚕率的变化　　　　　　　　　　单位：%

饲育时期	减蚕率		
	欧洲一化性种	日本二化性种	中国二化性种
春蚕期	23.3	22.6	7.6
夏蚕期	74.4	28.5	14.8
秋蚕期	100.0	34.7	31.9

注：饲育温度为24℃，相对湿度为72%。

（三）不同叶位的桑叶对蚕的影响

因生长时间、着生部位不同，叶片中叶绿素含量不同，其光合作用的强度也有差异。因而在不同叶位的桑叶，各种营养物质的含量有相当大的差异。

不同叶位的叶色和化学成分变化：

①第1—7位桑叶处于生长期，水分和蛋白质含量较高，随叶位的增加，其水分和蛋白质含量逐渐降低，叶色由黄转绿，渐呈浓绿，叶内物质合成旺盛，叶面积、重量迅速增加，同时积累贮藏物也逐渐增加，碳水化合物含量逐渐增多。

②第7—20位桑叶处于成熟期，叶色浓绿，叶面积基本不变，叶重变化较小，营养物质丰富。特别是第8—13位叶，蛋白质、碳水化合物含量较多，水分含量相对减少。

③第20位以下桑叶处于衰老期，叶内所含蛋白质、碳水化合物减少，纤维素增多，叶渐老硬，手捏桑叶易折断，叶色逐渐转黄，营养价值下降。

叶位不同的桑叶对蚕有不同程度的影响，主要是对蚕发育、就眠、抗病力和抗逆性及蚕茧产量、质量的影响。

1. 叶位对蚕发育和就眠的影响

不同叶位的桑叶的营养成分含量的差异和老嫩的不同，使蚕的食下量有差异，直接影响蚕对营养物质的吸收和积累。这在小蚕期表现得尤为明显。不同叶位的桑叶对蚕的食下和消化的影响如表1-3-8所示。

表 1-3-8　不同叶位对蚕食下和消化的影响

叶位	食下量/g	消化量/g	食下率/%	消化率/%	桑叶含水率/%
第 3 位	97	96	111	99	77
第 6 位	105	112	100	106	73
第 9 位	96	97	90	101	72
混合叶（第 3、6、9 位）	100	100	100	100	74

由表可见，桑叶过老或过嫩都可使食下量、消化量和消化率降低，以适熟叶（中间叶位桑叶）最高，但食下率以嫩叶为高。桑叶萎凋失水后，蚕的食下量和食下率显著减少。蚕龄期越小，桑叶失水率的影响越大。

总之，过老、过嫩叶对蚕的生长发育不利，都会使其龄期经过延长，就眠分散，导致迟眠蚕多；食用中间叶位桑叶的蚕，单位时间内就眠高峰出现较早，且就眠集中。

2. 叶位对蚕抗病力和抗逆性的影响

在相同条件下，用不同叶位桑叶饲育蚕，结果有较大差异，且在不同蚕期中表现出不同影响（如表 1-3-9 所示）。

表 1-3-9　叶位与蚕抗逆性的关系

蚕期	叶位	供试蚕数/头	死亡蚕率/%	不结茧蚕率/%	结茧率/%
春蚕期	第 2 位	50	6	24	70
	第 6 位	50	2	8	90
	第 11 位	50	2	12	86
秋蚕期	第 2 位	50	0	6	94
	第 6 位	50	0	4	96
	第 11 位	50	0	14	86

注：五龄用高温多湿条件冲击（38±1℃、95% 的相对湿度，无气流）。

春蚕食第 6 位叶结茧率最高，食下部叶结茧率稍低，食嫩叶结茧率最低，其中食第 2 位叶死亡率达 6%。

这说明大蚕连续食嫩叶，食下干物量少，水分多，蚕体含水量高，体质虚弱，抗逆性差。大蚕食老叶抗逆力最弱。在气候恶劣的夏秋季蚕期，应改善蚕的营养，避免连续食用过老、过嫩叶。大蚕期食含水多，蛋白质多，碳水化合物少的桑叶对病原的抵抗力下降。

通过不同叶位饲育对感染体腔型脓病的影响的调查发现，大蚕期食含水多、粗蛋白多，可溶性碳水化合物少的桑叶的蚕对体腔型脓病的抵抗力有所下降。

3. 叶位对减蚕率的影响

喂食不同叶位的桑叶对蚕的减蚕率有不同的影响（如表 1-3-10 所示）。

表 1-3-10　叶位与小蚕减蚕率的关系　　　　　　　　单位:%

一龄用叶叶位		第1位	第3位	第5位	第7位	第9位	第11位
二龄用叶叶位		第3位	第5位	第7位	第9位	第11位	第13位
减蚕率	春蚕期	25.68	20.35	16.76	26.55	30.91	32.07
	秋蚕期	34.02	14.13	16.86	18.13	20.27	22.14

小蚕期以第3—7位叶饲育的蚕的减蚕率较低,是以小蚕应避免采摘过老、过嫩叶。此外,五龄期以第7—19叶饲育的蚕的减蚕率较低,结茧头数相应增加,而且茧层量也较重。

(四) 不同肥培管理桑叶对蚕的影响

桑树施肥状况不仅影响桑树的产叶量,而且影响桑叶质量,进一步对蚕的体质、产茧量等产生影响。

桑树适当增施氮肥,有利于桑叶叶绿素的形成、叶面增大,从而增强光合作用,促进枝叶的生长,提高产叶量。但偏施氮肥,则会导致桑叶徒长,桑叶营养比例失调。据调查,多施氮肥的桑叶,粗蛋白的含量虽较高,但可溶性碳水化合物含量比普通叶要低得多。其中糖的含量约低24.8%,水分也偏多,对蚕健康不利,使蚕病增多。桑树施肥时应合理搭配使用氮、磷、钾肥,并且根据季节、气候、蚕龄大小,合理选用适当的肥料。小蚕期应多施有机肥,少施氮肥,以利叶质充实,大蚕期应多施氮肥(特别是五龄期),可提高桑叶产量,并增加桑叶蛋白质含量,有利于丝物质的合成,提高茧质。为推迟秋叶硬化,还可以用尿素进行根外施肥。

(五) 桑叶中含水量与养蚕成绩的关系

桑叶偏老、偏嫩或水分过多、过少,对蚕生长发育都不利,具体情况如表1-3-11所示。

表 1-3-11　桑叶成熟度对蚕健康度和茧质的影响

叶质	一龄			二龄		
	减蚕率/%	全茧量/g	茧层量/g	减蚕率/%	全茧量/g	茧层量/g
嫩叶	19.21	1.94	0.267	22.17	1.79	0.239
适熟叶	9.44	1.89	0.269	9.15	1.66	0.224
老叶	10.74	1.63	0.224	10.85	1.56	0.210

蚕食下含水量多的桑叶后,由于大量排尿,体内无机盐类物质显著减少,使血液渗透压下降;反之,在过干条件下,蚕食下含水率少的桑叶后,使蚕体水分减少,血液含水率降低、pH值升高。血液pH值过高、过低都容易造成蚕体虚弱,是诱发蚕病的原因之一。桑叶的含水率从春到晚秋(由春至秋,叶不断成熟)逐渐降低,干物含量则相应增多,干物中的蛋白质含量随之减少。由此可见,夏秋叶不如春叶好。

(六) 叶量对蚕食下消化的影响

从表1-3-12可以看出,在一定范围内,给桑量增加时,蚕食下量增大而食下率反而降低。当然蚕的食下量也有一定限度，不会随给桑量的增加而不断增加。

表 1-3-12　给桑量对蚕食下量和消化率的影响

项目	增量区/g	标准量/g	减量区/g
给桑量	123.0	100.0	75.0
食下量	79.5	67.7	58.3
食下率	64.6	67.7	77.7

四、叶丝转化率

叶丝转化率又称叶丝率，即蚕所产茧丝量占食下饲料量的百分比。提高叶丝率对于提高蚕茧生产质量和经济效益有很大作用。

从蚕食桑到吐丝结茧的过程中，历经四个阶段，即食下、消化、留存、成丝，这四个阶段的效率即食下率、消化率、留存率和成丝率，是反映叶丝率的基本要素。

1. 叶丝率的变化

叶丝率有高低之别，变动幅度大，一般用平均数表示。如一定条件下，某品种蚕在食下阶段，若以给桑量为 1，从收蚁到上蔟采茧，废桑率为 41%，食下率 59%；又以食下量作 1，则蚕粪率为 57%，消化率为 43%；再以消化量作 1，消耗率为 37%，留存率为 63%；再以留存量为 1，蛹体率为 79%，成丝率为 21%。

2. 影响叶丝率的因素

根据叶丝转化过程，影响叶丝率的因素有以下三个方面。

(1) 蚕品种及体质的影响

不同品种的蚕产丝能力不同，有多丝量的品种和少丝量品种。蚕的体质也会影响叶丝率。健康蚕能充分发挥叶丝转化能力，病弱蚕则不能。

(2) 食下桑的质和量的影响

叶质好、叶量足，方能充分发挥蚕的叶丝转化性能。桑叶质量一般取决于桑品种和肥培管理。提高食桑质量反映在养蚕上是合理使用桑叶的问题，如桑叶的采、运、贮、调、给，以及计划用桑等。

(3) 饲养技术的影响

从蚕和桑两方面来提高叶丝率，这是应用饲养技术的目标。除合理使用桑叶外，还要注意饲养管理、气象环境的调节、卫生环境的保护，为蚕创造一个良好的生活、生产环境。只有应用高水平的饲养技术，才能充分发挥桑叶育的叶丝转化优势。

3. 提高叶丝率的途径

提高叶丝率的基本途径主要有以下几个方面。

(1) 提高食下率，降低废桑率

一是增强蚕的摄食能力，如改良品种，增强体质；二是提高桑叶的采、运、贮、调、给等技术，保持叶质适熟新鲜；三是保持适宜的气象环境，按标准调节温度、湿度、光线、气流等；四是添食促食剂，提高蚕的摄食作用，如添食蔗糖等；五是保护环境卫生。

（2）提高消化率，降低蚕粪率

一是增强蚕体消化能力，如改良蚕品种，增强体质；二是提高桑叶营养价值，如改良桑品种和栽培技术以提高叶质以及合理用叶；三是保持适宜的气象环境；四是保持良好的卫生环境；五是添食消化剂，促进蚕的消化吸收，如添食蔗糖、氯霉素等。

（3）提高留存率，降低消耗率

一是改良蚕品种；二是提高蚕体健康度；三是保持适宜的气象环境；四是维护良好的卫生环境；五是提高饲养技术，操作精细，做到蚕不饿、不伤、不病。

（4）提高成丝率，降低蛹体率

一是培育多丝量蚕品种；二是调控化性；三是调节五龄期温湿度、气流和给桑；四是适时、合理上蔟；五是保护蔟中环境，使用优良蔟具；六是施用保幼激素或其他增丝剂；七是饲养雄蚕。

五、不良叶对蚕生长发育的影响

不良叶是指性状或化学成分含量对蚕生理不利的桑叶。不良叶可分为两大类：一类是有外来物附着的不良叶，如附着有碍蚕生理的煤、烟草、农药、病原、尘埃、泥土等物质；另一类是化学成分含量失调的不良叶，如桑叶中缺乏蚕所需要的某些成分，或成分含量不当，其中有自然原因造成的，如日照不足叶、旱害叶，也有人为造成的，如因采摘不当产生的过老过嫩叶，因贮桑不当产生的蒸热叶、萎凋叶、毒物污染叶等。

蚕食下不良叶将碍其正常生理，甚至让其发病。因此，应避免产生和使用不良叶，对已形成的不良叶要及时处理，以减轻对蚕的危害。

（一）萎凋叶和蒸热叶

1. 萎凋叶

萎凋叶多因桑叶在采摘、运输、贮藏和调桑过程中处理不当，逐渐失水而成，在高温干燥环境中更容易产生。用萎凋叶养蚕，主要影响蚕的食下量（如表 1-3-13 所示）。失水率越高，蚕食下量越少（由表 1-3-13 可见桑叶萎凋失水 20%，蚕的食下量就会明显减少），蚕龄越小，对萎凋叶食下量越少。由于桑叶萎凋使蚕食下量减少，营养不足，蚕生长慢，体重轻，龄期经过延长，体质虚弱，容易发病，且造成桑叶浪费。

因此，应防止桑叶在采、运、贮过程中产生凋萎。

表 1-3-13　萎凋叶对蚕的食下量的影响

萎凋叶失水百分率		10%	20%	30%	40%	50%
食下量	三龄	90	58	39	21	—
	四龄	91	59	44	22	13
	五龄	93	82	62	53	32

注：表中数字以使用新鲜叶时的食下量作 100 的指数。

如需使用萎凋叶，可以利用叶肉细胞组织吸水的特点，在给桑前向叶面喷水，增加叶的含水量，还可防止桑叶继续萎凋，减轻对蚕的影响。如喷水后叶面出现褐色斑点，表明叶肉组织已死亡，桑叶不能再用。

2. 蒸热叶

桑叶在运输或贮藏过程中，因长时间堆积，叶的呼吸作用产生的热量不能散发，会发热变质为蒸热叶。桑叶在蒸热过程中，温度升高，呼吸作用旺盛，大量营养被消耗。堆积时间过长，还会引起微生物的发酵，产生酒精及不良气体。用蒸热叶养蚕，蚕易得细菌性胃肠病。因此在桑叶采、运、贮过程中，要做到随采随运，松装快运，防止桑叶堆积过多、过久，进而发生蒸热。同时，贮叶中应勤检查，一旦发现桑叶发热必须翻动散热。

(二) 过老叶和旱害叶

1. 过老叶

过老叶是指桑叶含水率在 70% 以下，叶质硬化，手捏易碎的桑叶。其主要形成原因是上季采叶不合理，留下枝条下部叶多。桑叶过老，水分和蛋白质含量减少，并因纤维素增加而硬化，手捏即碎。用过老叶养蚕，可利用的营养物质缺乏，蚕对叶的食下量和消化量显著减少，生长缓慢，体重增加少，龄期经过延长。生产上应做好量桑养蚕，夏秋季气温高，桑叶生长成熟期约为一个月，应做好养蚕的合理规划，分批饲养，合理采摘。

如必须使用过老叶，应适当增加给桑回数或给桑量，务必使桑叶新鲜。还可巧用湿叶，饲育用温可适当偏高，以提高蚕的食下量和消化率。

2. 旱害叶

久旱无雨又未经及时灌溉，桑树生长不良，易产旱害叶，其水分和蛋白质含量少，而纤维素特多。用旱害叶养蚕难以满足蚕生长需要，加上水分严重不足，不但影响蚕对桑叶的食下和消化，而且使其血液含水率显著降低，血液渗透压和 pH 值升高，妨碍体内物质交换和代谢，极易引起蚕病。

利用旱害叶养蚕时，可采用湿叶饲育，采叶时应带露采叶，避免日中采叶，缩短贮藏时间。旱季应加强桑园的管理，防止桑叶过早硬化。

(三) 外来物附着叶

1. 煤灰叶

煤灰叶即被煤烟中的有害物如氟化物、硫化物等污染的桑叶，这些有害物会侵入叶肉组织。受硫化物污染时，叶面呈油浸斑点；受氟化物污染时，叶缘变为黄褐色，叶面呈褐色斑点，严重时叶萎缩而脱落。

用煤灰叶养蚕危害较大。一般蚕食下高浓度污染叶后，开始举动不活泼，后平伏至死。连续食下微量污染叶后，蚕食桑不旺，龄期经过延长，眠起不齐，大小不一，不眠蚕、细小蚕、半蜕皮蚕大量增多，有的蚕体节出现环状病斑，体壁易破，严重的呈软化病状死去。

因此，桑园与工厂的设置必须统筹安排，合理布局，防止煤灰叶的产生。被污染的桑叶可用水洗或用石灰水浸湿后再喂蚕，可减轻危害。但饲食初期绝不能用煤灰叶。

2. 泥叶

一般低干桑的下部叶及路边桑园的桑叶易被泥土污染而成泥叶。连续喂用泥叶，因蚕避食而引起食桑不足，影响蚕的生长和发育。一般泥叶可在大雨后采用，或用清水洗净后喂蚕。

3. 农药污染叶

因桑园周围施用农药或因桑园施药未过残效期而受污染的桑叶被均称为农药污染叶。蚕接触或食下农药污染叶会中毒。

为防止中毒事故发生，桑园治虫应合理安排用药时间、种类及浓度，并与农田治虫互通情报，在农药残效期内不采叶喂蚕。即便采用已过农药残效期的桑叶，也应先少量试食，证明无毒后才能使用。桑园或桑园附近用药治虫，应选择残效期短的农药，为农作物喷药尽可能选在无风时进行，粉剂药物尽可能在湿度较大的早晚时分进行喷洒，防止药粉飞扬。

一旦发现蚕中毒，应立即撒隔沙材料，防止蚕再吃污染叶，并加网立即除沙，同时将蚕放在通风处，中毒轻的蚕可以恢复，以减少损失。轻微污染叶，可用石灰水浸渍处理，进行试喂蚕无中毒现象后，可采叶喂蚕，一般不能连续用这种叶进行喂养。

（四）病虫害叶

受病虫寄生危害的桑叶即病虫害叶。被病虫寄生的桑叶，一般水分较好，营养价值低，有损蚕的健康。野蚕、桑螟、桑毛虫、桑螟为害的桑叶如果带有病原就容易使蚕染病。桑毛虫的毒毛易附着于桑叶，蚕接触后体壁会出现黑褐色不规则小黑点，也会影响蚕的健康。因此，小蚕期要避免使用病虫害叶，轻度被害叶可在大蚕期酌情选用。桑园应尽早进行病虫害的防治，防止病虫害叶的产生。

（五）未成熟叶和日照不足叶

1. 未成熟叶

未成熟叶着生在新梢上部，因未成熟而含水多，糖类物质含量少，脂类、粗纤维及灰分含量均少。未成熟叶不但营养成分差，而且桑叶极易萎凋，如果用来喂蚕，蚕食下后易营养不良，体质虚弱，容易发病。

2. 日照不足叶

日照不足叶是由于连续阴雨或桑园过于密植以及桑叶被遮蔽而形成的。因日照不足，光合作用减弱，桑叶中的碳水化合物、蛋白质含量显著下降，含水量较高（如表1-3-14所示）。

表 1-3-14 日照不足叶的化学成分 单位:%

叶位	种类	成分百分率				
		水分	干物	粗蛋白	可溶性无氮物	糖类
第三位	正常叶	78.2	21.8	5.6	4.4	1.2
	日照不足叶	81.6	18.4	5	2.6	0.7
第五位	正常叶	75.2	24.8	5.2	6.3	2.1
	日照不足叶	77.9	22.1	4.3	5.0	1.6
第七位	正常叶	75.1	24.9	5.3	5.8	2.0
	日照不足叶	77.6	22.4	4.7	4.4	1.2

注:粗蛋白、可溶性无氮物、糖类均属于干物。

用日照不足叶养蚕,因营养不足,蚕的生长发育缓慢,龄期经过延长,蚕体虚弱,易发蚕病,减蚕率和死笼率都有所增加。日照不足叶对蚕的影响因饲育时期不同而有差异,其对秋蚕影响大,对春蚕影响小(如表 1-3-15 所示)。

表 1-3-15 日照不足叶与病毒性软化病发病率 单位:%

饲育时期	病毒性软化病发病率	
	日照不足叶	普通叶
春蚕期	0.9	0.8
夏蚕期	3.4	1.8
秋蚕期	12.4	2.1

日照不足叶对蚕的影响还因蚕品种不同而有差异,一般对多丝量品种影响大。高温多湿情况下,如日照不足,则桑叶更容易徒长,水分含量多,糖类含量相对减少,叶质差。蚕食下这种桑叶后,营养不足,体质虚弱,容易发病,应避免使用。

桑园要增施有机肥和磷钾肥,促进桑叶中糖类的生成;日照不足时应隔行采叶或伐条,改善桑园透光条件,采摘后可适当延长贮桑时间,减少桑叶水分含量,以减轻日照不足叶的危害。

六、适熟叶

(一)定义

适熟叶是指含有蚕正常发育所需要的各种营养物质,软硬、厚薄适当的桑叶。因各龄蚕对营养要求并不相同,各龄适熟叶并不相同,故称适合于各龄蚕生理需要的不同成熟度的桑叶为适龄适熟叶。

小蚕期蚕体生长迅速,而促进生长的最重要的物质是水分和蛋白质;大蚕期蚕体生长缓慢,丝腺生长加快,对水分和蛋白质的需求相对减少,对糖类的需求增加。因此,小蚕期用桑以质地柔软,水分、蛋白质含量丰富而含糖适量者为宜;大蚕期用桑不能过于柔软，以水分和蛋白质含量适中，含糖较多者为宜。

如果一、二龄期给予叶质差的桑叶，则蚕体虚弱，以后再给予良桑也难以恢复健康。相反，一、二龄期如给予适熟叶，即使以后各龄期给桑叶质稍差，影响也较小。因此，一、二龄期严格选采适熟叶特别重要。

（二）适熟叶的鉴别

鉴别适熟叶的方法大致可分以下三种。

1. 化学成分鉴别法

桑叶在生长成熟的过程中，各种成分的含量会有增减，因此分析桑叶的成分状况可鉴别桑叶是否适熟，常用的方法是测定桑叶含水率。

2. 物理性状鉴别法

桑叶在由嫩变老的过程中，其厚薄、硬软、色泽等性状也随之变化，因此可根据物理性状来鉴别适熟叶。由于这些性状与桑叶生长的叶位有关，养蚕生产上常以叶色、叶位、手触桑叶来选适熟叶。秋期还可根据新梢上的皮孔、腋芽和托叶的外部形态来选采适熟叶。

3. 生物鉴别法

生物鉴别就是用蚁蚕啮食桑叶的情况、饲养成绩和就眠率高低来鉴别适熟叶。其中蚕啮食桑叶的情况在生产上常被用来作为选采和检验适熟叶的依据。选取一定头数的蚕进行测试，从蚁蚕开始给桑，到超过龄中食桑时间的 65%～70% 时止桑，并在止桑绝食的情况下统计就眠蚕数量，计算出就眠率。就眠率高，表示桑叶适熟；反之，表示桑叶过老或过嫩。

七、代用饲料和人工饲料

（一）代用饲料

代用饲料有桑科的柘树、构树，菊科的莴苣、蒲公英，榆科的野榆，蔷薇科的蔷薇等植物的叶片。

所有的代用饲料中，只用柘树稍有实用价值。一般蚕品种在一、二龄期可用柘叶作饲料，但必须在收蚁时就开始喂柘叶，一旦喂过桑叶后，蚕对柘叶就有拒食现象。三龄期起继续用柘叶饲育，蚕容易发脓病，时间越长，发病率越高。柘叶的含水率比桑叶多约 10%，蛋白质含量相近，含糖略少。小蚕期需要较多的水分和蛋白质，在这一点上，柘叶比较能适应小蚕生理的需要，如果大蚕期使用柘叶，就容易使蚕体内水分代谢失调，体质虚弱。

用榆叶养蚕虽可在全龄进行，且蚕能化蛹化蛾并具生殖能力，但减蚕率高，龄期经过长，茧质差。莴苣叶和蒲公英叶，含水率极高，蛋白质和糖类的含量少，用来养蚕则减蚕率甚高，茧质很差，因此无实用价值。

蚕为什么不喜欢吃或不吃桑叶以外其他植物的叶呢？这是由于桑蚕在长期驯养过程中形成了对桑叶的嗜好。蚕长期以桑叶作为食物，使蚕的食性专门化，引起体内酶分泌专门化，嗅觉、味觉也趋专门化，以及形成了其他方面的适应性。

桑叶中存在着引诱、促进蚕摄食和吞咽的各类物质。这些物质分别被称为引诱因素、咬食因素和吞咽因素。蚕的食桑过程是这三种物质共同作用的结果。这些物质普遍存在于绿色植物中，但除少数植物外，其他植物叶内这些刺激物质的含量与桑叶不同，而且还含有一些蚕的忌避物质，使蚕拒食，如栎树叶、樱树叶中含有影响蚕摄食的二氢黄酮类忌避物，掩盖了引诱物质对蚕的作用。这就是蚕喜欢吃桑叶而不喜欢或拒食其他植物的叶的主要原因。

（二）人工饲料

根据蚕的食性和营养要求，由人工配制而成用以代替桑叶的饲料，被称为蚕的人工饲料。

1. 人工饲料的意义

用人工饲料代替桑叶饲养蚕的方法即人工饲料育。我国从 20 世纪 70 年代开始研究人工饲料育，目前已经研制成多种人工饲料的配方，能实现全龄饲育。蚕孵化后进行全龄人工饲料育，能结茧并化蛾产卵，整个世代都能正常发育，饲育成绩与桑叶育几乎无甚差异。

人工饲料育是蚕茧生产上的一项重大革新，打破了自古以来栽桑养蚕的传统习惯，可根据需要配制饲料，安排在最适宜的时间饲养。人工饲料开拓了蚕的饲料来源，养蚕不再受季节的限制，还能在不增加桑园面积的基础上扩大养蚕生产的规模，为实现养蚕生产全年化、饲料生产工厂化奠定了基础，为蚕的饲养机械化创造了条件。同时，人工饲料育为蚕品种选育、蚕体生理和病理及发育机制等方面的研究，提供了良好的实验条件。因此，人工饲料必将对养蚕生产的发展起重要作用。

但是，从蚕品种对人工饲料的适应性来看，许多纯种的饲育成绩差。因此，现阶段人工饲料育仅限于杂交种。在丝茧生产中，全龄人工饲料育的实用化也还存在一些问题。目前，在人工饲料育领域尚有改进饲料配方、降低成本、改进饲育技术、选育适宜人工饲料育的蚕品种等许多问题需要解决。

2. 人工饲料的必需成分

人工饲料按其组成成分的来源及纯度，可分为混合饲料、半合成饲料和合成饲料三大类。混合有桑叶粉的人工饲料叫混合饲料。由于桑叶粉中不仅含有各种营养物质，还含有促进蚕摄食、生长的物质，所以配方简单，成本较低廉，易于配制。目前使用的混合饲料，一般含桑叶粉 20%～40%。不含有桑叶粉但含有一部分天然饲料物质（如豆粉、玉米粉等）的饲料叫半合成饲料。半合成饲料需外加更多的添加物质，成本较高，但对查明蚕的营养要求、食性要求具有重要意义。合成饲料是主要由氨基酸等其他人工合成物质组成的饲料。其虽然含有如淀粉、纤维素等天然物质，但这些天然物质的化学成分很明确。这种饲料组成复杂，成本更高，但为各种营养成分的必需量的研究提供了必不可少的条件。人工饲料必备以下营养成分。

（1）蛋白质

蛋白质是生物体维持生命所必需的营养素，实用性高的人工饲料，一般用大豆粉、豆饼、血粉或豆渣等充当蛋白源，以代替桑叶蛋白。

（2）碳水化合物

蚕所需要的碳水化合物主要有蔗糖、葡萄糖和果糖。这些营养价值高的糖，只需适量的一种，就能满足蚕对碳水化合物的需要。人工饲料中，通常用蔗糖代替碳水化合物。

（3）脂质

脂质包括脂肪、磷脂、固醇和蜡。这些物质不仅是蚕体的重要组成成分，而且是重要的能量来源。

（4）维生素

维生素是调节蚕体生理机能的重要营养物质，在饲料中缺乏或不足，都会阻碍蚕的正常生长发育。

（5）无机盐

无机盐也是蚕生长发育不可缺少的成分，在人工饲料中必须添加。

3. 人工饲料的基本要求

人工饲料养蚕，必须具备以下四个条件：一是满足蚕的营养要求，二是有适当的物理性状，三是有高的防腐性，四是适合蚕的食性要求。

（1）蚕的营养要求和饲料组成

对家蚕具有最佳营养效果的饲料，既要含有其所需的各种营养物质，又应在含量的比例上适当，即保持营养的平衡。饲料的利用效率，取决于饲料中各种营养物质供给量与蚕的需要量之间的适合程度。

关于各类营养物质之间量的平衡问题，研究较多的是蛋白质和碳水化合物之间的供给量关系问题，两者的添加比对蚕的生长有显著影响。

（2）人工饲料的物理性状

人工饲料的形状、结构、硬度、黏度、均匀性等各项物理性状对饲料营养价值有很大的影响。一种良好的人工饲料，必须要有适于蚕摄食的物理性状。对于人工饲料的饲育效果，饲料的物理性状往往比饲料组成的影响更大。

影响饲料物理性状的第一因素是含水率。含水过少，饲料硬，蚕摄食情况不好，影响生长发育；含水过多，饲料软烂，蚕会被粘住或溺死，蚕不喜食。一般人工饲料含水率以71%～77%为宜。

饲料物理性状与饲料中添加的成型剂有关，还与原料的结构有关。

（3）饲料的防腐性

人工饲料中含有较多水分，富含各种营养成分，蚕的饲育适温也适宜各种微生物繁殖生长，因此人工饲料的防腐性极为重要。如饲料腐败，不仅影响饲料的营养价值，蚕食下大量微生物后还易发病。

最易引起饲料腐败的微生物主要是细菌、真菌等。为防止饲料的腐败，必须添加能杀灭或抑制以上微生物的药剂，而且这些药剂应对蚕的食性和生理无害或影响较小，能耐受饲料加工过程中的理化处理。

人工饲料中最常用的抗生素是氯霉素，它具有广谱抑菌、作用稳定的特点，并有一定程度的生长促进效果。必须注意，防腐剂及抗生素均不能添加过多，过多同样会产生药害。

由于导致人工饲料腐败的微生物在周围环境中大量存在，为了防止这些微生物对防腐剂产生抗性，残剩的饲料最好烧掉或深埋。

（4）人工饲料与蚕的食性

蚕的摄食行动与其味觉和嗅觉有关。为了提高蚕的摄食性，人工饲料都会添加一定量的桑叶粉，特别是蚁蚕及小蚕用饲料，桑叶粉的适当添加，可使蚕的摄食状况明显改善，提高蚁蚕疏毛以及就眠的齐一度。

家蚕在生长发育过程中，其食性有所变化。随着蚕的生长发育，其对摄食抑制因素的耐受性提高，对摄食促进物质的感受性降低。因此，大蚕用饲料中可逐步减少桑叶粉的比例。

4. 人工饲料原料的选择和加工

（1）桑叶粉

桑叶粉的质量因原料品种、肥培管理、采伐时期等因素而异。总的来说，春叶制粉优于夏叶，早秋叶优于晚秋叶；桑叶贮藏时间越长，营养价值越差，当年采摘春叶制成的桑叶粉质量最好。

桑叶的干燥条件对桑叶粉的饲料价值影响很大，将鲜叶直接用高温（70～80℃）烘干，叶质明显下降，故干燥时宜采用较低温度（40～50℃）的鼓风干燥的方法。在夏日高温干燥的天气，也可采用晒干或阴干的方法。制成的桑叶粉，在加工配制前，宜保存于低温黑暗处，避免吸湿。

（2）蛋白质原料

大豆蛋白对蚕具有极高的营养价值，因此脱脂大豆粉是常用的蛋白质原料。宜选用残油率低的脱脂大豆粉，必要时可采用乙醇或甲醇浸渍24小时作洗脱处理，以除去大豆中的醇溶性摄食抑制物质。

（3）碳水化合物原料

饲料中常用的糖类为蔗糖和葡萄糖，使用食用砂糖即可。淀粉常用马铃薯淀粉，也可直接使用玉米粉代替，不仅能降低成本，而且由于增加了营养，对蚕的生长发育更好。也可采用甘薯粉，但需晒干以防止霉变。

（4）脂质原料

含有桑叶粉和玉米粉较多的饲料，一般不必另加脂质原料。不含或少含桑叶粉或玉米粉的饲料则不可缺少脂质原料。脂肪酸原料用精制大豆油、玉米油或色拉油即可。固醇类则可用谷固醇、植物固醇或胆固醇。

（5）维生素原料

饲料中所需的维生素，可直接使用市售的畜牧用商品。各种维生素可以用淀粉、碳酸钙粉作为载体稀释，以维生素添加剂形式使用。

（6）无机盐原料

饲料中的无机盐采用市售已粉碎的畜牧用无机盐原料加以混合即可。一般只需加入磷酸二氢钾、氯化钾、硫酸镁、碳酸钙、磷酸铁和硫酸锰六种，就能得到良好的饲育效果。

（7）成型剂及其他原料

琼脂是常用的成型剂原料，但价格较贵，加工不便，也可采用市售的食品级粉状卡拉胶代替。

纤维素有改善饲料物理性状的作用。

以上原料，特别是天然原料，均需加工成粉末状，应注意天然原料不可霉变、受潮，不可含有有毒物质。

6. 人工饲料的调制

在调制含有桑叶粉的人工饲料时，首先要准备好桑叶粉。采摘优质桑叶，用50℃左右温度在10小时内尽快风干，然后用粉碎机将干桑叶粉碎成100目左右的细粉，贮藏在冷暗处，并保持绝对干燥，不能让桑叶粉受潮发霉。

人工饲料的调制大致可分为四步：先将桑叶粉、大豆粉、淀粉、柠檬酸、桑色素、无机盐等相互混合拌匀，形成粉状；再将蔗糖、山梨酸、琼脂、氯霉素、蒸馏水等相互混合加热成溶液；随后将上述两种物品混合拌匀，煮沸后再蒸15分钟；最后，在蒸煮后的饲料中拌入维生素，冷却后放入5℃左右的冷库中保存备用。用此法配成的饲料，简称湿体饲料，切成薄片即可喂蚕。另有一种干体饲料，使用前将饲料用清水喷洒使其含水率达75%即可使用。

7. 人工饲料的保存

在20℃以下的黑暗场所，桑叶粉可贮存约一年，粉体饲料根据包装材料的不同，可贮存四个月至一年；在10℃以下，聚乙烯薄膜包装的湿体饲料可保存一个月不变质，如用聚丙烯、铝箔、聚乙烯制成的复合包装袋，饲料可保存半年不变质。

任务四　蚕与卫生环境

养蚕生产上，除了研究蚕生活所必需的营养环境和气象环境，为蚕维护一个无病无害的卫生环境也是极其重要的。如果没有一个良好的卫生环境，蚕的健康易受损害，营养环境和气象环境都不能发挥作用，蚕品种的优良性状也难以表现出来。所以注意养蚕环境卫生，防病防害，保护蚕体健康，在养蚕生产上尤为重要。

环境卫生从广义上说，还包括气象环境卫生和营养环境卫生，这里仅从狭义上来讨论，主要研究防除环境中危害蚕健康的各种危害因素，以保证一个无病无害的卫生环境，为养蚕生产的高产、优质、低耗、高效创造条件。

一、危害因素

危害蚕健康的因素有多种，归纳起来可分为以下五类。

（一）病害

蚕病的危害是蚕茧丰收的大敌，各种病原是诱发蚕病的根源，其主要有以下四种。

41

病毒：可诱发病毒性软化病、血液性脓病、中肠型脓病以及脓核病等。

细菌：可诱发猝倒病、细菌性肠胃病、败血病等。

真菌：可诱发白僵病、绿僵病、褐僵病、曲霉病等。

原虫：可诱发微粒子病等。

上述蚕病都是传染性疾病，传染途径有经口食下传染、皮肤传染或创伤传染、母体胎种传染等，传播速度相当快。病原的致病危害程度主要决定于病原的多少和气象条件、营养环境、蚕的体质、饲养技术的好坏。蚕一旦遭受病原侵染，若蚕体健康，营养条件好，气象条件适宜，蚕抗病力强，则不易发病；反之，则蚕易发病。蚕对病原的抵抗力与蚕龄大小也有很大的关系，蚕龄越小，抗病力越弱，小蚕期及四龄期是防病的重要时期。

防治方针：病原无处不在。蚕是群居昆虫，体小，抗病力弱，一旦发病很难治疗，因此蚕病的防治工作必须是"预防为主，综合防治"，决不可颠倒防治关系。

防治的根本途径：最大限度地杀灭病原，及时采取隔离措施，减少病原与蚕接触的机会，而且将防病卫生制度贯彻于养蚕的始终。

（二）虫害

虫害主要指螨类的寄生和昆虫对蚕的猎食，如蚕蛆蝇、虱螨的寄生，以及蚂蚁、蜘蛛捕食蚕等。虫害防除途径主要是消灭或隔离害源。

（三）公害

公害主要指危害蚕的工农业有毒物质污染，常见的有工业污染（如废气和微尘）、农药及化肥污染（如杀虫剂和氨水等）、有毒农作物污染（如烟草、除虫菊等）。

以上有毒物质主要通过污染桑叶而引起蚕中毒，也有直接使蚕发生中毒的。其防除的基本方法如下：一是实施生产区划及加强农作的统一计划安排，使养蚕生产远离毒源，保护养蚕环境；二是采取防护措施，以隔离毒源。

（四）伤害

伤害指蚕受到的机械损伤，主要有人为损伤和鸟兽掠食造成的损伤。前者多由于技术操作不规范所致，后者主要有鼠、蛇、鸡、鸭及野鸟等为害。防止人为损伤，主要是加强技术训练，做到认真负责，精细饲养。防除鸟兽为害，主要是堵塞鸟兽来路，消除害源。

（五）灾害

灾害指自然灾害，如旱灾、涝灾、火灾、霜冻灾及风灾等，主要对桑树危害大，继而危害蚕的生长，蚕饲养在室内，直接受害较少。应注意预防自然灾害，增强桑树抗御自然灾害的能力。

二、环境污染

自然环境受到外界因素影响而改变原有状态产生有害作用，就是受到了污染。

（一）污染来源

1. 环境污染因素

环境污染因素主要有二：自然因素和人为因素。

（1）自然因素

生态系统通常总是受到各种因素的影响并具有一定的调节能力，对于自然因素造成的污染，在一定范围内，生态系统可以通过自净作用消除影响。因此，自然因素造成的污染并不会产生明显的危害结果。

（2）人为因素

人为因素是造成环境污染的主要原因。人类活动产生的大量有害物被排入自然环境中。这些有害污染超过了生态系统的自净能力，破坏了环境的结构和状态，使环境不断恶化，从而干扰了养蚕的正常环境条件，对蚕体产生了直接或间接的不利影响。

2. 造成环境污染的原因

①化学的原因：是指向环境直接排放有害的化学物质，或者是因排放物在环境中发生化学反应而生成有害产物。

②物理的原因：是指放射性物质的辐射以及振动、噪声、废热等物理作用对环境的污染，但对养蚕环境的影响不大。

③生物的原因：是指各种致病的细菌、真菌、病毒、原虫、寄生虫等引起的环境污染。

3. 污染来源

养蚕环境中污染物的主要来源有两方面，即养蚕生产活动和工农业生产活动。污染种类主要有大气污染、水体污染、土壤污染、饲料污染，以及蚕室、蚕具污染等。养蚕生产中以大气污染，饲料污染，蚕室、蚕具污染和蚕座污染危害最严重。

（1）大气污染

大气污染有时也叫空气污染，主要由公害引起。工业废气是造成大气污染的主要污染物。

（2）饲料污染

"病从口入"，蚕患病或中毒大多由食下饲料中附着的污染物而引起。饲料污染大致可分为两类：一是化学性污染，二是生物性污染。前者主要指有毒化学物质对饲料的污染，后者主要指病原和寄生虫对饲料的污染。

（3）蚕室、蚕具污染

蚕室、蚕具与蚕生活的关系最密切。反复养蚕而遗留的污染物极多，因此蚕室、蚕具受到污染是很自然的。

①蚕室污染：养蚕生产活动中排放出的污染物是无孔不入的，主要聚集在室内四壁和门窗，以及天花板、地面等处，其次是室内空间。

养过蚕的蚕室被污染程度随养蚕次数增加而逐渐积累，即病原随养蚕时间的增长而积累增多。据调查，因病原污染导致的蚕病发病率随蚕期逐期增加。

室内污染情况因蚕室用途不同而不同。在曾发生蚕病的各蚕室内收集尘埃做添食试验, 结果如表 1-4-1 所示。

表 1-4-1　室内污染与蚕病发生情况　　　　单位:%

蚕室	发病率	硬化病	血液型脓病	中肠型脓病	病毒性软化病
小蚕饲养室	22	10	5	5	2
大蚕饲养室	38	11	10	9	8
贮桑室	30	9	8	6	7
上蔟室	100	—	56	34	10

②蚕具污染:直接接触蚕体的蚕具最容易被污染,受污染最重的是蚕蔟,其次是蚕箔,再次是蚕网。

(4) 蚕座污染

饲养期间蚕群居于蚕座上,蚕沙不断排出二氧化碳、氨、水汽以及臭气等,一般不易达到危害程度,但如积累过多则对蚕体卫生不利,且对病原的繁殖、传染有促进作用。以病毒性软化病为例,在蚕座中混入病蚕饲养到结茧时调查发病率,结果因龄期和蚕期以及混入率差异而不同,结果如表 1-4-2 所示。

表 1-4-2　混入率与发病率的关系　　　　单位:%

龄期	混入率	发病率	
		春蚕期	早秋蚕期
一龄第二天	0.5	18.0	100.0
	2.0	75.0	100.0
二龄第二天	0.5	2.0	40.0
	2.0	10.0	50.0

(二) 污染物的危害

1. 危害途径

污染物对蚕的危害有直接和间接两方面。直接的由空气传到蚕体,间接的经过媒介物如桑叶、蚕具及饲养者等传到蚕体,大多数污染物通过污染桑叶而对蚕造成危害。污染物经蚕的口或体壁而侵入蚕体,破坏蚕体内环境平衡,使其生理机能出现紊乱。

2. 危害特征

不同的污染物造成的危害有不同的特征。

①二氧化硫气体:此气体主要从气孔侵入叶片,使桑叶叶面出现油浸状斑点。蚕食下被二氧化硫气体污染的桑叶,表现出食欲减退、举动不活泼、发育不齐等症状,最后形成细小蚕、迟蚕、软化病蚕等,甚至死亡。

②氟化氢气体:此气体从气孔侵入叶片,受害叶的尖端和周边出现褐色,此褐色部与健全部的分界较为鲜明,将形成暗赤褐色线纹。

③氯气：受害叶将出现褪色现象，蚕食下被氯气污染叶后，会丧失食欲、吐丝，严重的会吐出胃液。

④煤烟：煤烟含焦油性的碳化氢，不溶于水，但富有黏着性，故附着于叶面甚多而污染最甚。蚕食下此被污染桑叶，先表现出食欲丧失、举动不活泼、发育不良，最后呈苦闷状态而死亡。

⑤微尘：微尘能堵塞桑叶气孔。受此害的桑叶多出现呼吸、蒸发等机能障碍，同化能力下降，桑树代谢平衡被破坏，导致生长劣下，叶质恶化。蚕食下此种桑叶，先表现出举动不活泼，食欲不振，发育不良且不齐，最后呈软化病病状而死亡。

三、环境卫生

使养蚕环境无污染，以保护蚕群健康，这就是维持环境卫生的任务。

（一）蚕区卫生

养蚕地区一般比较集中，特别是蚕茧生产基地更为密集，蚕桑病虫害容易发生，且传染性较强，加之常有农药、工业污染，所以维护蚕区的公共卫生甚为重要。其主要措施如下：加强养蚕环境的蚕前、蚕中、蚕后消毒工作；建立隔离区；做好桑树除虫工作，防止桑叶受污染；防止蚕中毒。

（二）蚕室卫生

蚕室宜建在高燥的地方，周围环境应清洁干净，无污水污物。蚕室之间应保持一定的距离，蚕室结构应便于消毒防病，特别是小蚕共育室需能完全密闭。

养蚕前应对蚕室进行彻底的清洁消毒，并且在蚕期中应时刻保持室内和地面以及墙壁、门窗的清洁。蚕室内除了必用的蚕具，一切杂物均不应留在室内。地板上不能堆积蚕沙，不乱丢病蚕尸体，给桑、除沙等操作后，应立即扫除清洁地面。

换鞋入室、洗手给桑，是养蚕卫生的基本规则。同一室内不能共养不同时期的蚕，蚕沙坑更应远离蚕室，以免污染蚕室环境，传播蚕病。

（三）蚕具卫生

蚕具多是直接接触蚕体的工具，其清洁卫生对蚕体健康影响很大。凡进入蚕室的一切大小蚕具及材料等，均应严格消毒。用过的蚕具已受污染，应立即进行消毒处理，未经消毒的严禁使用。为了预防蚕病传染，蚕具不能混用，以减少污染传病的机会。

（四）蚕座卫生

蚕座是蚕生活的场所，蚕食桑、排粪、脱皮均在蚕座上。其卫生如何直接影响蚕体健康，主要注意以下四个方面。

1. 蚕座密度

家蚕具有定居的习性，一般不离群远逸，且自动疏散能力极差，故蚕座密度随蚕体增长而加大。此时蚕互相拥挤，不仅影响食桑，还可能互传蚕病。因此饲养中必须经常进行人工疏座，以达到一定的蚕座密度标准。这就是饲养技术中的扩座和匀座，应及时进行。

2．蚕沙

蚕座上的残余桑渣、蚕粪、蜕皮壳、丝缕、消毒物、干燥剂以及病蚕尸体等叫作蚕沙。蚕座上的蚕沙是一些废弃不洁之物，易蒸热发酵，产生不良气体，且利于病原滋生繁殖，大大有碍蚕体卫生，因此应经常除之，这就是除沙。同时，还应重视蚕体、蚕座的消毒工作。

蚕沙含病原较多，不能随地堆放，更不能使之飞扬飘散。除去的蚕沙应装入蚕沙篓，运到指定的蚕沙坑进行堆肥，让其发酵，高温腐熟后，可作施肥用。

3．下垫物和覆盖物

下垫物是指蚕座纸，其与覆盖物均要求清洁干燥，无病原污染。加覆盖物时，覆盖时间不可过久，覆盖不可过密，以免影响蚕体卫生。

总之，防治蚕病应以杀灭病原为主，同时切断病原对蚕室、蚕具、蚕座、桑叶的污染途径，减少其与蚕接触的机会。同时，还应采取综合防治措施，改善气象条件，改善蚕的营养条件，提高饲养技术，增强蚕的抗病力。

任务五　环境条件对蚕的综合影响

适宜的气象条件是确保蚕正常生长发育的重要条件，优良的饲料是蚕茧优质高产的物质基础，养蚕无病、无害是蚕茧优质高产的重要保证。

从大范围来看，气象条件通过影响桑叶的叶质影响蚕的营养条件，并通过影响蚕室内的微气象条件，进一步影响蚕的生长发育；而环境中的病原通过各种途径传入蚕室，对蚕产生影响。

从小范围而言，蚕室的微气象条件直接影响蚕的生理、生长发育，又通过影响桑叶的叶质来影响蚕的食下、消化和吸收，还通过影响微生物的繁殖，间接影响蚕的健康。

营养的好坏关系到蚕的抗逆性和抗病力，在不良的气象条件下，给予优质的饲料，可减轻不良条件对蚕的危害，提高其抗病力。

病原传入蚕室污染桑叶，蚕食下会得病，微生物也可以随空气进入蚕室与蚕接触，使蚕得病。此外，微生物可在蚕沙中发酵产生不良气体并形成蒸热环境，影响蚕的健康。

整个养蚕过程中，各种环境因素都会从不同的角度、不同程度地影响养蚕成绩。在自然条件下，各因素对蚕的生长发育产生综合性的影响，不是单独对蚕产生作用，即各因素之间存在着相互联系又相互制约的关系。

在高温多湿的情况下，尤其是大蚕期，闷热将使蚕体内水分难以散发，影响蚕体内水分代谢，致使蚕体温升高，营养物质消耗增多，容易发病。此时应给予足够良桑，供给营养，并注意通风换气，借气流来增加蚕体内水分的蒸发量，降低其体温，减轻高温多湿的危害。切勿在高温多湿的情况下喂未成熟的嫩叶或日照不足叶等不良叶，否则蚕摄入营养不足，蚕体内水分过多，必然导致蚕体弱多病。

在高温干燥的情况下，桑叶容易萎凋，蚕食后蚕体含水率低，营养不良，易造成蚕发育不齐。此时必须给予良桑，并增加给桑回数，做到良桑饱食。大蚕期还可喂食适量湿叶，以补足水分。

在低温多湿的情况下，蚕消耗较少，体内水分多，蚕座冷湿，蚕易发病，应给予营养丰富的成熟叶，并做好升温排湿工作。

在低温干燥的情况下，应增加给桑回数，并升温补湿，使蚕充分饱食；在叶质不良时，应降低饲育温度，使蚕的生理活动减慢，以增加蚕体内养分的留存量，减轻不良叶的影响。同时要加强消毒防病工作，减少或防止蚕病的发生。

在实际生产中，理想的环境条件往往不能兼备，如果有两种或多种不良条件同时存在，必然会加剧危害。如果能利用有利条件，改善不良环境就可以减轻危害程度。我们应充分了解蚕与环境之间的关系，充分发挥养蚕技术的作用，创造优良的环境，减轻不良环境因素的影响，控制蚕的生长发育，以保证蚕茧丰收。

思考题

1. 环境条件指哪几方面？它们包括哪些内容？
2. 蚕体温有何特点？
3. 温度对蚕的生理和生长发育有哪些影响？
4. 什么是酶？
5. 蚕的发育适温是多少？饲育适温是多少？各龄饲育适温是多少？
6. 简述温度对蚕茧产质量的影响。
7. 湿度对生长发育有什么影响？对蚕生理影响的实质是什么？
8. 蚕的各龄饲育适湿是多少？
9. 不良气体有哪些？饲育时，蚕室内应有怎样的适当气流？
10. 光线对蚕生长发育有什么影响？光周期对蚕的孵化有何影响？
11. 什么是叶质？桑叶成分与哪些因素有关？
12. 小蚕期与大蚕期的蚕对叶质的要求有什么不同？叶质不同对蚕生长发育有什么影响？
13. 什么是不良叶，不良叶包括哪些？
14. 各种不良叶是如何产生的？不良叶对蚕有哪些危害？如何处理利用？
15. 什么叫适熟叶？如何鉴别适熟叶？
16. 什么叫人工饲料？研发人工饲料的意义是什么？
17. 蚕为什么只能吃桑叶和少数几种植物叶，而不吃其他植物叶？
18. 蚕的卫生环境指的是什么？包括哪些？

项目二 蚕室、蚕具

蚕必须在良好的饲养环境中才能生长发育好，养蚕生产必须在适宜的环境条件下进行才能获得蚕茧丰收。为了创造蚕良好的饲养环境和良好的饲养人员工作条件，一定要有良好的蚕室和蚕具服务于养蚕生产。

任务一 蚕室

蚕室是养蚕的主要设施之一，是供蚕生活和饲养员工作的场所。广义上讲，蚕室也包括养蚕必需的贮桑室、上蔟室、管理室等附属室。蚕室的构造设计，一方面影响蚕的生长发育和蚕茧产量及质量，另一方面也影响饲养员的工作效率和技术措施的贯彻执行。因此，为了蚕茧高产，不仅需要配备一定数量的蚕室，而且蚕室结构的设计必须合理。

一、蚕室建造条件

建造蚕室，必须遵循以下几个原则：一是便于室内温度、湿度、光照、气流等微气象的调节，以满足蚕的生理要求；二是便于清洗消毒，能防止蚕病的蔓延和外敌的危害；三是饲养操作方便，能提高工作效率；四是坚固耐用，经济实惠。根据以上原则，在修建蚕室时，可从蚕室的位置、朝向、周围环境等多方面来考虑。

（一）蚕室位置的选择

蚕室择址应因地制宜，主要考虑以下几个方面：

①在多雨潮湿的地区，宜选择光线充足、通风良好和利于排湿的高燥处建造蚕室。

②在风大少雨、气候干燥的地方建蚕室，宜选择背风向阳又能保湿的场所。

③在夏秋季高温闷热的地方，应选择空旷地建造蚕室。

④小蚕专用蚕室应在保温、保湿效果好的地方建造。

⑤大蚕室及上蔟室应在通风良好、易于排湿的地方建造。

⑥选择地下水位低、距离桑园和水源较近、交通方便的地方建造蚕室。

（二）蚕室的朝向

我国多采用南向蚕室。因我国大部分蚕区在北回归线以北，南向蚕室光线充足，南风温和，对春蚕期、夏秋蚕期的保温工作有利。早春室内较暖和，夏秋季基本很少受阳光照射，室温不是很高，且通风良好。在晚秋期能顺畅导入南风或东南风，通风换气较方便。

（三）蚕室周围环境的布置和要求

蚕室周围环境是影响室内微气象的主要因素，新建蚕室应注意以下问题：

①蚕室应远离有毒场所，避免空气污染。

②蚕室周围以前后空旷、无高大遮蔽物为宜，便于蚕室通风换气。

③蚕室周围宜栽植遮阴效果好、生长快、散发水分少，并且少病虫害、无毒的乔木，以起到遮阴、吸热、减少太阳辐射对室内的影响、调节风速、改善蚕室微气象条件的作用。

二、专用蚕室设计要求

专用蚕室结构要有利于蚕的生长发育，就必须有相应的构造设施，主要分为六大类：隔热保温装置、升温补湿装置、防潮设施、换气采光装置、防蝇装置、除沙装置。

1. 隔热保温装置

为使蚕室温度能保持在适宜范围内，蚕室需有墙壁、屋面、天花板、走廊等隔热保温装置。

墙壁：蚕室四壁有防止太阳辐射、保持室内温湿度平稳的作用。要求墙体较厚，保温隔热效果好。为便于通风采光，南北应开设适当数量的门窗和换气窗。

屋面：要求能达到防雨、防寒、保温隔热的目的。一般蚕室多用人字形屋面。

天花板：又称顶棚，有隔热保温的作用，并可阻挡从屋顶飘落的尘埃和病原，提高消毒防病效果。一般用纤维板钉成。

走廊：要求能减轻外温对室温的影响，并便于工作。设置在墙内的为内走廊，设置在墙外的为外走廊。走廊一般宽为2~3米。

2. 升温补湿装置

升温补湿装置在养蚕生产上极为重要，其要求为：

①能随意调节温湿度，并能使蚕室感温均匀。

②升温时要能换气。

③要避免室内产生不良气体。

④使用方便，造价低廉。

3. 防潮设施

墙体不可受潮。在地下水位高的地方，地基可用石头砌成，上铺油毡再砌墙体。

4. 换气采光装置

换气装置包括门窗、换气洞。门窗总面积不应少于墙面积的四分之一，每间蚕室南北四角或天花板四角宜开换气洞，换气面积每间应有0.1平方米。蚕室的自然采光装置主要是南北墙上的玻璃门窗，另外应安装照明灯，用于夜间照明。

5. 防蝇装置

蚕室门前加设纱网，以防蚕蝇飞入蚕室。

6. 除沙装置

大蚕饲育室需在北面墙壁开设高 0.5 米、宽 1 米的除沙洞。

三、蚕室的种类

（一）小蚕室

小蚕室是指饲养一至三龄蚕的蚕室。小蚕饲育要求有较高的温度和湿度，因此小蚕室必须是保温保湿性能好，而且便于消毒防病，能够换气的房屋设施。目前常见的小蚕室主要为电热温湿度自动控制蚕室、火炉加温蚕室和空调蚕室。

（二）大蚕室

大蚕室是饲养四、五龄蚕的场所，应满足以下要求：容积较大，通风换气良好，春暖夏凉，便于饲养员操作和消毒防病，经济实用。大蚕室结构必须符合蚕的生理要求和养蚕技术要求，一般应具有保温、隔热、防潮、换气、采光、排沙和防害装置。蚕室的大小根据蚕的饲养量的多少来定。

四、主要的附属室及相关设施

（一）贮桑室

养蚕过程中，需贮备一定数量的桑叶。为了保证所贮备的桑叶新鲜，必须配备贮桑室进行贮桑。贮桑室建设必须做到以下几点要求：一是室内能保持低温多湿；二是门窗宜小，能避免日光和强风侵入，且便于换气；三是靠近蚕室，便于运输；四是远离蚕沙坑，室内便于清洗消毒。

（二）调桑室

调桑室是进行调桑的场所，即供整理桑叶、切叶，为给桑做好准备工作的场所，一般设在与蚕室邻近处。调桑室内要求光线明亮，配有切桑用具，以便于调桑工作的进行。

（三）上蔟室

上蔟室是蚕营茧的场所，其环境条件直接影响蚕茧产量与质量。专用蔟室要求环境高燥、排湿良好、空气流通、光线均匀，便于补湿和消毒。一般上蔟室与蚕室可共用部分面积。

（四）蚕具贮藏室

蚕具贮藏室是贮藏消毒和清洁用具，收蚁、饲育用具，采桑、调桑、贮桑用具，除沙、上蔟用具及杂项用具的场所。

（五）蒸汽消毒灶

蒸汽消毒灶是一种消毒设施，在养蚕集中、用水方便和经济条件较好的地方均可采用，蒸汽消毒灶由消毒间和炉灶两部分构成。消毒间的大小根据消毒蚕具的数量而定，高度一般不超过 2.3 米，蚕具在消毒间内竖放，以利蒸汽渗透。顶部应设排气窗，侧面设放置温度计的小孔，以便于观察灶内的温度。炉灶上面应用铁锅将炉膛、火道和烟囱隔开，所有接触火焰的地方和缝隙都要用水泥封严，以免火苗蹿出引起火灾。由于消毒蚕具只需升温至100℃，消毒间受蒸汽压力作用不大，因此，消毒间的四壁可以用空心砖砌成，内壁用水泥抹平。

（六）简易消毒池

简易消毒池是近年来农村普遍采用的消毒设施。一般选择离水源近，便于操作和晾晒的地方修建。其规格根据蚕箔形状和尺寸而定，可建成长方形或圆形。长方形消毒池的宽以方形蚕箔的长度为准，高以方形蚕箔的宽度为准。蚕箔在池内竖放，池的长度以所放蚕箔的数量而定，一般为1.2~1.5米。圆形消毒池的直径以圆形蚕箔的直径而定，高度根据蚕箔数量而定，一般为0.8~1米。消毒池的底面和四周用砖砌成，内壁用水泥抹平，底部留有排水孔。养蚕集中的地方还应考虑浸泡蚕杆和蚕架。浸泡蚕杆的消毒池一般建成长条形，宽0.4~0.5米，长度以蚕杆的长为准，下窄上宽，呈倒梯形。

五、蚕室及附属室的布局

1. 蚕室及附属室的布置原则与要求

蚕室及附属室的布置应遵循有利于预防蚕病、符合微气象调节的要求这两个原则。

蚕室及附属室的具体布置要求如下：

①大小蚕室分开建造，贮桑室和蚕具贮藏室应有单独的对外出入口，管理室设于入口附近，调桑室位于蚕室与贮桑室之间。

②堆沙场所远离蚕室。

③蚕室不直接对外开放，蚕室应设置前室、走廊，以便于工作人员入室前换鞋、洗手，有利于微气象调节和防病。

④运桑路线和出沙路线不交叉。

2. 蚕室及附属室的面积分配

一般蚕室东西两侧搭蚕架，中间空旷处充当操作场所，既利于通风换气，又可避免强风直吹。

蚕室与上蔟室的面积比例一般为1∶1，蚕室与贮桑室面积比例一般为2∶1。贮桑室的面积也可按五龄蚕一天内最大用桑量或以每平方米25千克的贮桑量来计算。如蚕室和上蔟室存在共用空间，在养蚕房屋总面积中，蚕室和上蔟室约占60%，贮桑室约占20%，管理室、蚕具贮藏室各占6%左右，调桑室和前室（走廊）各占4%左右。

任务二　蚕具

一、蚕具应具备的条件

养蚕所需的用具被称为蚕具。蚕具结构是否合理，对蚕的生理、养蚕成本、技术操作都有直接影响。

蚕具的结构（包括取材和构造）必须符合以下条件：

①适合蚕的生理要求，便于清洗消毒和防病卫生。

②质地坚固，轻便耐用，使用方便。

③取材容易，制作简单，成本低廉。

④便于收藏、搬运和保管。

二、蚕具的种类

根据作用的不同，蚕具可分为以下几类：

①消毒和清洁用具：喷雾器、刷把、防毒面具等。

②收蚁用具：蚕筷、鹅毛、薄膜、收蚁纸（绵纸）、收蚁网、压卵网等。

③饲育用具：蚕箔、蚕架（梯形架、蚕台等）、给桑架等。

④采桑、调桑、贮桑用具：采桑筐、切桑刀（机）、桑剪（伐条机）等。

⑤除沙用具：蚕网、除沙筐等。

⑥上蔟用具：有方格蔟、草龙及塑料折蔟等。

⑦杂项用具：温度计、火盆及照明用具等。

三、主要蚕具的规格要求

（一）蚕架

1. 梯形架

梯形架为长方形，由两根立柱和横木条组成。两立柱高 2.7 米，相距 0.7~0.8 米，一般分 10 层，最上层距天花板 0.5 米，最下层距地面 0.4 米，每层之间相距 0.23 米左右。

2. 三脚蚕架

三脚蚕架一般用于搁置圆形蚕箔，以三木为柱，在其中两木间架数根横木成梯形，另一柱也装数根横木，并将这些横木的一端接连于梯形架上各横木的中央，成丁形。在各层横木连接点处贯以木钉，使后面一柱架可以活动，用时展开，插放圆箔，不用时可以折叠收拢，较为方便。架宽应与圆箔的直径相适应，为 1.5 米左右，层间距为 0.2 米。养小蚕时可用薄膜外罩升温，养大蚕时可移至通风换气处。

（二）蚕箔（蚕匾）

蚕箔是养蚕的主要工具，分为长方箔和圆箔两种。长方箔一般长为 1~1.2 米，宽为 0.8~0.9 米，饲养时使用比较方便；圆箔多为实心箔，直径为 1.3~1.4 米，这种箔可在蚕架内旋转，适合观察蚕发育等情况。

此外还有小蚕专用蚕盒，有木制蚕盒、竹制蚕盒、塑料蚕盒三种。

木制蚕盒：其规格有 110 厘米×80 厘米和 80 厘米×55 厘米两种。一般用 2 厘米厚，5 厘米宽的木条钉成木框，四角斜钉厚 2 厘米的小木块（使蚕盒坚固不变形，重叠时又能通气），盒底放置相应长宽的竹篾笆。

竹制蚕盒：用竹编成方格簸笆，四周翻折，再用 3 厘米的竹块用簸条锁成，底部绑两根小竹棍即成。

塑料蚕盒：一般规格为 82 厘米×58 厘米×6 厘米，盒底网眼 2.5 厘米×2.3 厘米，并在盒底四周加盖套，重叠使用时避免移动。

（三）蚕台

搭制简易蚕台，可解决蚕架、蚕箔不足的问题。进行条桑育时用蚕台养蚕不但使用方便，而且可提高蚕室的利用率。

1. 固定蚕台

固定蚕台由蚕架、竹竿、帘子搭成。一般设 3~4 层，各层位置固定，蚕架高 2.6~2.8 米，宽 1 米，一般用木料和毛竹作支柱，两支柱间用 2~3 根横档固定，使其成梯形的架。在支柱一侧装木搁 3~4 个，以便于在搭蚕台时用来搁置横木架。蚕箔架由 2 根长 1.5 米的短竹竿和长 3 米左右的长竹竿用绳子扎缚固定而成，蚕箔架上铺宽 1.5~1.7 米、长 3 米左右的帘子。蚕架、蚕箔架、帘子之间也要用绳子固定。一般每个蚕台设置三层蚕箔，每层间隔 0.6~0.7 米，最下层离地 0.3~0.5 米，各层固定后不能移动。

2. 活动蚕台

活动蚕台由绳子、竹竿和帘子组成，各层可依次升降活动。搭制时先将 4 根符合所要搭设蚕台的长度和宽度要求的粗绳子分别挂在房屋的横梁上，或固定在预先用竹竿搭成的架子上，绳索下端用桩固定。此外，用竹竿搭数层蚕箔架，上铺用帘子和聚丙烯编织布制成的蚕箔。再在蚕箔四角扎毛竹挂挡或铁元宝，并将毛竹挂挡或铁元宝分别穿挂在四根粗绳子上，即成为活动蚕台。

活动蚕台可上下移动，给桑时，可将各层蚕箔全部放下后再从上层到下层依次给桑，给桑后逐层向上抬起，使各层之间保持一定的距离，并固定在绳索上。

（四）给桑架

给桑架是给桑和除桑时搁置蚕箔的架子，由两个长方形木框组成，框长 1 米、宽 0.7 米，交叉处穿一活钉，可以折叠，两框之间用麻绳相连，可用长短不同的绳来调节给桑架的高低。

（五）蚕网

蚕网是用来除沙、分箔的网状工具，根据使用时间的不同可分为小蚕网和大蚕网，根据编制材料的不同可分为线网、绳网、塑料网及塑料薄膜打孔网。

（六）切桑刀

切桑刀无一定规格，一般切一、二龄蚕用叶的切桑刀较小，而用于切三、四龄蚕用叶的切桑刀要大，式样上也有平头刀和圆头刀之分。

（七）切桑机

切桑机由机架、切叶刀具、变速传动装置和送叶装置等部分组成，有体积小、重量轻、结构简单而牢固、换刀速度快、变速方法简单等优点。

切出叶块长度有 8~9 毫米、12~13 毫米、25~26 毫米、38~39 毫米和 55~56 毫米

5 种，宽度有 13 毫米、26 毫米、39 毫米、52 毫米和 65 毫米 5 种，可组合切出 22 种大小不同的方块叶和长方叶，适用于二龄蚕盛食期到五龄蚕饷食期的切桑。每台切桑机每小时可切叶 240~1666 千克，一台切桑机可供应 2.5 千克蚁量的用叶。

四、蚕具革新的成果

养蚕机具的革新能提高劳动生产率，减轻劳动强度，以机械化生产代替手工操作，使工厂化养蚕成为可能。

从消毒准备到蚕蔟制作，新研制的蚕桑机具品种很多：有高压喷雾器、电动消毒喷雾器、洗匾机、撒粉机、喷粉器等消毒机具；有自控蚕种催青机具；有热风机、电热补湿器、自动控制加温补湿装置等加温补湿机具；有切桑机、给桑机、循环悬挂式蚕台、螺旋循环式蚕台、升降蚕台、小蚕饲育机、大蚕饲育机等养蚕机具；有塑料折蔟制造机、蜈蚣蔟制作机、纸板方格蔟制造机等制蔟机具。这些养蚕生产中使用的机具，提高了工效，减轻了劳动强度，而且为今后蚕具革新积累了经验，奠定了基础。下面分家蚕饲育设施和家蚕饲育机械两部分介绍。

（一）家蚕饲育设施

1. 省力化活动大蚕台

省力化活动大蚕台（如图 2-2-1 所示）由专用尼龙绳、钢圈、竹竿、塑料编织布、塑料蚕网组装而成，既能代替蚕架，又可实现蚕台的自由轻松升降，以塑料编织布代替蚕箔，使用塑料蚕网自动除沙。该蚕台一次可饲育 1 张种的大蚕，较传统养蚕方法节省设备投资 50%，省工省力 50%，增产增收 15%，降低消毒药品成本 50% 以上。

图 2-2-1 省力化活动大蚕台

2. 耐酸碱组合塑料蚕箔

耐酸碱组合塑料蚕箔（如图 2-2-2 所示）是目前小蚕共育和种蚕饲育的先进设备，具有如下鲜明特点。

①选材科学、经济实惠：由 100% 高密度聚乙烯制成，无毒副作用，耐酸碱腐蚀、

消毒方便，经久耐用，可用 10 年以上。

②设计合理：规格为长 1000 毫米、宽 800 毫米、高 75 毫米，4 个底座可拆卸，方便运输和放置于蚕架上，整体镂空既增加了透气性，具有满足小蚕生长对温湿度要求高的特点，又便于消毒。

③精工制作：根据小蚕生长对环境的要求设计模具，按独特设计制成。透气性良好，重叠面大，重叠紧密稳定，操作快捷方便，省工、省力、省场地。

④多功能：除用于小蚕共育和种蚕饲育，还可用大蚕饲育，同时可用于盛装其他物料。

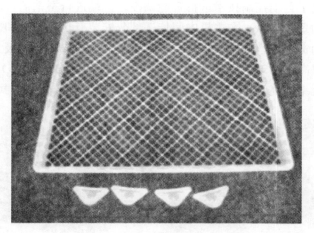

图 2-2-2　耐酸碱组合塑料蚕箔

3. 简易组合移动式共育蚕房

简易组合移动式共育蚕房（如图 2-2-3 所示）是根据目前我国农村养蚕实际情况推出的多功能移动式蚕房，规格为 4.95 米×4.15 米×1.95 米（长×宽×边高），中高 3.15 米，安装拆卸方便，适合搭建于房前屋后、地边。

图 2-2-3　简易组合移动式共育蚕房

帐篷外层采用特殊材质制作而成，将有机氟涂布于防水涤纶上，既透气，又能防雨；内层所用的针刺绵具有保温、阻燃且耐腐蚀的优势。

（二）家蚕饲育机械

1. 码垛式自动化小蚕饲育机

码垛式自动化小蚕饲育机（如图2-2-4所示）结构紧凑、设计巧妙，利用码垛原理实现蚕箔的自动拆卸、传送和堆码。整机由解码垛主机、自动喂桑机、撒粉消毒机、塑料蚕箔、移动推车、智能自动控制装置组成。该机利用不锈钢链条传送塑料蚕箔，在主机的两端通过电子自动控制技术进行智能调控，一端进行蚕箔的自动分拆解垛，另一端进行蚕箔的自动重叠码垛，在主机中间传送部分安装有自动喂叶和撒粉装置，形成一套完整的小蚕自动饲育生产线。该机实现了小蚕饲育的全自动化，极大地降低了小蚕饲育的劳动强度，提高了劳动效率，其完成每个饲育流程（20张蚕箔）仅需4分20秒，较传统手工方式效率提高了10倍以上，可满足不同饲育规模的小蚕共育。

图2-2-4　码垛式自动化小蚕饲育机

2. 温湿度自动控制装置

蚕用CYS220-40A电热升温超声波补湿自控装置是专门为养蚕、催青进行温度和湿度自动控制而设计的一种专用设备，由温湿度控制器、电热升温架、移动式补湿器组成，具有测量精度高、补湿均匀、寿命长等特点。

3. 省力化切桑机

省力化切桑机（如图2-2-5所示）可解决小蚕饲育中切桑劳动量大、切叶要求高、切叶时间长等问题，还能克服传统切桑器具压切叶时易挤出桑叶水分导致桑叶凋萎的缺陷。其具有切叶快、桑叶切口整齐、叶片大小均匀等特点，使用极为方便。

图 2-2-5 省力化切桑机

4. 蚕室补湿装置

（1）蚕用超声波补湿器

蚕用超声波补湿器（如图 2-2-6 所示）采用电子超频振荡（超过人的听觉范围，对人及动物无害），通过雾化片的高频谐振，形成直径 1~10 微米的水颗粒，在空气中产生自然飘逸的水雾，以达到湿润空气的效果，每小时补湿量 5 千克。

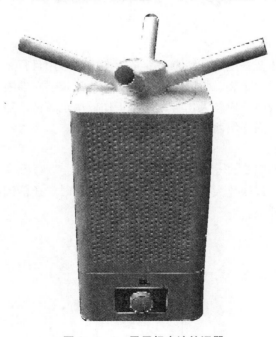

图 2-2-6 蚕用超声波补湿器

（2）立体分布式补湿系统

立体分布式补湿系统（如图 2-2-7 所示）是通过分布在蚕室顶部的高分子 PVC 管将蚕用超声波补湿器产生的湿气快速地输送到蚕室的顶部，然后由 PVC 管上的分布式出口均匀排出，让湿气自上而下地弥漫整个蚕室。

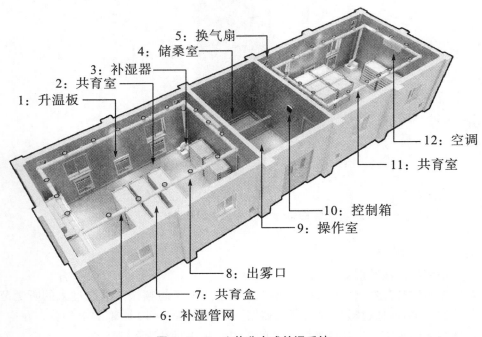

5：换气扇
4：储桑室
3：补湿器
2：共育室
1：升温板

12：空调
11：共育室
10：控制箱
9：操作室
8：出雾口
7：共育盒
6：补湿管网

图 2-2-7　立体分布式补湿系统

5. 石灰喷撒设备

利用石灰粉对蚕体及蚕座进行消毒是养蚕生产中最常用且行之有效的技术手段，但传统手工抛撒（包括用纱布袋、竹筛抖撒）以及用气流式喷粉器喷粉的方法都会产生较多粉尘，会对劳动者身体造成较大伤害，同时工作效率也较低。随着科技的发展，一些新型设备相继面世，下面介绍两种新型设备供参考选用。

（1）自走式撒粉机

自走式撒粉机（如图 2-2-8 所示）可铺撒石灰粉、防僵粉等粉状物质，无粉尘危害，效率高，特别适合规模化大蚕蚕台育或地蚕育。同时，还能铺撒焦糠等蚕座除湿材料，一机多用，实用性强。

图 2-2-8　自走式撒粉机

（2）蚕体消毒电动喷粉机

蚕体消毒电动喷粉机（如图 2-2-9 所示）具有体积小、质量轻、价廉物美、一物多用的特点。其性能可靠、实用性强，可喷撒防僵粉、新鲜石灰粉等粉剂，喷粉速度快、效果好，蚕体上下均可被喷到，有利于改善养蚕环境卫生。喷粉范围可达 95 厘米×30 厘米，每 1 平方毫米约落粉 80 粒。

图 2-2-9　蚕体消毒电动喷粉机

6. 方格蔟自动采茧机

方格蔟自动采茧机采完一个方格蔟仅需 12 秒左右，比人工采摘效率高 8～10 倍，且不会对纸板方格蔟造成损害。

使用该机采茧时，先将方格蔟放在入口处，再打开机器使其处于工作状态，电动机输出动力通过 V 带带动传递装置旋转，传送带上的挡块将方格蔟逐渐推送至毛刷式滚筒上，滚筒旋转时，毛刷与方格蔟产生的摩擦力将蚕茧刷落，被刷落的蚕茧掉落在机器回收装置中，方格蔟被挡块推到出口处，一张方格蔟的采茧由此完成。

思考题

1. 进行养蚕生产为什么要有良好的蚕室、蚕具？
2. 蚕室应具备哪些条件？
3. 蚕室的环境应当如何选择？
4. 蚕室应具备怎样的隔热保温装置？
5. 如何设置蚕室的通风装置？
6. 贮桑室应当具备哪些条件？
7. 上蔟室应具备哪些条件？
8. 蚕室及附属室平面布置的原则有哪些？它们的面积比例如何？
9. 蚕具应具备哪些条件？
10. 蚕具有哪些种类？
11. 家蚕饲育设施和家蚕饲育机械各有几种？

项目三 养蚕生产计划和蚕前准备

任务一 养蚕生产计划的制订

一、养蚕生产布局

（一）生产布局的概念及意义

1. 生产布局的概念

养蚕生产布局是指对全年养蚕次数、各期饲养时间、饲养数量比例等进行合理安排。简言之，养蚕生产布局就是一年养几次蚕、什么时候养、每次养多少最合适。

2. 生产布局的意义

养蚕生产布局不仅是经营管理的问题，也是一个复杂的技术问题，是养蚕生产的宏观决策，将影响下一年度的产茧量和桑树的生长，关系到劳力的合理安排和蚕室、蚕具的合理使用，也关系到整个养蚕生产的成绩。养蚕生产布局合理有四大意义：

①能兼顾桑树的采与养，提高桑叶的产量，不影响下一年度的产叶量。

②能做到量桑养蚕，利于消毒防病，规避不利的气候条件，提高各季养蚕单产，保证全年产茧量和亩桑产茧量。

③能合理安排劳力，做到养蚕、农忙两不误。

④能合理、科学地使用养蚕设备，提高利用率。

（二）养蚕生产合理布局的原则

我国幅员辽阔，各地气候条件有很大的差异，主要蚕区分布在北纬 20～30 度，长江流域以南的地区。这些地区全年平均气温在 10～20℃，无霜期长达 250～300 天，雨量丰富，适宜多次养蚕，尤其是珠江流域，全年平均气温达 21～22℃，全年降雨量在 1000 毫米以上，桑树生长旺盛，从 2 月到 11 月可养 7～8 次蚕。而长江流域的其他地区，从 4 月下旬到 10 月中旬，一年中也可养 4～5 次蚕。

全年养蚕生产合理布局的原则如下：

（1）春蚕分批养

一般 4 月下旬至 6 月上旬饲养的蚕叫春蚕。春蚕期气候温和，桑叶质量好、营养丰富，各龄蚕基本上都能吃到适熟叶，加上春蚕期病原少，容易实现稳产高产，是一年中

61

养蚕最好的蚕期。春蚕饲养数量较多的蚕区应分两批饲养，头批宜多，掌握吃饱高产略有余叶的原则，力求养足蚁量，力争高产；二批宜少，后批饲养量约为头批的 10%。春蚕前后批收蚁时间以相隔 7 天左右为宜，以利于调剂桑叶余缺，避免剩余浪费和缺叶倒蚕。在长江流域大部分蚕区，春蚕一般在 4 月下旬或 5 月初出库，饲养量占全年饲养量的 30%~40%；华南地区属亚热带气候，气温回升快，春蚕饲养较早，头批蚕 2 月下旬便开始催青，直到 10 月末，几乎每月都可饲养一次蚕，其中，第一、第二批蚕的饲养量占全年饲养量的 25% 左右。

（2）夏蚕适当养

夏蚕主要利用夏伐后的疏芽叶和新梢下部叶饲养，也可以利用春伐桑的枝条下部叶。由于夏蚕期气温尚适宜，叶质也较好，劳力较充足，蚕室、蚕具比较宽裕，养蚕较为便利。但桑树正值旺盛生长时期，为保证桑树的正常生长，必须做到合理疏芽，留足条数，适当采摘枝条下部叶，要求每条不超过 4~5 片。一般夏蚕饲养安排在 6 月中下旬，饲养量以春蚕的 20%~30% 为宜，以免影响秋叶产量和次年春的产叶量。如果春伐桑园面积较大，可适当多养。

（3）秋蚕分期养

秋蚕是全年生产的重要组成部分，它不仅关系到当年产茧量，而且对次年春茧丰收也有影响，所以应根据秋蚕期桑条不断伸长，叶片不断生长、成熟和硬化的特点，合理安排，分期饲养。一般秋蚕分早、中、晚三期饲养。

①合理养早秋：早秋蚕利用桑条下部叶饲养，不仅可提高桑叶利用率，防止叶片老硬浪费，而且合理采摘早秋叶后，可减少老叶对养料水分的消耗，从而促进枝叶的继续生长。饲养早秋蚕有利于蚕室、蚕具和劳力的调节使用，减轻中秋蚕饲养量过于集中的压力。但早秋蚕饲养量不能太多，如果饲养太多，采叶过量，将减少桑树同化作用面积，使桑树生长受到影响，进而影响中、晚秋蚕的饲养。一般早秋蚕在 7 月底或 8 月初收蚁，采叶不宜超过枝条着叶数的二分之一，其饲养量占春蚕的 30%~35%。

②养足中秋蚕：桑树在中秋蚕期正旺盛生长，次年的有效条件已基本形成，要充分利用桑叶，养足这批蚕，但采叶后，梢端必须留叶 7~8 片，以利桑树积蓄养分，保养树势。一般中秋蚕在 8 月中下旬收蚁，饲养数量约占春蚕饲养量的 85%~95%。

③看叶养晚秋：晚秋蚕期间气温适宜，桑叶叶质好，有利于蚕生长发育和蚕茧稳定高产，因此应充分利用当时叶量饲养晚秋蚕，提高亩桑产茧量。但采叶后每根枝条梢端应留叶 3~4 片，以利枝条积累养分。晚秋蚕收蚁一般在 9 月下旬至 10 月初，饲养数量约占春蚕饲养量的 10%~20%。

（三）四川省主要蚕区养蚕生产特点及布局

1. 生产特点

四川省辖区辽阔，全省大致分为两大地形区，东部为盆地，西部为高原、山地。蚕区主要集中于盆地丘陵、低山地区。全省气候特点为冬旱夏雨，东西部又有明显差异。西部高原、山地日照多，少云，年温差小，气温日变化大；而东部盆地则相反，日照少，多云，气温日变化小，冬季较暖、少雨，无霜期在 280 天以上，川南可达 330 天以上。

四川蚕区的划分：到"十一五"末四川初步形成的攀西、川南、川中北三个优势养蚕业产业带，保持着良好的发展势头。十多年来，地处攀西产业带的凉山州蚕茧产量位居全省第一，地处川南产业带的宜宾市蚕茧产量位居全省第二。川中北以绵阳市涪城区、广安市武胜县等为代表正在以质量为前提进行复兴。凉山州宁南县、宜宾市珙县、绵阳市涪城区、广安市武胜县等蚕茧基地县构成了四川优势养蚕业产业带的基本骨架。

各蚕区的气候特点如下：

攀西蚕区：地处亚热带，光照充足，雨量充沛，冬暖夏凉，昼夜温差大。

川南蚕区：亚热带湿润气候，四季分明，夏季高温多雨，冬季温暖湿润。

川中北蚕区：春旱、夏热、秋雨、冬暖。

2. 桑树长势特点

3月中旬开始发芽，12月停止生长。川地春旱，桑树春季长势较慢，而夏季雨量充足，桑树生长旺，产叶量多。

3. 农忙特点

春蚕期与农忙均在5月上旬，夏秋蚕期农活较分散，便于安排劳力。

4. 四川省主要蚕区的布局

攀西地区是四川省的重要蚕区。该地区属亚热带，多集中于河谷地带，年降水量700毫米以上，冬春降水，主要集中于6—9月，全年日照时间长达2410小时，无霜期310～325天，年平均气温20℃左右，1月份多数地方平均气温高于10℃，5月气温最高可达26.3℃。其具有干湿分明、冬暖夏凉、年温差小且昼夜温差大的特点，有利于桑树的生长。从2月气温回升到12℃以上时，桑树开始发芽，到3月上中旬开叶达6～10片，蚕种开始出库催青，3月中下旬气温上升到20℃以上，到11月气温降到20℃，整个蚕期长达210天，一年可多次养蚕，一般安排5次，即春蚕、夏蚕、早秋蚕、中秋蚕、晚秋蚕（如表3-1-1所示）。

表3-1-1　攀西地区全年五次养蚕饲养时间及平均气温

蚕期	春蚕期	夏蚕期	早秋蚕期	中秋蚕期	晚秋蚕期
饲养时间	3—4月	6—7月	7—8月	8—9月	9—10月
平均气温/℃	19.8～23.7	24.7～25	25～25.3	24.3～22.1	22.2～19.8
大气湿度/%	42～45	71～78	78	78～80	80～78

二、生产资料和劳力的准备

（一）蚕品种的选择

1. 良种的概念

良种即在一定的生产条件下，比其他品种表现出更好的生产能力，经济性状更为优良，同时具有较大范围的适应性。

2. 良种的相对性

①区域性：同一品种在甲地为良种，在乙地就不一定是良种。

②季节性：同一品种在同一地区饲养，其在春季是良种，而到了秋季可能成为劣种。

③相关性：蚕的健康性与部分经济性状（茧丝量、茧丝长、茧丝纤度、茧层量、解舒率、净度、出丝率、全茧量）表现出负相关性，如出丝率与茧丝量之间呈负相关性。

④茧丝量：一粒茧所能缫得的丝量。

⑤出丝率：将一定量的茧缫成丝后所得丝量占茧重的百分比。通常以 100 千克原料茧能缫得的生丝量来计算。

3. 蚕品种选择的重要性

蚕种是蚕桑生产最重要的生产资料，品种的优劣直接关系到蚕茧和生丝的产量、质量，也关系到蚕农的经济收入和蚕桑生产的积极性。

4. 如何进行蚕品种的选择

蚕品种对提高蚕茧产量、质量起了很大作用，优良品种是增产的内在因素，了解和掌握优良品种的性状，便能在饲养过程中采取合理的措施，充分发挥品种的优良性状，克服不良性状，以达到增产蚕茧和提高质量的要求。选用蚕品种必须在了解蚕品种性状的基础上，根据季节、地区、饲养环境和技术条件来决定。

春蚕期桑叶叶质好，气候适宜，一般宜饲养多丝量品种。而夏秋蚕期气候条件比较差，桑叶叶质也不如春蚕期，原则上以饲养体质强健、耐高温、抗病力强的品种为主。其中，早秋蚕期的气候条件尤为恶劣，应选用抗高温的夏秋用蚕品种，夏蚕期和中晚秋蚕期气候条件比早秋蚕期好，应结合当地气候和叶质情况，选用丝量较多的夏秋用蚕品种。

春用蚕种一般为头年春季或秋季生产的越年种，夏用蚕种可以用头年生产的越年种，也可用当年春季生产的即时浸酸种，秋用蚕种一般用当年春季生产的冷藏浸酸种。

5. 四川省蚕品种的布局

（1）四川省主要蚕品种

春用品种及春秋兼用品种：菁松×皓月、芳·绣×白·春、781A·781B×782·734、八字号。

夏秋兼用品种：781×7532、两广二号。

此外，川山×蜀水本身是春秋兼用种，锦·苑×绫·州本身是夏秋兼用种（改良后），目前这两对品种在生产上四季都在使用。

（2）布局情况

七字号（包括 781A·781B×782·734 和 781×7532）主要在攀西蚕区饲养。八字号、夏芳×秋白、菁松×皓月（这三对量都少）主要在凉山州、川东北饲养。锦·苑×绫·州主要在川东北、川南蚕区饲养。芳·绣×白·春主要在川南的主蚕区和凉山州饲养。川山×蜀水在四川各地饲养。两广二号主要在攀西和川东北饲养。

（二）桑叶用量

桑叶是养蚕的基础，在养蚕前应做好桑叶产量的预测工作，做到以叶定种、量桑养蚕。用桑量的多少与饲养季节、蚕品种、饲养条件和饲养技术有很大的关系。

1. 种叶平衡

（1）概念

种叶平衡是指是在全年养蚕生产布局的基础上，根据各蚕期的桑叶量，确定饲养量，做到量桑养蚕。生产时应充分利用采摘桑叶增加生产，避免桑叶过剩，要坚持养用结合，以利于再生产，不能养过量蚕而造成缺叶倒蚕。

（2）种叶平衡的方法

第一，根据桑叶当年的长势和新投产的桑树多少等情况对桑叶的产叶量进行预测。

第二，根据桑叶的预估产量和克蚁用桑量确定饲养蚕种的数量，蚕期中还应经常了解蚕的发育进度、各龄期用桑及桑树生长情况。

第三，五龄饷食期后对产叶量进行进一步估计，掌握蚕室用桑情况，及时做好桑叶余缺的调剂，防止缺叶或过剩。

2. 用桑指标

（1）千克茧用桑情况

一般春蚕千克茧用桑 14～15 千克，秋蚕千克茧用桑 13～14 千克。

（2）张种用桑情况

春季每张种一般需用桑 500～650 千克，夏秋季每张种需用桑 450～500 千克。

（3）每张种各龄期用桑情况

从表 3-1-2 可以看出，小蚕期用桑约占全龄用桑的 4%，四龄期约占全龄用桑 11%～13%，五龄期约占全龄用桑 80%～85%。

表 3-1-2　每张种各龄期用桑情况　　　　　　　　　单位：kg

龄期	春季用桑量	夏秋季用桑量
一龄	1.5	1.5
二龄	3～4	3～4
三龄	15～20	15
四龄	70～80	60～65
五龄	500	400

（三）劳力定额

养蚕所需的劳动力，一般以每个饲养员负担饲养蚕张种数来计算。由于饲养员的技术水平及饲养条件不同，每个人所能担负的饲养量也不一样。如果小蚕采用防干育、大蚕采用条桑育，其劳力定额如表 3-1-3 所示。

表 3—1—3　各龄期劳力定额　　　　　　　　　单位：张种

龄期	每个饲养员负担的饲养量	备注
一龄	4～5	包括采叶
二龄	4～5	包括采叶
三龄	3～4	不包括采叶
四龄	2	不包括采叶
五龄	1～1.5	不包括采叶

其中大蚕期每个劳动力每天可采叶 150～200 千克。

（四）养蚕需要的物质

养蚕所需的各种物质，必须在养蚕前准备好，现以饲养 10 张种来计算春蚕期所需要的蚕室、蚕具及消耗物品（如表 3—1—4 所示）。

表 3—1—4　养蚕主要消耗物品及蚕室、主要蚕具数量

名称	数量	规格及备注
漂白粉	20 千克	蚕室、蚕具消毒
防病 1 号	25 千克	蚕体、蚕座消毒
石灰	150 千克	蚕室粉刷，蚕具、蚕体消毒
糠	200 千克	烧制焦糠
炭	300 千克	蚕室补温或发电
蚕箔面积	300 平方米	或用蚕台
给桑架	8 个	可收折
塑料薄膜	15 千克	聚乙稀薄膜（70～80 张，长 1.2 米，宽 0.8 米）
小蚕网	300 张	长 1.2 米，宽 0.8 米
大蚕网	750～800 张	长 1.2 米，宽 0.8 米
蔟具	480 平方米	据实际情况而定
蚕室	4 间	长 7.3 米，宽 4.5 米，高 3.5 米
贮桑室	2 间	长 7.3 米，宽 4.5 米，高 3.5 米
上蔟室	2 间	长 7.3 米，宽 4.5 米，高 3.5 米

注：以饲养 10 张种（每张 10 克）计。

三、养蚕生产计划的编制

（一）养蚕生产计划编制的原则和要求

1. 计划编制的原则及依据

以叶定种，做到种叶平衡，在保证完成任务的条件下，降低成本，提高产量、

质量。

2. 制订生产指标

生产指标：主要指产量指标、质量指标和经济效益指标，需要考虑各种物质的消耗定额。

制订生产指标，要根据各地当时的具体指标，参考历年生产水平。制订的生产指标，既要防止过高，也要防止过低，应是经过努力可以实现的目标。目前养蚕生产上习惯于以张种计算产茧量，一般春蚕每张种产量在 40 千克左右，高产的可达 50 千克左右。夏秋蚕每张种产量在 30 千克左右，高产的可达 45 千克左右。张种产量高低在一定程度上反映了饲养人员养蚕水平的高低和蚕茧丰歉，但由于每张种蚁量有差异，使计量基础不够正确，而且容易导致片面追求张种单产，造成桑叶和劳力的浪费，影响蚕茧总产和经济效益的提高。所以，应改变单纯以张种计产的习惯，重视担桑茧量和担桑产值，提倡以亩桑产茧量和亩桑产值作为制订生产指标的依据。这对在提高亩桑产叶量的基础上，节约桑叶，合理用桑，降低千克茧用桑量，增加蚕茧产量，提高养蚕生产的经济效益有很大的促进作用。一般亩桑产茧量在 100 千克左右，高的可达到 150～200 千克。

3. 制订计划的要求

制订计划时应根据生产指标，拟定全年养蚕次数、各期饲养量等，制订切实可行的增产措施，有计划地进行生产。在布局上，要做到量桑养蚕，采养结合，有利于消毒防病。在技术上，积极采取先进技术来防范隐患。在组织管理上，加强过程管理，确保技术措施落实，及时总结。

（二）计划编制的内容和方法

养蚕生产计划可分为年度生产计划、季度生产计划和阶段作业计划。

1. 年度生产计划的编制

结合上一年度发种数量和生产任务完成情况，考虑当年桑树长势、新投产桑树数量、蚕室蚕具及其他设备设施添置情况、劳力情况、新技术推广程度、当年气候变化，制订全年的养蚕布局。其主要内容为各季饲养数量、饲养时间、饲养品种、各季用桑量、产茧数量、质量指标和保证计划完成的措施。

2. 季度生产计划的编制

季度生产计划是在年度生产计划的基础上，编制出各季具体的生产计划。其主要编制内容为该季的饲养品种、张数、日期，劳力配备，桑叶用量及质量，蚕需物质配置及保证计划完成的措施。

3. 阶段作业计划的编制

阶段作业计划是按作业特点和生产阶段制订的具体实施计划。其要求更具体、更详细，如消毒阶段的作业计划、催青阶段的作业计划、小蚕饲育作业计划、大蚕饲育计划等。其主要编制内容为各项工作具体完成时间、劳力组织和逐日用工安排、房屋及蚕具的用量计划、桑叶的逐日用量计划及消耗物品的使用定额。

任务二　现行蚕品种性状

一、春用品种及春秋兼用品种

(一) 781A · 781B×782 · 734

该品种是四川省北碚蚕种场（现为重庆市北碚蚕种场）于 1985 年基于 781×782 · 734三元杂交种研制的改进种，为春秋兼用多丝量二化性四元杂交种，该品种从 1988 年开始代替 781×782 · 734 三元杂交种推广使用，具有杂交种优势强、好养、优质、高产等特点。

以 781 为母体的杂交种，卵色呈绿色，卵壳呈淡黄色，间有乳白色，每克蚁蚕约有蚕 2300 头，克卵粒数为 1800 左右。以 782 · 734 为母体的杂交种，卵色呈紫灰色，卵壳呈白色，间有黄色，孵化整齐，克蚁头数为 2200～2300，克卵粒数为 1800 左右。小蚕就眠快，各龄蚕眠起齐一。大蚕普斑，食桑旺盛，不踏叶。其体质强健，容易饲养，老熟齐一，营茧快。茧长，呈椭圆形，匀整，茧色白，缩皱中等。千克茧颗数为 460 左右，茧层率超过 25%。

(二) 八字号：871×872

该品种是中国农业科学院养蚕业研究所培育的家蚕新品种，1995 年通过全国蚕品种审定，是一对生产潜力大、丝质优、兼抗（氟化物）、易繁的优质春秋兼用多丝量蚕品种，适合于长江流域、黄河流域等地推广使用。四川省于 1999 年引进该品种，其经区域化试验确定适于川西北、川北、川南蚕区春蚕期饲养，攀西蚕区可全年饲养。

正交卵呈灰绿色，克卵粒数为 1700 左右。反交卵呈紫色，克卵粒数为 1800 左右。其孵化、眠起、老熟齐一，食桑旺盛，蚕体粗大，普斑，茧形大而匀整，茧色洁白，抗氟性强。茧层率达 24%～25%，茧丝长 1200～1400 米，丝质优良而稳定，解舒好。

(三) 菁松×皓月

菁松×皓月，是中国农业科学院养蚕业研究所育成的春用多丝量蚕品种，1982 年经全国桑蚕品种审定委员会审定合格，指定为适合于长江流域、黄河流域及其他各省区推广品种。四川省于 1991 年引进，适用于攀西蚕区，川中蚕区可在春蚕期饲养。

该品种是一对好养、优质、高产的春用蚕品种，孵化齐一，蚁蚕呈黑褐色，有逸散性。小蚕趋光性强，眠性快，处理容易，蚕体匀整。大蚕趋密性强，易聚集成堆。大蚕体色青白，普斑，蚕体大而强壮。各龄蚕食桑活泼，不择叶、不踏叶，五龄饷食前三日食桑缓慢，第四日开始食桑较快，其后食桑旺盛，要注意充分饱食，每张种全龄用桑 725～750 千克。熟蚕体色呈淡米红色，大蚕期与蔟中抗湿性稍差，蚕老熟齐一，喜结上层茧，茧形大而匀整，茧层率达 25%，茧色洁白，缩皱中等，解舒优良，千克茧颗数为 440，每张种产茧量为 45.0～55.5 千克。

（四）芳·绣×白·春

芳·绣×白·春是由西南大学、四川省农业科学院养蚕业研究所联合选育的，由四川省阆中蚕种场享有独家知识产权的家蚕新品种。该品种于 2014 年 2 月通过了四川省家蚕品种审定委员会审定，是一对茧丝特长、纤度特细、净度特优、高产易繁的春用蚕品种，适于川西、川南和攀西蚕区春蚕期饲养，川中、川北蚕区可在春秋季节饲养。

芳·绣×白·春是中·中×日·日四元杂交种，二化性，四眠。正交卵呈灰绿色，卵壳呈淡黄色；反交卵呈紫褐色，卵壳呈白色。蚁蚕呈黑褐色，大蚕体色青白，普斑、素斑各一半。各龄蚕发育及眠起整齐，发育快。盛食期食桑中等，结茧快。茧型中等，颗粒匀整，茧层紧而厚，茧色洁白，缩皱中等偏细，产量稳定。丝质优良，解舒好，洁净优，纤度中偏细。

（五）川山×蜀水

川山×蜀水是由四川省南充蚕种场育成的春秋兼用蚕品种，具有体质强健、容易饲养、产茧量高、丝质优良等特点，2005 年通过四川省家蚕品种审定委员会审定，目前已成为四川主推的家蚕品种。

川山×蜀水是含多化性血缘的二化性蚕品种，具有体质强健、抗高温能力强、产量高、茧质优良、繁育系数较高等特点。以川山为母体的杂交种，卵色为灰绿色，卵壳呈淡黄色，克卵粒数为 1700 左右，克蚁头数为 2200 左右。以蜀水为母体的杂交种，卵色为灰褐色，卵壳呈白色，克卵粒数为 1750～1800，克蚁头数为 2300 左右。正反交卵孵化齐一，蚁蚕逸散性较强，收蚁宜早。各龄蚕眠起齐一。大蚕体形粗壮，普斑，体色青白，行动活泼，食桑旺盛。其抗湿性较弱，饲养时应加强通风排湿工作，五龄后期切忌给嫩叶及湿叶。该品种老熟齐一，营茧快，多结上层茧。茧形长而椭圆，茧形匀整，茧色洁白，缩皱中等偏细。茧层率达 24％，解舒好，茧丝长 1200 米。

二、夏秋兼用品种

（一）781×7532

该品种是四川省农业科学院蚕业研究所选育的夏秋用多丝量蚕品种，1983 年通过四川省家蚕品种审定委员会审定，适于全省夏秋蚕期饲养。

该品种是二化性二元杂交种，具有杂交种优势强、好养、抗逆性强、丝质优等特点。以 781 为母体的杂交种，卵呈灰绿色，间有灰紫色，深浅不一，卵壳呈淡黄色，间有乳白色，克卵粒数为 1800 左右，孵化整齐，克蚁头数为 2300 左右。以 7532 为母体的杂交种，卵呈灰紫色，卵壳呈白色，间有乳白色，产附不太平整，有少数再出卵和不受精卵，克卵粒数为 1900 左右，克蚁头数为 2400 左右。蚁蚕活泼，逸散性强，蚁体呈黑褐色，大蚕体色青白，素斑。各龄蚕眠起整齐，起蚕体色略带微黄，发育整齐，食桑快，蚕体健康，容易饲养，宜用偏高温度（27℃左右）饲养，可使老熟齐一。以 781 为母体的杂交种较反交卵拖沓，蔟中亦宜用偏高温度（不能低于 24℃），多结中上层茧。五龄经过为 7 天 10 小时，全龄经过为 25 天 10 小时。

茧形长而椭圆，茧色白，缩皱中等。全茧量为 2.01 克，茧层量为 0.492 克，茧层率为 24.48％左右。茧丝长 1289 米，出丝率为 19.72％，茧丝纤度中，内层开差小，净度优，适合于缫高品位生丝。

（二）两广二号

932 · 芙蓉×7532 · 湘辉，简称 9 · 芙×7 · 湘或两广二号，是用广西桂夏二号的两个原种 932（中系）、7532（日系）与湖南育成的"芙蓉×湘晖"的两个原种芙蓉（中系）、湘晖（日系），采取中 · 中×日 · 日的杂交型式，选配成的一对抗性强、好养、高产、稳产的夏秋用四元杂交种，于 1992 年通过品种审定。

两广二号为二化性四元杂交种。正交种的卵呈褐绿色，卵壳呈白色，反交种的卵呈紫褐色，卵壳呈黄白色。蚁蚕呈黑褐色，孵化齐一，蚕体强健，对叶质有较好的适应性，各龄蚕眠起齐一，大蚕体色青白，蚕体粗壮，食桑旺盛，老熟齐一，营茧快，茧形长而椭圆，束腰较大。每张种产茧 30 千克，茧丝长 1080.9 米，茧层率为 22.83％。

（三）锦 · 苑×绫 · 州

锦 · 苑×绫 · 州是四川省阆中蚕种场选育的蚕品种，具有体质强、好饲养、龄期经过短、产量高、丝质优良等特点。该品种于 2008 年审定通过，曾经 2012 年至 2014 年的高温冲击和强健性改造，适于四川蚕区夏、秋季饲养。

锦 · 苑×绫 · 州是含多化性血缘的二化性斑纹限性四元杂交蚕品种。其正交越年卵为灰绿色，卵壳呈浅黄色，克卵粒数为 1700 左右，克蚁头数为 2200～2250；反交越年卵为灰紫色，卵壳呈赤白色，克卵粒数为 1800 左右，克蚁头数为 2300。正反交孵化齐一，小蚕期有密集性，生长发育快，各龄蚕眠起齐一。五龄经过较短，大蚕体型粗壮，斑纹限性，五龄期食桑旺盛，食桑量较多。老熟齐一，雄蚕营茧快，雌蚕营茧稍慢，多数在中上层结茧。茧粒较大，茧形呈长椭圆形，大小较均匀，缩皱中等，茧层率为 25％左右，单茧丝长 1230 米左右，解舒丝长 920 米以上。

总之，春用蚕品种具有产量高、丝质优、抗病力弱等特点，如果在夏秋季蚕期饲养春用蚕品种，由于气候恶劣，桑叶质量差，蚕容易感染蚕病，发挥不出其优良性能。相反，夏秋用蚕品种体质强健，抗逆性强，但产茧量低、丝质差，即使在春季饲养也很难高产。

任务三　蚕室、蚕具消毒

蚕室、蚕具消毒是指用物理或化学的方法杀灭环境中存在的病原，以控制和预防各种传染性蚕病的发生；按消毒范围来分，有蚕室、蚕具消毒，蚕体、蚕座消毒，以及卵面消毒三种。消毒应掌握无病先防、以防为主，全面彻底、不留死角，讲究实效、不搞形式的原则，为养蚕生产创造一个洁净的环境。

一、蚕前消毒的意义

各种病原广泛存在于饲养环境中，凡是养蚕用过的蚕室、蚕具、上蔟室及其周围环境必定都有肉眼难以发现的病原，这些病原在自然条件下能存活很久，如白僵菌孢子在室内自然状态下，可保持活力两年，在室外能存活半年到一年，而且这些病原可通过人、畜、野外昆虫、桑叶等多种渠道传播扩散。若不将它们杀灭，会给养蚕生产造成很大的损失，甚至导致一无所获。因此，在养蚕前，应根据各种病原的特性，采用不同的消毒药品和消毒方法将它们彻底杀灭，对夺取养蚕丰收有着十分重要的作用。

二、消毒前的准备

消毒前的准备工作主要是对蚕室、蚕具及相关环境的打扫和清洗，以及对蚕室、蚕具消毒面积或容积的计算。

（一）打扫和清洗

1. 作用

打扫、清洗可清除蚕室、蚕具上附着的病蚕尸体、蚕粪及其他污物，去除大部分病原。残留的污物经浸渍、洗刷后将充分暴露，此时再用药物消毒，可增强消毒的效果。

2. 具体方法

①打扫：搬出蚕具，对室内外进行全面清扫，清除一切废物（灰尘、杂草、污水等），并集中堆腐。

②换刷：先刮去表土，换上新土；后用石灰浆粉刷墙壁。

③清洗：将搬出的蚕具用清水充分浸泡，用刷子刷洗，清除病蚕尸体、蚕粪等污物，经曝晒后入室待消毒。如采用室外棚架育，应拆除棚架及覆盖物并予以充分曝晒，竹竿、薄膜应认真清洗。

打扫清洗后必须进行认真检查，要求做到室内手摸无灰尘，四周看不到垃圾，蚕室无死蚕尸斑、陈迹，丝屑，蚕粪和残桑。蚕具应件件清洗，并经曝晒后方可进行药物消毒。

（二）蚕室的面积和容积计算

药剂消毒有液体喷洒和气体熏烟消毒两种，前者需计算消毒的面积，后者需计算消毒蚕室的容积。因此，为了正确计算和配制所需消毒药品的数量，在消毒之前，要丈量蚕室的长、宽、高，计算出蚕室面积和容积，以便准备消毒药剂的数量。

（三）蚕前消毒的步骤

蚕前消毒应严格遵照一定步骤进行（如图3-3-1所示）。计算蚕室面积与容积应考虑蚕室有无天花板，根据实际情况准备适量的消毒剂，以免消毒不全或浪费药剂。

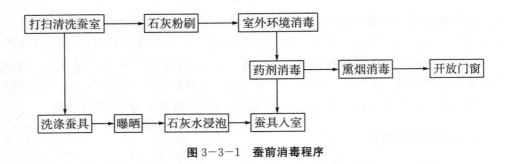

图 3-3-1　蚕前消毒程序

三、消毒方法及注意事项

消毒方法分为物理消毒和化学药剂消毒两大类。

(一) 物理消毒法

1. 日光消毒

(1) 消毒原理

日光中含有紫外线、红外线和可见光等光波。紫外线可使病原体内蛋白质变性而使病原失活，红外线和可见光可使病原发热干燥，助益紫外线杀菌。

(2) 消毒特点

该方法简单易行，对真菌的杀灭效果好，但受天气限制，穿透力不强，只能作用于蚕具表面，消毒不彻底，仅可作为辅助消毒办法。

(3) 消毒方法

将蚕具平摊于阳光下反复暴晒，注意经常翻动。

(4) 日光的杀菌力 (如表 3-3-1 所示)

表 3-3-1　日光的杀菌力

病原	日光下的温度/℃	致死时间/h
软化病病毒	35.7	29
脓病多角体	44.0~40.0	10~20
猝倒菌芽孢	45.7	28 (连续)
微粒子孢子	39.0~40.0	7
白僵菌孢子	32.0~38.0	3~5

2. 煮沸消毒

(1) 消毒原理

高温可使病原体内蛋白质凝固变性而使病原失活，对细菌芽孢外的一切病原均有杀灭作用。

(2) 消毒特点

该方法简单易行，消毒彻底，经济实用，但只适用于小型蚕具 (如棉制蚕网、蚕筷、鹅毛等)。

（3）消毒方法

将小型蚕具洗净后放入锅中，加水没过蚕具，水沸半小时后取出晒干。

3. 蒸汽消毒

（1）消毒原理

高温和湿热可使病原体内蛋白质变性而使病原失活。

（2）消毒特点

该方法消毒彻底，大小蚕具都适用，是蚕具消毒最好的方法，但需要建造蒸汽消毒灶。

（3）消毒方法

蚕具在灶内应竖放，以利蒸汽透过。消毒温度应达到100℃，保持30分钟。如蒸汽温度升不到100℃，可根据消毒灶的容积按每立方米加入12.5毫升的福尔马林液，此时温度只需升到88℃，保持40分钟便可达到同等效果。经过蒸汽消毒的蚕具，只要在干净处晾干便可使用。

（4）注意事项

一是蚕具间应留有空隙，不能重叠平放；二是锅内水量因蒸发而逐渐减少，放入蚕具时应检查水量；三是要连续使用，节约燃料；四是严格区分已消毒、未消毒蚕具和进出路线；五是需待灶内温度降至65.5℃时，才能打开灶门搬出蚕具。

（5）蒸汽的杀菌力（如表3-3-2所示）

表3-3-2　蒸汽的杀菌力

病原	温度/℃	致死时间/h
血液型脓病多角体	100	3
中肠型脓病多角体	100	3
软化病病毒	100	3~5
猝倒菌芽孢	100	10
微粒子孢子	100	30
白僵菌孢子	100	5
曲霉菌孢子	100	5

（二）化学药剂消毒法

1. 石灰消毒

石灰是养蚕生产中价廉物美的消毒用品，常用的有新鲜石灰粉和石灰浆两种。

（1）消毒对象

石灰对病毒病病原有极强的灭杀作用，对煤烟、氟化物污染叶有解毒作用。

（2）性质

消毒所用的新鲜石灰叫生石灰，呈块状，灰白色，主要成分为氧化钙，加水化开成粉状即成鲜石灰粉，其主要成分为氢氧化钙（也称熟石灰）。熟石灰在贮藏过程中易吸收空气中的二氧化碳和水分，变成碳酸钙而失去作用。消毒用石灰必须是新鲜石灰粉，即氢氧化钙，而不能是碳酸钙。

（3）消毒原理

石灰溶于水后呈强碱性，能使病原的蛋白质变性而使病原失活。

（4）石灰浆的配制

精选块状生石灰，按 10 千克加水 4~5 千克化成粉，过筛备用。配制 1% 的石灰浆时，每 99 千克水加鲜石灰粉 1 千克；配制 20% 的石灰浆时，每 80 千克水加鲜石灰粉 20 千克，拌匀而成。

（5）用药浓度及标准

蚕室、蚕具喷雾消毒一般用 1% 的浓度，蚕室地面和周围环境喷雾消毒用 2%~3% 的浓度，粉刷墙壁用 20% 的浓度。喷雾消毒时一般每平方米用药液 225 毫升。

（6）消毒方法

蚕室、蚕具可用喷雾消毒，蚕具还可用浸渍消毒。蚕箔、桑筐等小型蚕具最好用石灰浆浸泡。墙壁用石灰浆均匀粉刷。地面消毒时，可直接将鲜石灰粉撒于地面。

（7）注意事项

一是所用石灰粉必须新鲜；二是喷雾消毒必须保持 30 分钟以上的湿润状态，浸渍消毒时间为 20~30 分钟；三是消毒使用的石灰浆必须不断搅拌；四是石灰浆应随配随用；五是新购的生石灰要密封保存；六是配制粉刷墙壁的石灰浆时，可加入少许盐，增加其黏着力。

2. 漂白粉消毒

（1）消毒对象

漂白粉对所有病原均有强烈的杀灭作用，漂白粉是目前杀灭病原最广泛、消毒效果最好的消毒药剂。

（2）性质

漂白粉是白色粉末，具有很强的刺激性和腐蚀性，主要成分为次氯酸钙，还含有部分的氢氧化钙和氯化钙。漂白粉是一种极不稳定的物质，呈碱性，能溶于水。

（3）消毒原理

漂白粉溶解于水后，产生次氯酸，并进一步分解出原子氧与氯化氢，原子氧对微生物具有强烈的氧化作用，能使病原的蛋白质氧化变性而使病原失去活力，同时次氯酸还会与氯化氢发生反应，放出氯气。氯气也具有强力的杀菌作用。

漂白粉质量的好坏是根据漂白粉中的次氯酸的含量来决定的，生产上把次氯酸叫作有效氯。漂白粉的杀菌力是以含有效氯的百分率来衡量的，有效氯含量越高，杀菌力越强。不同浓度的漂白粉液针对不同病原的作用如表 3-3-3 所示。

漂白粉的测定

表3-3-3　漂白粉液的杀菌力

病原	浓度/%	温度/℃	致死时间/h
血液型脓病多角体	0.3	25	3
中肠型脓病多角体	0.3	20	3
软化病病毒	0.3	20～22	3～5
白僵菌孢子	0.2	20	5
曲霉菌孢子	0.3	24	20～30
微粒子孢子	1.0	25	30
猝倒菌芽孢	1.0	20	30

（4）用药浓度

养蚕生产上一般使用含有效氯1%的漂白粉液进行消毒，有时也用1.2%的浓度。喷雾消毒时一般每平方米用药液225毫升。

（5）配制方法

先将称好的漂白粉放入容器，再称好需加水量，加水时先加少量水调成糊状，然后将剩余的水全部倒入，充分搅拌，加盖静置2小时，取澄清液使用。大规模生产一般先配兑母液，通过用碘碳液测定母液浓度，计算出加水量，加水后再测定稀释液，适当调整（加水或加药）后配制成目的液。

（6）消毒方法

喷雾消毒：用含有效氯1%～1.2%的漂白粉液按门后、天花板、墙壁、地面、门口的顺序进行喷雾消毒，避免交叉污染，喷药要均匀，使室内完全湿润，消毒后关闭门窗。

浸渍消毒：对木制、竹制、塑料制蚕具可用含有效氯1%～1.2%的漂白粉液进行浸消，浸消时间一般不低于5分钟。

（7）注意事项

一是消毒应在早晚时分或阴天进行，不要在日光下消毒，消毒后室内要保持30分钟的湿润状态。

二是漂白粉对金属和纤维具有腐蚀作用，这些物品不能用漂白粉消毒，室内电器设备和金属应用塑料薄膜包好。

三是药液要当天配当天用，做好密闭工作，防止失效。

蚕室、蚕具的药剂消毒

3．福尔马林石灰浆消毒

（1）消毒对象

福尔马林除对中肠型脓病多角体效果较差外，对其他病原均有很强的杀灭作用，在福尔马林液中加入石灰配成福尔马林石灰浆，可提高对中肠型脓病多角体的消毒效果。

（2）性质

福尔马林是无色透明的液体，主要成分为甲醛，一般含甲醛35%~40%，呈酸性，易挥发具有特殊气味的甲醛气体，具有强烈的刺激作用。

（3）消毒原理

甲醛具有很强的还原作用，能夺取病原体内的氧而使病原失去活力，同时也能与病原体内的氨基酸发生反应，使病原失去代谢机能而死亡（如表3-3-4所示）。

表3-3-4　福尔马林液的杀菌力

病原	甲醛浓度/%	温度/℃	致死时间/min
血液型脓病多角体	2	25.0	60
中肠型脓病多角体	2	21.7	300
软化病病毒	2	25.0	10
白僵菌孢子	1	25.0	10
曲霉菌孢子	2	24.0	30~300
微粒子孢子	2	25.0	40
猝倒菌芽孢	2	25.0	40

（4）用药浓度及标准

养蚕生产上一般使用含甲醛2%~3%的福尔马林液进行消毒，使用时再加鲜石灰0.5%~1%，用量标准为每平方米225毫升。

（5）消毒液的配制

先将称好的福尔马林原液倒入容器，然后混入称好的水，配制成福尔马林消毒液，再在配好的稀释液中按0.5%~1%的标准加入过筛的新鲜石灰粉，即每100千克稀释液加0.5~1千克石灰粉，随喷随拌，使之成为浆状的混浊药液。

（7）消毒方法

福尔马林石灰浆应在能密闭的蚕室、催青室、上蔟室等空间内使用，不能密闭的房间不能使用，将配好的药液均匀地喷到蚕室内、蚕具上，消毒时室内温度要升至25℃

并保持至少 5 小时，消毒后密闭过夜，然后将门窗打开通气，待药味散尽后才能使用。

（8）注意事项

①需在催青或养蚕前 10 天消杀完成，否则残留的甲醛气味对卵或蚁蚕有不良影响。

②蚕具与火源保持 1 米远的距离，升温要防火灾。

③消毒时应戴防毒面具或湿口罩，并由不同的人轮流操作，以防中毒。

④福尔马林原液应存放在阴凉干燥处，防止高温日晒，以减少挥发，储存温度也不宜过低，以免产生白色沉淀，降低药效。

⑤所用石灰应是过筛的新鲜石灰，以防止喷雾器堵塞或因混入陈石灰失去消毒作用。

⑥当天配好的消毒液必须当天用完，放置一天后将失效。

⑦福尔马林若发生沉淀，使用前应加温或加入等量的浓度为 0.3% 的石灰水，待其溶解后再配制，配制时加水量应减少一半。

4. 硫黄薰烟消毒

（1）消毒对象

硫黄对真菌病有较强的杀灭作用，对壁虱也有一定作用。

（2）性质

硫黄是一种黄色结晶，易碾成粉末，在空气中燃烧后会生成二氧化硫，二氧化硫溶于水可生成亚硫酸。

（3）消毒原理

用硫黄制成的亚硫酸是一种强还原剂，它与病原接触时，能夺取病原内的氧生成硫酸而起到杀菌作用。

（4）浓度与用量

硫黄一般用作薰烟消毒，以蚕室容积计算，杀灭真菌孢子每立方米用 13.5 克，杀灭壁虱每立方米用 27 克。

（5）消毒方法

消毒前应密闭门窗，并对室内进行喷水补湿。消毒时先将硫黄装在铁锅内，然后放到火缸上加温，待硫黄熔化后，加入几块燃红的木炭，并迅速离开蚕室，封好门窗，经一昼夜后开放，待硫黄味散尽后方可使用。

（6）注意事项

①消毒前蚕室要充分补湿，使干湿差保持在 0.5~1℃ 以增强消毒效果。

②硫黄易着火燃烧，蚕具应远离火源 1 米以上，防止火灾。

③二氧化硫比空气重，常沉积在房间下层，消毒时蚕具不能放得太高。

④二氧化硫对人体有毒，工作人员尽可能减少与二氧化硫的接触。

⑤亚硫酸对棉纤维有腐蚀和漂白作用，二氧化硫对金属有腐蚀作用，所以棉纤维和金属器具不能用硫黄进行消毒。

5. 优氯净消毒

（1）消毒对象

优氯净对中肠性脓病、血液性脓病、白僵病、曲霉病的病原及细菌芽孢有显著的杀灭作用。

（2）性质

优氯净呈白色粉末状，有很浓的氯味，主要成分为二氯异氰尿酸钠，有效氯含量为62%~64%。

（3）消毒原理

优氯净的杀菌原理与漂白粉相同。

（4）优点

优氯净是一种广谱消毒剂，既可用于蚕室、蚕具消毒，也可用于蚕体、蚕座消毒，既可用于熏烟，也可用于喷洒。

（5）消毒方法

①熏烟消毒：在优氯净中加入一定量的固体甲醛，然后将其整体装入小纸袋中，引燃后便可发烟。每立方米用药 5 克，密闭 12 小时即可。

②喷洒消毒：在每 100 千克水中，加入 0.5~1 千克的优氯净，充分搅拌后，再加0.2~0.5 千克新鲜石灰粉，配成优氯净石灰浆，用来喷洒蚕室、蚕具，喷洒完成后让蚕室在湿润状态下密闭 30 分钟。

③粉剂消毒：将优氯净与新鲜石灰粉配成含有效氯 3%~5% 的混合剂，可用于蚕体和蚕座消毒，对防治僵病有明显效果。

（6）注意事项

①消毒液必须现配现用，不可放置过久。

②消毒液对金属和棉纤维有腐蚀作用，这类物品不能接触此药。

③液体消毒最好在阴天进行，避免在日光下作业。

6. 毒消散消毒

（1）性质与作用

毒消散是一种熏烟消毒剂，主要成分为聚甲醛，并含有苯甲酸和水杨酸，有强烈的刺激味。聚甲醛加热后分解出甲醛气体，具有很强的还原性，对血液性脓病、病毒性软化病、僵病和微粒子病的病原有很强的杀灭作用，对中肠型脓病、曲霉病的病原的杀灭效果较差。

（2）浓度与用量

密闭较好的蚕室，每 37 立方米用药 125 克，密闭较差的蚕室用药 150 克。消毒时，室内应升温至 25℃ 以上并保持至少 5 小时，消毒后密闭 24 小时，然后开门窗换气，待药味散尽后方可使用。

（3）使用方法及注意事项

将称量后的毒消散装入铁锅，并给铁锅加温。毒消散受热后熔化，随即便产生大量的烟雾。工作人员应在发烟前离开蚕室，然后将门窗密闭。消毒时应注意以下几点：

①加温温度要适当，温度太高容易起火，太低则消毒效果差。

②消毒前室内要充分补湿，可增强消毒效果。

③毒消散易着火燃烧，消毒时应格外小心，防止引起火灾。

④毒消散容易因受热、受潮而分解，应将其放在低温、干燥处保管，防止日光直射。

思考题

1. 养蚕布局应遵循哪些原则？

2. 为什么要注意以叶定种，叶种平衡？为了使叶种平衡，应从哪几方面考虑？

3. 如何制订生产指标和生产计划？

4. 养蚕生产应准备哪些蚕室、蚕具和养蚕消耗物料？

5. 养蚕劳动力的准备应考虑哪些因素？

6. 选养蚕品种有何意义？原则是什么？

7. 为什么要进行蚕室、蚕具消毒？消毒前为什么要进行打扫？

8. 蚕室、蚕具物理消毒法有哪几种？如何进行蒸汽消毒？

9. 蚕室、蚕具化学消毒法有哪几种？

10. 用漂白粉消毒应怎样操作，应注意哪些事项？

项目四　催青和收蚁

任务一　催青

催青又名暖种，是指将越冬后解除滞育的蚕卵、经过人工孵化法处理后的蚕卵或不越年卵保护在适宜的环境中，使卵内胚胎顺利发育直至孵化的过程。由于蚕卵在孵化前一天卵色变青，因此这个过程被称为催青。催青经过，春蚕期约需 10~11 天，夏秋蚕期约需 9~10 天。

催青可以保证蚕种在预定日期一起孵化，并提高蚕种孵化率和蚁体的强健。目前催青工作一般以县为单位集中进行，多数采用自动控制加温补湿设备，也有的采用催青环境计算机测控技术，可以对温度、湿度、气流、光线全部实现自动测控。

一、催青的意义

解除滞育后的蚕卵，在自然条件下也能发育孵化，但往往孵化不齐且孵化率低，孵化后蚁体较虚弱，与生产上的要求差距极大（发病率高、茧质差以及与桑叶生长日期不匹配）。而催青既能使蚕在预定的日期内孵化，以便蚕的生长与桑树的生长期相适应（蚕能吃到适熟的桑叶，桑树能获得最高的产叶量）；又可以提高孵化率，获得强健的蚁体，为收蚁、饲养技术的处理、无病高产及提高经济效益打下基础。合理的催青是获得优质高产的重要措施。

二、催青前的准备

为了节约人力、物力，保证催青质量，一般实行共同催青。催青工作是一项技术性很强的工作，因此，必须做好催青前的准备工作。

（一）催青室的要求

1. 催青室的位置

催青室应设在无污染、交通便利且附近有较多养蚕户的中心地点。

2. 催青室的构造

催青室要设置天花板和南北暗走廊及对流窗，以保证室内光线明亮而均匀，且便于保温保湿、换气，以及操作和消毒。

3．催青室规格

催青室一般进深 7 米、开间 4.5 米、高 3.3 米，每间可搭架放蚕种 4000～5000 张。

（二）催青的组织及人员配备

1．催青的方式

一般采用共同催青。共同催青既省人力物力，又便于贯彻技术措施、保证催青质量。

2．催青的规模

共同催青的规模不可太大，要根据催青承受能力而定。饲养量小的县可设一个催青点，饲养数量较大的，可设多个催青点。

3．人员配备

催青时，每 20000 张蚕种需配备 8～10 人，如果采用旋转催青架，人员配备可减少一半，每个旋转架可容纳约 10000 张蚕种。催青室如有能自动控制温湿度的空调设备，可以提高催青室的利用率，节省人员和物质消耗，提高催青质量。

4．人员组织和分工

催青工作人员应该统一思想认识和技术标准，由专人解剖蚕卵，观察胚胎的发育进度，以便决定升温标准；工作人员应进行编组、分工，使解剖蚕卵、调温换气、调种摇卵等工作有条不紊地进行。

（三）催青用具和物料的准备

催青用具和物料要根据催青蚕种数量和催青室的多少而定，现按每间催青室可容纳蚕种 5000 张计算，催青 5000 张蚕种所需的主要用具和消耗物品如表 4－1－1 所示。

表 4－1－1　催青主要用具及消耗物品（5000 张蚕种）

名称	单位	数量	说明
蚕架	个	6	搭 2 排，每排 3 个
蚕竿	根	32	搭 4 层，每层 8 根
散卵催青框	只	120	每框装散卵盒 50 个左右
自动加温装置	套	1	包括热风器、继电器和导电温度计等
电热补湿器	只	1	—
喷雾器	台	1	消毒用
显微镜	台	1	解剖蚕卵用（50～100 倍）
解剖用具	套	1	包括吸管、镊子、烧杯、二重皿、电炉、酒精灯、粗天平等
干湿计	只	2～3	—
化学药品	—	—	酒精 500 毫升、苛性钠（钾）50 克
消毒药品	—	—	漂白粉 2.5 千克，石灰 30 千克，毒消散 0.5 千克
给桑架	只	2～3	—
红黑布帘	块	—	按催青室及走廊、窗门大小、数量配备
拖鞋	双	—	换鞋入室，工作人员每人一双
闹钟	只	1	—

（四）催青室的消毒和布置

1. 催青室的消毒

催青室和催青用具必须在打扫清洗干净的基础上进行严格消毒。一般消毒两次，第一次可用新鲜石灰粉刷催青室，然后用含有效氯1‰的漂白粉或浓度为2％的福尔马林混合浓度为0.5％的石灰水消毒，第二次消毒可用毒消散或硫黄熏烟消毒。消毒必须在催青前十天完成，并在催青前将催青室升温到27℃以排除药味及其他不良气体。

2. 催青室的布置

（1）旋转架催青

采用旋转架催青应将散卵盒放在预先制好的散卵催青框中，再将散卵催青框放在可以纵向旋转的催青架上，每台可挂48只散卵催青框，一次可催青7000张蚕种。启动电源，旋转架可按一定速度旋转，散卵催青框始终保持圆周运动。散卵催青框六面通风透气，能让蚕卵均匀地受室内温度、湿度、光线、气流影响，催青效果较好。

（2）固定式催青

采用固定式催青一般在每间催青室内搭2排梯形架，每架6~8层，每层间距20厘米，搭架时，其南北两端、东西两侧距四壁、天花板、地面都应留有一定的距离。同时，加温用的热源距离蚕种应不少于1米，不宜过近。

三、催青日期的决定

（一）确定催青日期的原则和意义

1. 原则

确定催青日期应遵循以下原则：一是能使蚕的生长发育和桑叶的生长发育相适应，从而使各龄蚕都能吃到适熟叶，以利于蚕茧产量和质量的提高；二是使蚕能生活在适宜的气候环境中，避免不利气象条件的影响；三是要便于农事劳力的安排。

2. 意义

适时催青可使蚕生长发育良好，体质强健，发挥蚕品种的优良性状，提高亩桑产茧量，可为蚕茧丰收奠定基础。如若春蚕期催青过早，此时气温偏低，桑树生长慢，不但收蚁后桑叶太嫩，营养价值低，影响蚕的体质，而且还会减少桑叶的产量，到了大蚕期往往还会造成缺叶；如果催青过迟，到大蚕期往往会遇到高温和叶质老硬的情况，不仅使蚕龄期经过缩短，蚕体缩小，容易发病，产茧量低，影响下季蚕的出库时间，同时还会影响夏秋蚕用叶和来年春叶产量。正确的催青时间应根据当年的养蚕布局、气候条件、桑树的发芽情况及历史资料来决定。

（二）春蚕期催青日期的确定

春蚕期催青日期的确定应以当地桑芽发育情况作为主要依据，并参照历史资料和当年气候变化，同时根据劳力及分批发种的情况，妥善安排，保证蚕期中有适应蚕发育的桑叶，能使家蚕用叶高峰与春叶产量高峰相吻合。

催青日期因桑树剪伐方法不同而不同：实施冬季重剪的情况下，春季出库日期预估在湖桑开叶 10 片左右，荆桑开叶 10~12 片时；实施夏伐的情况下，预估在湖桑开叶 6 片左右时。

桑树发芽和桑叶成熟因桑品种差异而不同。故有早生桑的地区，催青可适当提早，而只有中、晚生桑的地区，催青宜稍迟。

桑叶生长的快慢因天气的冷暖和晴雨而不同。一般气温在 10℃ 以下，桑芽生长缓慢，17℃ 以上时正常生长，20℃ 以上时生长迅速。为使蚕卵胚胎发育程度与桑芽发育相适应，在催青前 20 天左右，开始进行桑芽发育调查。调查应在有代表性的桑园内选择有代表性的桑树，取枝条中上部位的桑芽，做好标记，每日定时观测桑芽的发育程度。有些年份春天气温回暖快，桑芽萌发早，但发芽后往往受到倒春寒的影响，桑树生长缓慢，在这种情况下，催青日期应稍迟；而在春天回暖迟时，桑芽萌发虽迟，但一旦天气转暖，桑叶生长快，此时催青应稍提早。因早春气候多变，催青前应及时了解天气变化，确定当年的催青适期。一般在无特殊情况下，催青适期与历年开始催青的日期相差不会很大。

（三）夏秋蚕期催青日期的确定

夏秋蚕期催青是从蚕种即时浸酸、冷藏浸酸或复式冷藏蚕种出库开始的。因此，催青适期的确定就是蚕种即时浸酸、冷藏浸酸或复式冷藏蚕种出库时期的确定。其应按照全年养蚕生产布局安排，根据当地桑叶产量和质量情况、气候条件、病虫害发展规律等情况来确定。

1. 夏蚕的出库催青适期

夏蚕多数是利用夏伐后的新生芽叶饲养的，因此其蚕种应该在桑树新梢生长到一定长度时出库浸酸，进行催青，一般在 6 月中旬。如果利用剩余春叶养夏蚕，蚕种出库时间应提前到 6 月上中旬。

2. 秋蚕的出库催青适期

秋蚕一般分早、中、晚秋 3 期饲养，早秋蚕于 7 月下旬出库浸酸，中秋蚕于 8 月中下旬出库浸酸，晚秋蚕于 9 月中旬着手催青。桑叶硬化较迟的地区，可适当延迟中秋蚕蚕种出库催青的日期，以避免在大蚕期遇到高温。若遇久旱不雨的干旱年景，一般应提早浸酸，以免后期叶质过老。

夏秋季出库时间除了考虑气候、农事等因素，上季蚕养完后桑树留叶片数也是决定夏秋蚕发种时期和数量的重要因素。一年养三季蚕的，一般在上季蚕上蔟结束后 15~20 天内出库，如出库时间提早，应考虑共育，否则会影响消毒时间的安排，消毒不彻底，会造成重大损失。

总之，催青适期的确定，要考虑各种因素，并进行综合分析。

四、蚕卵胚胎各发育阶段的主要形态特征

（一）蚕卵发育经过

蚕卵一般在产下 2 小时内完成受精，产下 30 小时左右形成最小的胚胎，不越年卵

产后 10 天左右可以发育成蚁蚕；越年卵经一星期左右完全进入滞育期，胚胎不再发育，必须在接触一定时间的低温后才能继续发育，孵化成蚁蚕。

胚胎形态特征的变化是一个连续的过程，不可能截然分开。但由于各发育阶段生理要求和生产上的要求不一样，根据不同发育阶段胚胎的主要形态特征，判断其发育时期，施以适当的技术处理，可使其向有利于胚胎生理和生产需要的方向发展。因此养蚕生产上仍把蚕卵胚胎从滞育后期到孵化这段时期的发育过程，根据胚胎形态的变化大致分为 15 个发育阶段，用甲、乙、丙、丁、戊、己的代号表示，各发育阶段胚胎代号、名称、主要特征及形态示意图如表 4-1-2 和图 4-1-1 所示。

表 4-1-2　蚕卵胚胎发育特征

胚胎代号	发育阶段名称	主要特征
甲	滞育期	体躯短小，头褶比尾褶稍大，略圆，环节不显著，胚体平滑
乙$_1$	萌动期	开始发育，体躯稍伸长，环节微显
乙$_2$	伸展期	体躯稍长，头褶尾褶增大，环节明显，形似梯形
丙$_1$	最长期前	体躯伸长，头褶、尾褶继续增大，头褶凹陷明显，十八环节显现清楚，尾褶近似圆形
丙$_2$	最长期	体躯更长，头褶发达，十八环节明显，鄂角部显著增宽，第 2—4 环节出现纵沟，第 5—7 环节略膨大，尾褶稍圆
丁$_1$	肥厚期	头褶略方，凹陷深，十八环节更加明显，纵沟全部清楚，尾褶呈桃形
丁$_2$	突起发生期	胚体增宽，凹陷更深，第 2—7 环节开始发生突起，尾褶扁圆
戊$_1$	突起发达前期	胚体稍变短、增宽，头褶先端发生一对上唇突起，腹部与尾部等宽，第 2—7 环节突起稍发达
戊$_2$	突起发达后期	胚体增宽，后两环节开始缩合，末端有肛门陷入部，第 8 环节以下发生突起
戊$_3$	缩短期	体躯显著缩短增宽，前 4 环节开始缩合成头部，后端两环节缩合成尾部
己$_1$	反转期	体躯呈"S"形，尾部向腹部弯曲
己$_2$	反转终了期	体躯全面向腹面弯曲，消化管发育完成，气孔闭塞
己$_3$	气管显现期	气管开始着色，单眼呈淡红色，消化管前后贯通，体表出现刚毛，尾部刚毛呈喷气式，蚁体形态略备
己$_4$	点青期	头部呈浓褐色，透过卵壳可以看见黑色，但胚胎体表仍未着色
己$_5$	转青期	蚁体完成，体表全部着色，从卵壳表面看，蚕卵呈青灰色

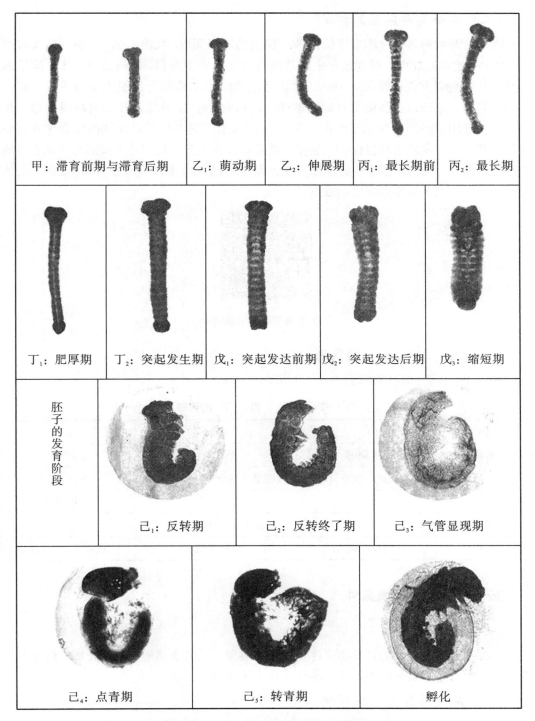

图 4—1—1 蚕卵胚胎各发育阶段形态示意

（二）几个重要胚胎的特征

在催青开始前，从冷库取出的蚕种，胚胎已发育到丙$_1$到丙$_2$之间，须待其发育到丙$_2$时才开始加温催青。催青过程中应掌握蚕种胚胎发育阶段丙$_1$到己$_5$共 12 个阶段的特征，特别是应重点掌握丙$_2$、戊$_3$、己$_3$、己$_4$，因为丙$_2$是催青加温的起点阶段，起点胚胎的老嫩关系到以后胚胎发育的快慢齐一，从丙$_2$到戊$_3$阶段，胚胎对高温的适应性较差，一般用 20～24℃ 的低温保护，戊$_3$是化性变化的临界阶段，须用高温保护并进行光照处理，若过早转入高温保护，会使后期胚胎发育不齐，过迟转入高温保护则会影响化性。胚胎发育到己$_3$时可确定发种日期。发育到己$_4$时，胚胎开始点青，见点时间的迟早和齐否是调节后期温湿度的依据。

三个重要阶段胚胎的特征

（三）丙$_1$、丙$_2$、丁$_1$ 的区别

丙$_1$、丙$_2$、丁$_1$ 的区别如表 4-1-3 所示。

表 4-1-3　丙$_1$、丙$_2$、丁$_1$ 的区别

代号	丙$_1$	丙$_2$	丁$_1$
发育阶段名称	最长期前	最长期	肥厚期
十八环节	可以识别，但不清晰	比较明显，第 5-7 环节略膨大	特别明显
纵沟	无	约现纵沟	全部清楚
尾部	球形	长圆形	桃形
头褶	能见凹陷	凹陷较深	凹陷深刻，边缘带方

五、催青中的环境条件

（一）温度

温度对蚕卵内胚胎的发育和化性变化影响很大。它关系到催青经过长短，孵化齐一程度，孵化后蚕体质的强弱，茧质的优劣和出丝量的多少等。

1. 温度对胚胎发育的影响

在催青中，对胚胎发育影响最大的是温度。催青温度的高低不仅直接影响到胚胎的发育速度和蚕卵的孵化，对蚁蚕的健康、产茧量以及次代蚕的越年性都有影响。胚胎的发育阶段不同，对温度的反应也不一样。刚出库时的丙$_1$胚胎在温度达到 15℃ 左右时发育快，在温度达到 20℃ 的较高温度时发育反而减慢，丙$_2$胚胎在温度达到 20℃ 左右时

发育快，在温度达到 15℃左右时发育慢。因此，生产上常把刚出库的蚕种先用 15℃的温度保护，待其发育至丙₂后升温至 20℃，以便以后孵化齐一。这也是蚕种出库后用 15℃低温保护，在运种途中为避免高温而进行夜间运种的原因。

一般来说，在 20～30℃内，胚胎发育速度随温度的升高而加快，但是，并不是温度越高发育越快。据试验，用 25℃催青比用 20℃催青可提前 5 天孵化，但用 30℃催青比用 25℃催青仅提前一天孵化，如果催青温度超过 30℃，孵化反而受到抑制。

2. 温度对化性的影响

从戊₃至己₄期间，温度对化性的影响极大，现行二化性品种在这一阶段若用低温（15℃）保护，往往向不越年性方向发展，结茧小，产丝量少，若用高温（25℃）催青，则向越年性方向发展（高温催青可引起二化性蚕种的化性变化，使其转为一化性蚕，而一化性蚕产茧量高，茧质好），结茧大，产丝量多。所以发育后期（戊₃至己₄）必须用 25～26℃进行催青。在蚕种生产上，可利用二化性或多化性品种生产越年种；在丝茧生产上，为了获得一化性蚕的良好经济性状，从戊₃开始要用不低于 25℃的温度催青。

3. 温度与蚁蚕的体质及孵化率的关系

戊₃以后，温度不能超过 28℃，若温度超过 28℃，卵内营养物质消耗多，胚体虚弱，蚁蚕体轻，将使蚕期减蚕率增高，蚕茧的数量和质量下降；超过 30℃，死卵将增多。所以，催青过程中以温度不超过 28℃为宜，但不能过低。温度过低，虽无死卵，但发育不齐，不能提高一日孵化率。

催青中温度忽然升高，或在外温较低时换气，以及在发种时实施降温，容易发生死卵，特别是在点青、转青以后更容易发生死卵，所以养蚕生产上要求催青中的温度力求平稳，以减少和防止发生死卵，提高孵化率。

综上，催青时应按照胚胎的不同发育阶段调节温度，一般在胚胎的细嫩阶段适宜用低温，随着胚胎发育进展，应逐渐提高温度。二化性蚕品种在胚胎最长期前以 15～18℃为宜，最长期到反转期以 20～25℃为好，反转期后以 25～26℃为宜。

（二）湿度

催青时湿度的高低，主要影响蚕种孵化的齐一程度和蚁体的强健度，对化性变化也有一定的影响，但没有温度的影响那么显著。蚕卵不能从外界获得营养和水分，卵内的水分随呼吸、蒸发而减少。

1. 湿度对蚕卵的孵化和蚁体健康的影响

如果在相对湿度 50% 以下的环境中催青，卵面散发的水分量大，将使催青经过延长，蚁体瘦小，孵化显著不齐，死卵增多。如果在相对湿度 90% 以上的环境中催青，虽孵化较齐一，蚁体较肥大，但蚁蚕体质虚弱。多湿甚至还会引起蚕卵生霉。所以在催青中应防止过干和过湿。

2. 湿度对化性的影响

在 20℃温度下催青时，多湿有利于蚕种向越年性方向发育，干燥则使蚕种向不越年性方向发育。湿度对胚胎发育的影响在戊₃以后最明显。

3. 适湿范围

戊$_3$以前相对湿度宜保持在75％左右，戊$_3$以后相对温度宜保持在80％～85％。

（三）光线

催青中的光线对胚胎发育快慢、蚕的化性和蚁蚕孵化等均有一定的影响。它对化性的影响仅次于温度的影响。

1. 光线对化性的影响

在高温多湿条件下催青，光线的作用并不显著。用20℃催青，照明条件下的蚕卵多发育为越年卵，黑暗条件下的大部分发育为不越年卵，这一规律在戊$_3$以后表现得更为明显，光照有利于胚胎向越年性方向发育，使二化性品种趋向一化性。戊$_3$至己$_4$前，每日需17～18小时光照。对丝茧育来说，采用高温催青，基本上能达到化性的变化，光照的作用并不显著，但为了保险起见，催青时常在胚胎发育到戊$_3$后，除自然光照外，每天还增加人工光照6小时。

2. 光线对蚁蚕孵化的影响

蚕适应了昼明夜暗的周期性变化规律，自然条件下催青蚁蚕多在5—9时孵化。如果在全明或是全暗的条件下催青，孵化的时间被打乱，一天中随时都有蚁蚕孵化，无明显的日孵化高峰，孵化极不齐一。若在昼暗夜明的条件下催青，则大多在17—21时孵化，所以催青室中的光线条件不可忽视。在点青后全暗保护的情况下，收蚁前实施2～3小时的感光，能使蚕卵孵化齐一。

3. 光线对胚胎发育的影响

胚胎因光线明暗而发育速度不同，可分为三个阶段：从催青开始到点青期己$_4$之前，照明条件下的胚胎发育快，光照可促进胚胎的发育；己$_4$到孵化之前，黑暗条件下的胚胎发育快，黑暗则有利于胚胎的发育；到孵化时，光照又能促进蚁蚕孵化，黑暗对孵化有抑制作用。因此，养蚕生产上为了促使蚁蚕的孵化齐一，提高一日孵化率，应利用这种规律，在有30％点青卵（胚胎到达己$_4$）时进行遮光，将蚕卵保护在完全黑暗中。这样，前阶段发育慢的胚胎，此时能因黑暗而加快发育速度，而前阶段发育快的胚胎此时则会被黑暗抑制孵化速度，到收蚁前使其全部感光，则可以提高蚁蚕的一日孵化率。

黑暗保护中，未孵化的蚁蚕对光线极其敏感，因此一定要保持绝对黑暗。但黑暗抑制的作用最长只有9小时，超过9小时蚁蚕仍要孵化。由于胚胎对红光的反应非常弱，检查蚕种、观察记载温湿度及发种时可在红光下进行，运种途中如已点青、转青，也必须遮光保护。

综上，催青前期应保持自然光照，掌握好明暗规律，戊$_3$起每天使其感光18小时，点青卵达30％时进行遮光，到收蚁当天早晨再使其感光，这样既有利于化性的转变，又可使孵化齐一。

（四）空气

催青期中除胚胎呼吸产生二氧化碳外，用燃料升温也会产生大量的一氧化碳、二氧化碳和二氧化硫等气体，对蚕卵胚胎有一定的危害。因发育时期不同，胚胎抵抗二氧化碳等气体的能力也不同，催青初期胚胎的呼吸量小，产生二氧化碳较少，抵抗力强；在反转期后，胚胎的发育呼吸量不断增加，到孵化前，二氧化碳的呼出量为胚胎发育前期的 2～3 倍。加上燃料燃烧，室内一氧化碳、二氧化碳和二氧化硫的浓度还要增加，蚕卵对二氧化碳的抵抗力弱，尤其在收蚁前 2～3 天最弱。二氧化碳的浓度在 0.5％以下时，对胚胎的发育并无不良影响，二氧化碳的浓度超过 0.5％时，容易造成蚕卵呼吸障碍，导致蚁蚕的孵化率降低，孵化不齐，且有较多的死卵发生。因此，催青室内须保持空气新鲜，注意换气，特别是催青后期。在催青前期每天要换气 1～2 次，每次至少 10 分钟，催青后期每天换气 3～4 次。

此外，催青期间应特别注意避免蚕种接触油类、酸类、碱类、水银、烟草、甲醛、农药、化肥、樟木、松香、蚊香、油漆气味等有害物质。

（五）催青技术标准

催青相关技术标准见表 4-1-4 至表 4-1-6 所示。

表 4-1-4　春蚕期常规催青标准（渐进法）

催青日期	出库当天	第 1 天	第 2 天	第 3 天	第 4 天	第 5—7 天	第 8 天	第 9—10 天	第 11 天
胚胎发育程度	丙$_1$	丙$_2$	丁$_1$-丁$_2$	戊$_1$	戊$_2$	戊$_3$-己$_2$	己$_3$	己$_4$-己$_5$	孵化
目的温度/℃	17.2	20	21～22	22～22.7	25～25.5	25～25.5	25～26	25～26	25～26
湿度/％	77～76		72～74			79～80		80～85	80～85
感光	自然感光					每日感光 18 小时		黑暗	早 6 时起感光

注：1. 含有多化性血统的品种从戊$_3$开始温度提高 0.5℃。

2. 在收蚁前进行 36～40 小时黑暗处理，可以促使孵化齐一。

3. 蚁蚕逸散性强的品种，收蚁当天感光宜迟。

表 4-1-5　春蚕期简化催青标准（二段法）

催青日期	第 1—4 天	第 5—10 天
胚胎发育程度	丙$_2$-戊$_2$	戊$_3$-己$_5$
目的温度/℃	22～23	25～26
湿度/％	75	80～85
感光	自然感光	每天感光 18 小时

注：1. 含有多化性血统的品种从戊$_3$开始温度提高 0.5℃。

2. 在己$_4$至己$_5$时用全黑暗条件保护。

表 4-1-6　夏秋蚕期简化催青标准（二段法）

催青日期	第 1—4 天	第 5—6 天
胚胎发育程度	丙$_2$-戊$_2$	戊$_3$-己$_5$
目的温度/℃	24	26.5

催青日期	第1—4天	第5—6天
湿度/%	75	80~85
感光	自然光线	每天感光18小时，己₄开始实施全黑暗处理

注：早秋蚕期催青温度，丙₂—戊₂用25~26℃，戊₃—己₅用27~28℃。

综上，生产上普遍采用二化性蚕品种，催青时要解决其向越年性方向变化的问题，应采用高温多湿、感光的催青标准。在具体应用时采用上面的催青温度按胚胎发育程度逐渐升温的渐进法和温度在催青过程中分前后两段进行调节的两段催青法。

现行催青也有采用简化催青或一段催青技术标准的。简化催青技术标准为：蚕种出库当日用20℃、干湿差1.5~2℃保护1天，其后第1—4天用22℃、干湿差2~2.5℃保护，第5—10天用25.5~26℃、干湿差2℃保护；第1—10天每天感光18小时，直至转青。一段催青技术标准为：蚕种出库当日用20℃、干湿差1.5~2℃保护1天，其后全部采用25.5~26℃、干湿差2℃、每天感光18小时保护，直至转青。

六、催青中的技术处理

（一）蚕种清理

蚕种进入催青室后，应立即按品种、制种单位、批次、数量及产卵日期进行清理点数、编号登记；如遇散卵蚕种应把卵轻轻摇平装入散卵催青框，平附种应插入催青线框，再插入催青架。每一只框均要贴标签，标明场别、品种、批次、采种日期和开始加温的日期。

（二）解剖蚕卵

1. 目的

解剖蚕卵主要是为了了解胚胎的发育进度、整齐度，以作调节温度、光线等条件，以及确定发种时间的依据。

2. 时间

蚕卵进入催青室的当天及以后的每天早上都要进行蚕卵解剖，观察胚胎的发育程度。发育不齐时将发育快的批次放在下层，发育慢的放在上层，胚胎发育到戊₂后，每日下午可增加一次解剖，以便掌握发育程度及调节孵化日期。

3. 抽样

解剖时每批次取样本2~3个，每个样本应检查完整的胚胎10个以上，以确定各批蚕卵的发育程度。被解剖的蚕卵必须具有代表性。不同的品种、批次要分别抽样解剖。

4. 解剖方法

一般用氢氧化钠或氢氧化钾浸渍脱壳法解剖蚕卵。

①浸渍浓度：春季为10%~15%（反转期前用15%，反转期后用10%），夏秋季为

15%~20%。

②步骤：先用酒精灯加热煮沸配制好的氢氧化钠或氢氧化钾溶液；再把 20～30 粒卵置于金属勺中，上面封口，放入溶液中浸渍 15～20 秒；待蚕卵呈赤豆色时取出蚕卵，放入清水杯中漂洗，然后放到二重皿中，加入少量清水，用吸管冲击卵壳，使其破裂逸出胚胎；将胚胎吸到载玻片上，放到 50～100 倍的显微镜中观察。

蚕卵的解剖

（三）调节温湿度

催青中必须有专人负责温湿度的调节，为使温度平稳，需每隔 15 分钟观察一次，每小时记载一次温湿度，并根据胚胎的发育情况，按催青标准调节在每天上午 10 时以前调好温湿度。催青室的升温、补湿最好用电热自动升温补湿装置，不会产生不良气体，如用火缸升温、人工补湿时，应注意保持室内清洁卫生和温湿度的准确。有条件的地方现在已采取催青温湿度智能化控制装置。

（四）调种摇卵

调种摇卵的目的是使蚕卵感温均匀，保证孵化齐一，调种是将放置蚕种的位置，定时按一定的顺序进行内外、上下、左右调换，每天 2～4 次。

摇卵可采用"侧、平、推"的方法轻轻摇动，使卵粒碰撞小、震动小、分布匀。见点后，更要防止震动过剧，否则影响蚁蚕体质及蚁量。所谓侧、平、推的摇卵方法就是将插在催青架上催青框平抽出来后，用双手握住框的两长边，然后将框的内侧（靠身体的一侧）放低，外侧抬高，使催青框框面与水平约成 60°角侧转，并将框的左侧、外侧、右侧直至内侧依次放低，同时提高相对的一侧，使催青框侧着转动，目的是使散卵盒内的蚕卵随着摇动动作轻轻滚动。转动的圈数常因胚胎发育程度而不同，戊$_3$ 以前转动两圈，戊$_3$ 至己$_2$ 时转动一圈，己$_3$ 以后转动半圈。转动结束后，使催青框回到内侧低、外侧高的位置，并使各散卵盒内的卵粒都平整地集中在下半盒内，再将催青框放平，向内轻轻推，卵粒在散卵盒内分布均匀后，摇卵即告完成。最后，将催青框插回催青架。用旋转催青架催青无需调换蚕种位置，但要进行摇卵。

（五）换气

催青中每天必须换气，以保持空气新鲜，戊$_3$ 以前每天上午、下午各 1 次，戊$_3$ 以后换气次数应增加 1 倍。换气时开放走廊上和催青室的门窗，促使空气对流。每次换气10 分钟。在室内外温差较小时，可打开催青室和走廊的门直接换气；室内外温差太大时，可采用间接放气，即先打开走廊门窗进行走廊换气，再关闭走廊门窗，打开催青室的门窗进行催青室换气，每次换气前应先加温、补湿，以防因换气而使室内温湿度变动过大。换气时间也应灵活掌握，室内外温差较大时换气时间宜短，反之宜稍长。

（六）防病卫生

催青室应随时保持室内外清洁卫生，做好防病消毒工作。工作人员必须换鞋入室，严禁在催青室吸烟，避免蚕种接触农药、油漆、蚊香、水银、甲醛等有害物。

（七）孵化日期的预测

发放蚕种一般在点青期或转青期进行。发种前要预测孵化日期，提前通知养蚕户做好领种和养蚕准备。预测孵化日期一般可参考以下几点：

①以胚胎发育程度为根据：按上述标准温度催青，胚胎从缩短期到点青期需 5 天时间，点青后第三天便可大批孵化。

②以卵色为根据：观察蚕卵形态，胚胎头部呈黑色时即点青期，随后整个卵色转青。转青后的次日便可见苗蚁，随后蚕卵将大量孵化。

③以催青积温为根据：将催青期间胚胎从丙$_2$至孵化止每天所感受的温度，减去无效温度（10℃），再累加起来即为催青积温。每一蚕品种都有一定的催青积温，在达到催青积温时蚕卵将孵化。如能准确掌握催青积温，则可预测孵化日期。

七、发种（领种）

当蚕种催青到转青期时，就要把蚕种分发到共育室或养蚕户。一般以春蚕期有98%的蚕种转青、夏秋蚕期有 95%左右的蚕种转青时发种为宜。

春蚕期发种以转青齐、见少数苗蚁为原则，一般在催青的第十天；发种前，应将催青温度适当降低，避免室内外温差过大；通常在温度适宜的清晨发种，盛种须用蚕种专用箱、竹筐或其他干净纸箱。发种应在红光下进行，并以清洁黑布遮光包装，蚕种要平放，不能积压，要防止剧烈震动和接触有毒物质。夏秋蚕期温度太高时，应在夜间发种。

八、提高一日孵化率的关键

影响孵化齐一的因素是多方面的，要提高一日孵化率必须在催青中采取综合措施才能达到，但其关键主要有以下三个。

（一）起点胚胎发育齐一

提高一日孵化率必须从丙$_2$起点胚胎着手，缩小胚胎发育的差异。出库后宜用低温保护，待绝大多数胚胎达到丙$_2$时再升温，这对于胚胎发育齐一有较好的效果。

（二）胚胎适时进入高温

从戊$_3$开始，温度对蚕种化性影响极大，过迟进入高温会影响化性的改变，过早进入高温会影响胚胎发育的齐一程度。

（三）见点胚胎及时遮光

春蚕期一般在第八天 18-24 时见点，见点后应依据胚胎发育齐一程度确定遮光时间，发育比较齐一的可偏迟，在点青卵占 30%左右时遮光；如发育不够齐一，宜提早至点青卵占 20%左右时遮光。

此外，蚕卵转青后不要急于降温，否则将影响孵化齐一，降低一日孵化率。

九、延迟收蚁的办法

蚕种催青后若遇气候变化、桑树生长缓慢等情况，不能按期收蚁，可以采取以下办法补救：

（一）改变催青的温度

利用胚胎发育前期对低温抵抗力强的特点，降低催青温度可使其孵化延迟。胚胎在丁$_1$前可经过中间温度再入库冷藏抑制，胚胎在丁$_1$—戊$_3$阶段，不能冷藏，只能适当降温延迟保护。如果胚胎尚未达到丙$_2$，用 12℃ 冷藏 3 天，可将收蚁时间延迟 2 天，在5℃ 下冷藏，可延迟 15 天左右。当胚胎发育越过丙$_2$，但未达到戊$_3$时，用 20℃ 左右的温度进行催青，可将孵化时间推迟 1~2 天。但如果胚胎已经到了戊$_3$，则不能改变催青温度，应继续按标准催青，以免影响胚胎发育。

（二）冷藏转青卵

蚕卵转青时，胚胎发育基本完成，对低温的抵抗力有所增强，此时冷藏可以使蚁蚕孵化推迟，见苗转青卵冷藏的适温为 3~5℃，适湿为 75% 左右，可将孵化时间延迟 5~7 天。转青卵的冷藏方法是在扫除苗蚁后，将其装箱或插架黑暗保护，先经中间温度10~12℃ 缓冲 2~3 小时，然后入库以 5℃、湿度 75% 的标准冷藏，冷藏时间最长不超过 3 天，若只需延迟一天，则在 18℃ 的黑暗环境下保存即可，经过冷藏的蚕种，出库时应该经过中间温度缓冲，然后逐步升到目的温度。

（三）冷藏蚁蚕

刚孵化的蚁蚕成蚁，可短时冷藏，10℃ 下冷藏不超过 3 天，15℃ 下冷藏不超过 2天。其方法为收下蚁蚕后，经过中间温度缓冲再入库冷藏，一般在早晨 5 时出库，事先要在中间温度下缓冲 2~3 小时，然后逐步升到目的温湿度，以缓和对蚕生理上的影响。

十、夏秋蚕种催青

夏秋蚕期气温较高，且气候变化大，温湿度常超出催青标准，易使胚胎发育不良，孵化不齐，蚁体虚弱，甚至发生死卵。因此，蚕种出库后，运输应在夜间气温较低时进行，防止蚕接触高温。应选用能保持目的温湿度的半地下室催青室，或高大阴凉的房屋进行催青，并搭凉棚降温。催青室应配置空调设备降温，同时注意湿度的调节，过干时可用超声波补湿器补湿。夏蚕及晚秋蚕催青时可能会遇到低温，要进行补温。

催青温湿度标准如下：浸酸后三天内用 18.5~21℃，第 4—5 天用 23.5~24℃，湿度用 80%，从第 6 天开始（戊$_3$以后）用 26.5~27℃ 保护，力求不超过 27.5℃，湿度保持在 85%。

由于催青时外温较高，宜在早晚气温较低时开窗换气，保持室内空气新鲜。催青室内放置蚕种不宜过多。若遇高温闷热天气，也可以用电扇制造微气流，以减轻其危害。

夏秋蚕种胚胎发育一般较快，发种应比春蚕期适当提早，但仍以转青卵占比数为判断依据，并选早晚气温较低时进行。

任务二　补催青与收蚁

一、补催青

补催青是指领种途中和蚕种到蚕室后直至蚁蚕孵化前的保护。这个过程继续按催青标准保护。也就是说蚕种从催青室领出后，应继续进行合理的温湿度调控及遮光保护直至孵化（温度为 25.5~26℃，干湿差 1.5℃，黑暗）。

（一）补催青的意义

蚕种一般都在孵化前一两天分发到养蚕户手中，此时催青工作并未结束，必须继续进行补催青。补催青期间，胚胎的卵黄膜、浆膜及覆盖在胚胎腹面的羊膜破裂；胚胎的脐孔闭塞，改用已形成的口部吸食营养物质；而且胚胎上已形成的单眼开始对光线发生感应。此时胚胎对温度、湿度及光线等条件的要求较高，对不良环境的抵抗力弱，如处理不当，将导致孵化不齐，死卵增加。因此，补催青工作直接影响蚕卵的孵化和蚁蚕的强健度，从而关系到蚕茧的产量和质量。

（二）补催青应注意的问题

1. 领种途中的保护

①领种前小蚕室应先进行升温排湿，排除不良气体，温度保持在 21℃ 左右，干湿差保持在 2℃ 左右。用黑布或红布遮光，保持黑暗。

②领种用具要提前清洗消毒，准备好干净的用于包种的纸或布，以及遮阳防雨用具等。

③领种时，散卵盒要平放，用包种用纸或布包好，防止胚胎见光。

④运种途中要防止高温、闷热、雨淋、日晒、震动和椎压，切勿接触有毒物质。

2. 蚕种到蚕室后的补催青工作

（1）做好摊卵工作

将蚕种领到蚕室后，应在红色弱光下进行摊卵。

①共育或分发蚁蚕的摊卵：将散卵倒在垫有白纸的蚕箔内，每张蚕箔可容纳 15~20 盒散卵，再将卵平摊在长 75 厘米、宽 50 厘米的矩形内，垫纸要压平无皱，卵粒应铺平。后在卵面上覆盖一张与摊卵面积相仿的小蚕网（压卵网），以防卵粒滚动和蚁蚕带卵壳。摊卵时，相同品种、批次的蚕卵才能混合摊放。

②平附种摊卵：将两张蚕连纸卵面相对，平摊在垫有防干纸的蚕箔内即可。最后在摊卵的蚕箔上再盖一只蚕箔，外盖湿红布或黑布，遮光补湿。或者采用绵纸分别包裹每张蚕种，并在四周折叠。通常转青卵用 25℃、干湿差 1.5~2℃、黑暗条件保护 2 天后可收蚁（俗称"二夜包"）。

（2）做好气象环境调节工作

①温度：在摊卵的同时，蚕室应逐渐升温，每小时升温 0.5~1℃，直至到达

25.5℃，干湿差 1～1.5℃。防止温度过高、过低和温度激变。切忌离火源太近。

②湿度：防止因环境过干而引起孵化不齐、蚁体虚弱，可在火源上放水盆或在火源四周挂湿布；但不能直接在卵面上喷水补湿，这样会影响蚕卵呼吸。

（三）转青不齐的处理

如若转青不齐，一日孵化率低，则需延长一天收蚁：将温度保持在 24℃，干湿差保持为 0.5～1℃，在黑暗条件下多保护一天，到次日升温到 25.5℃收蚁，便可实现孵化齐一。

二、收蚁

（一）收蚁的意义及要求

1. 收蚁的概念

收蚁即将孵化的蚁蚕收集到蚕座上，并开始给桑饲养的操作过程。

2. 收蚁的意义

收蚁是饲养工作的开始，也是蚕生理上从胚胎发育转向胚后发育的转折点，处理不好会影响蚕的生理，并影响蚕茧产量及以后的饲养效率。因此收蚁工作必须做好，做到适时收蚁，不伤蚁体，为蚕茧的高产打好基础。

3. 收蚁的要求

收蚁必须做到不失蚕、不伤蚕、不饿蚕、不感染蚕病。

（二）收蚁的准备

1. 用具准备

收蚁用具主要有蚕箔或饲育盒、蚕座纸、塑料薄膜、公分秤或天平、蚕筷、鹅毛、切桑刀、切桑板、收蚁小蚕网、石灰、焦糠及消毒药品。用具事先都必须经过清洗和严格消毒。

2. 人员配备

参加收蚁的人员按照引蚁、调桑、称量、定座、消毒、给桑及调节温湿度等不同工序进行分工。

3. 收蚁时的气象调节

收蚁时的温湿度以 25℃、干湿差 1.5℃为宜，温度过高时，蚁蚕易逸散和疲劳，温度过低时，引收蚁时间将延长。收蚁结束后再将温度升到饲养适温，保持光线明亮。

4. 桑叶准备

收蚁用桑要适熟新鲜，应在收蚁当天采摘，采回的桑叶要防止失水凋萎。要慎重选择好收蚁当日用的桑叶。收蚁当日一般采用叶色呈黄绿色、叶面略皱的嫩叶。收蚁用叶标准为绿中带黄的第 2—3 位叶。一般饲养春蚕采新梢上的第 2 位叶，饲养夏蚕采春伐桑的第 2—3 位叶，饲养秋蚕采枝条顶端第 2—3 位叶作为收蚁用桑叶。

收蚁用桑量：第一次用桑量约为收蚁量的 5 倍，当日用桑量约为收蚁量的 30 倍。

5. 估计收蚁量

先计算出整批蚕种有效卵的比例，再将整批蚕种称量，用其结果减去蚕连纸总重量（先测每张无卵蚕连纸平均重量）得总卵量，再乘以有效卵比例可得总有效卵量，然后减去过早过迟孵化量（估计量），即可得净卵量。用净卵量乘 80%（据调查，蚁重占转青卵的 83.73% 左右），再除以总张数可得每张蚕种预计收蚁量。如遇散卵（不良卵已经被选择清除）时，可以总卵量的 80% 除以总盒数，即得每盒散卵预计收蚁量。

（三）收蚁时刻

补催青 2 日后，在清晨 5 时左右，掀开窗帘及蚕卵上的遮光物，开启电灯让蚕卵感光 2～3 小时，刺激蚕卵孵化。感光后，蚁蚕开始孵化，刚孵化的蚁蚕体躯伸长而静止不动，约经 1～2 小时后开始爬动寻食，待大部分蚁蚕具有食欲时，即为收蚁适期。一般在感光后 3 小时左右，多数蚕卵孵化 2～3 小时后收蚁。一般要求春蚕期在上午 8—9 时前收好蚁，夏秋蚕期气温高，应在上午 7—8 时前收蚁完毕。如蚁蚕孵化不齐，则需分批收蚁。

收蚁过早，因蚁蚕还在陆续孵化，势必增加收蚁批数，且蚁蚕口器嫩，易损伤，食桑不便，部分未孵化或刚孵化的蚁蚕没有食欲，造成蚕食桑有先有后，将引起蚕发育不齐，加大技术处理难度；收蚁过迟，蚁蚕到处求食，蚁体受饿，体力消耗过多，将导致蚁蚕体质虚弱，且收蚁困难。

（四）收蚁方法

收蚁力求简单易行且迅速，不伤蚁体，不损伤未孵化的蚕卵，尽可能使蚁蚕在座内均匀分布，减少定座工作量，以便定量分区。

1. 散卵收蚁袋收蚁法

散卵可用收蚁袋收蚁，收蚁方法主要有绵纸收蚁法和网收法两种。

收蚁袋：主要用于散卵蚕种收蚁前的盛放，利于蚕种的遮光处理，利于散卵的固定，利于蚕座的成型和处理。

使用方法：将催青好的蚕种（点青卵或转青卵）按定量装入对应的收蚁袋中，封口，轻轻摇动，直到蚕种全部粘在收蚁袋的胶带上（或粘住大部分），然后用青布将其包裹进行黑暗处理，黑暗处理完毕后，打开黑布包裹，将有白绵纸的一面向上放置。

（1）绵纸收蚁法

将引桑撒于收蚁袋绵纸上，待 15～20 分钟后扫掉上边的桑叶，将绵纸四边揭开（沾水湿一湿），将有蚁蚕的一面朝上放置给桑。未爬到绵纸上的蚕，用桑引法引下。

消毒、定座及给桑：收蚁后第一次正式给桑前要进行蚁体消毒。可用复方聚甲醛粉（小蚕防病 1 号）、含有效氯 2% 的防僵粉等粉剂蚕药，均匀撒在蚁蚕上，用药量以撒成薄霜状为宜。然后进行给桑，给桑 2～3 次后，用鹅毛轻拨动，把一张蚕种量的蚁蚕均匀分布在面积为 0.14 平方米左右的蚕座内。

该方法操作费工，操作不当容易伤蚕。

（2）网收法

将引桑撒于收蚁袋绵纸上，待 15～20 分钟后扫掉上边的桑叶，揭绵纸时只将绵纸的 3 面揭开，连同收蚁袋的粘卵纸一同放入蚕匾，为蚁体消毒后加网给桑。

收蚁结束后（下午喂蚕前），抬网除掉下面的纸。

该方法将使蚕座面积过大。

如果收蚁不齐，应将粘卵纸集中起来，仍按补催青的标准保护，待次日早晨再感光收蚁。

2. 传统散卵收蚁法

（1）大白纸收蚁法

①引收蚁：在防蝇网上覆盖一张光面向下的薄白书写纸，在纸的上面撒一层新鲜桑叶，引蚁爬到纸上，约 10 分钟后，去掉桑叶，将有蚁面向下放置，将蚁蚕打落在铺有塑料薄膜的蚕箔内，用以上方法进行 2～3 次即可收完。

②称量：先剪好同样大小和重量的塑料薄膜，将蚁蚕倒在薄膜上进行分称。

③消毒、定座及给桑：与绵纸收蚁法相同。

该方法的特点：方法简单易行，速度快，定座量大，但易伤蚁，适合共育室采用。

（2）网收法

①铺网：感光时在原来的压卵网上加盖一只小蚕网或防蝇网（共两层网），网要铺平直。

②引收蚁：在网上均匀撒上预估收蚁量 4～5 倍重的长条桑叶（3 厘米×0.3 厘米），经 10～15 分钟蚁蚕全部爬上桑叶后，提取上面的一只网，移放到垫好蚕座纸的蚕箔里，盖上防干纸或打孔薄膜（孔径 3 厘米，孔距 5 厘米，四边留 5 厘米不打孔），置于蚕架上。

③消毒、定座及给桑：与绵纸收蚁法相同，给桑 2～3 次后，除去蚕网。

该方法的特点：方法简单，不伤蚁，但不能定量分区，适用于农户自行收蚁。

（3）打孔薄膜法

①盖膜：收蚁时在摊好的蚕卵上盖一张长 40 厘米、宽 30 厘米的打孔薄膜（孔径 3 厘米，孔距 5 厘米，四边留 5 厘米不打孔）。

②撒上收蚁长条桑叶（3 厘米×0.3 厘米），经 15 分钟左右，蚁蚕爬上薄膜后，抬起薄膜将蚁蚕倒在另一只铺有蚕座纸的蚕箔上，盖上防干纸或打孔薄膜，置于蚕架上。

③消毒、定座及给桑：与网收法相同，给桑 2～3 次后，除去打孔薄膜。

该方法的特点：方法简单，不伤蚁，但不能定量分区。

散卵收蚁的方法

3. 平附种收蚁方法

(1) 倒伏桑引法

①第一次称重：称蚕连纸（带卵）的重量，记载于蚕连纸角上。

②引收蚁：将孵化约 2 小时的蚕连纸打开，将蚕连纸和绵纸有蚁蚕的一面朝上，将切好的收蚁长条桑叶（3 厘米×0.3 厘米）薄薄地撒放在蚕连纸和绵纸上，撒叶面积与蚕连纸面积一样，后将蚕连纸（蚁蚕向下）覆盖在桑叶上，约 10～15 分钟后，蚁蚕爬到桑叶上，揭开蚕连纸。

③第二次称量：再称蚕连纸重量，前后两次重量之差即为实收蚁量。

④消毒、定座及给桑：收蚁后在第二次给桑前用含有效氯 2% 的防僵粉在蚁体上薄薄地撒上一层，约 10 分钟左右后再撒焦糠，然后给桑、定座。

该方法的特点：方法简单，不伤蚁，但不能定量分区。适合于农户自行收蚁。

(2) 纸收法

①第一次称重（称纸重）：将薄白书写纸（绵纸）进行称量，并作好记录，同时用该纸包种。

②引收蚁：收蚁前先在包种纸外面撒上一些桑叶，15 分钟后去掉桑叶，打开包种纸。

③第二次称重：称出蚁蚕和包种纸重量，减去包种纸重量即得蚁蚕重量。

④消毒、定座及给桑：与倒伏桑引法相同。

该方法的特点：方法简单，不伤蚁，能定量分区，但收蚁速度比较慢。

(3) 打落法

①打落：将蚕座纸垫在经过消毒处理的蚕箔内，把孵化约 2 小时的蚕连纸打开，将蚕连纸和绵纸有蚁蚕的一面朝下，一人抓紧两端，另一人用蚕筷敲击蚕连纸和绵纸的背面，将蚁蚕震落于蚕座纸上，少数蚁蚕用鹅毛扫下。打落时蚕连纸离蚕座纸不能太高。

②称量：将打下的蚁蚕进行称量。

③消毒、定座及给桑：与纸收法相同。

平附种收蚁方法

（五）收蚁后蚕种的处理

收蚁后未孵化的蚕卵继续进行补催青，待第二天再收蚁。

思考题

1. 什么叫催青？为什么要进行催青？

2. 催青前应做好哪些准备工作？

3. 确定春蚕期催青日期主要依据是什么？

4. 你能按顺序说出胚胎的发育时期和代号吗？

5. 各气象环境对蚕的化性有何影响？是在什么时候产生影响的？

6. 怎样才能提高蚁蚕一日孵化率？

7. 为什么出库后胚胎未发育至丙$_2$以前要用 15℃ 的温度保护 2～3 天？

8. 为什么在出现 20％～30％ 的点青卵时要采取遮光保护？

9. 请你说出用氢氧化钠浸渍解剖蚕卵的步骤。

10. 什么叫补催青？补催青应注意哪些问题？

11. 共育室收蚁如何估计实收蚁量？

12. 收蚁前应做好哪些准备工作？

项目五 蚕的饲养技术

任务一 小蚕饲养

养蚕生产上饲养的常规蚕品种幼虫期需要经过 4 次就眠蜕皮，有 5 个龄期。通常把一至三龄蚕称作小蚕（稚蚕），四至五龄蚕称作大蚕（壮蚕）。小蚕和大蚕在形态、生理等方面都有明显的差别。大蚕和小蚕对桑叶的营养及气象环境的要求不同，对病原的抵抗力不一样，小蚕期是充实体质和促使群体发育整齐的重要时期，是对不良条件抵抗力较弱的时期，养好小蚕是实现蚕茧丰收的基础。俗话"养好小蚕一半收"，充分说明了小蚕饲育的重要性。必须充分认识小蚕的生理特点，积极创造适合小蚕生长发育的环境条件，才能养好小蚕。

一、小蚕的生理特点与要求

小蚕有其特殊的生理特点与要求，总结如下：

①小蚕对高温多湿的适应性强。小蚕体表面积比大蚕小，但单位体重体表面积比大蚕大，散热容易；小蚕的气门于体躯的占比较大，加上皮肤薄，体壁的蜡质层薄，蜡质含量少，蚕体内的水分容易散失，其体温容易通过水分的散失而降低。小蚕体温一般较室温低 0.5℃左右。所以小蚕对高温多湿的抵抗力较强，对低温和干燥的抵抗力较弱。小蚕对高温多湿的抵抗力，以一龄最强，之后随着龄期增长而逐渐减弱。

根据小蚕的生理特点，小蚕期应保持高温多湿的环境，以保证蚕生长发育正常进行。同时多湿可保持桑叶新鲜，既可减少给桑回数，节省桑叶和劳力，还能使蚕充分饱食。相反，若遇低温多湿或干燥的环境，小蚕将行动滞缓、食桑缓慢，眠起不齐，导致蚕的龄期经过延长，蚕体大小不一，对蚕茧产量和质量有很大影响。因此，小蚕适宜在 25℃以上的高温（不超 28℃）及 80％以上的多湿环境中饲养。

②小蚕生长发育快、对桑叶质量要求高。蚕从蚁蚕长到五龄蚕，体重增加 10000倍，蚕体表面积增大约 500 倍，体长增加 25 倍。小蚕的生长发育快，特别是一龄蚕生长最快。蚕体重在一龄期增加 12～16 倍，二至三龄期较前龄增加约 6 倍，四、五龄期较前龄仅增加 4～5 倍。单位时间内的成长速度，小蚕远比大蚕快，所以养蚕生产上必须保证小蚕的用桑质量，必须严格选用含蛋白质、水分丰富，碳水化合物适量，又比较柔软的适熟桑叶，以适应其迅速成长的需要。同时由于小蚕成长快，饲育温度高，给桑

回数少而间隔时间长，饲育小蚕时必须超前扩座，经常匀座，防止蚕拥挤和食桑不足，使蚕分布均匀，食桑充足，发育齐一。

③小蚕对病原抵抗力弱。蚕对各种病原的抵抗力，随蚕龄的增大而增加，一龄蚕最弱，五龄蚕最强。如果以一龄蚕的病原抵抗力为 1，则二龄蚕为 1.5，三龄蚕为 3，四龄蚕为 13，五龄蚕为 10000～12000。因此，小蚕期应特别注意消毒防病，防止病菌感染，大蚕期发生的蚕病，一般与小蚕期的轻微感染有关，小蚕期要特别注意蚕室及用具的彻底清洗、消毒和防病工作。

④小蚕对二氧化碳的抵抗力强，但对有毒气体抵抗力弱。小蚕由于呼吸量小，且气门与体表面积之比大于大蚕，气管短，气体交换比大蚕容易，故对二氧化碳的抵抗力强，适宜覆盖饲育或密闭饲育。一般条件下，空气中二氧化碳的浓度为 0.03%，蚕座中二氧化碳浓度只要在 1% 以下，即对小蚕无妨害。小蚕期采用覆盖饲育或密闭饲育时，只要注意适当换气即可。在蚕室内产生的气体除二氧化碳外，还有一氧化碳、二氧化硫、氨等，都是对蚕有害的气体。为此，小蚕期应注意适当换气，此外也应使蚕避免接触农药、烟草等。

⑤小蚕活动范围小，感觉能力弱。桑叶内有不少挥发性物质，这些物质能吸引蚕向桑叶方向移动。但小蚕对桑叶的感知距离较短，活动范围小，特别是一龄蚕的活动范围更小，一次食桑时间短。一龄蚕的移动距离为 10 厘米，二龄蚕为 16 厘米，三龄蚕为 39 厘米，因此，小蚕一定要精心饲养，切叶和给桑要均匀，蚕座要平整，使蚕都能吃到新鲜桑叶，发育齐一。

⑥小蚕就眠快，眠期短。小蚕就眠快，眠起齐，眠期经过短，在正常温度条件下，一般一、二龄蚕眠中经过为 20～22 小时，三眠约为 24 小时，四眠（大眠）最长，需 40～45 小时，因此，眠起处理必须及时，原则上加眠网和饷食宜早不宜迟，应比大蚕期偏早。

⑦小蚕趋光性和趋密性强。小蚕每次给桑前要注意做好匀蚕工作，使室内光线保持均匀。

二、小蚕饲育型式

生产上小蚕期都采用防干育，既能保温、保湿，保持桑叶新鲜，有利于蚕的生长发育，又能省桑叶、省劳力、省成本。也就是说，现行小蚕饲育型式与方法的共同目标是提高饲育环境的保温、保湿能力，保持桑叶新鲜，使蚕健康饱食，并在此基础上节约投资、提高劳动生产率。

因防干方法不同，防干育又分为炕房育、覆盖育、箱饲育、片叶立体育和土炕蚕棚育等饲育型式。

（一）炕房育

1. 概念

炕房育是在小蚕室内砌建烟道加温，饲养人员直接在蚕室（炕房）内操作的饲育型式，也即在密闭性能相对较好的蚕室内砌设地下烟道（地火龙）进行加温、补湿，并直接在该蚕室内搭蚕台、放蚕架或用饲育框养蚕的饲育型式。该型式适用于饲养数量较多的农户或小蚕共育，我国新老蚕区都可以采用，尤其是北方气候干燥地区，可以充分发挥炕房高温多湿、易于保持桑叶新鲜、好养小蚕的优越性。

2. 特点

①温度好：炕房育利用地下烟道散热加温，温度均匀、平稳。

②补湿易：在烟道的沙上洒水，水分随着烟道散热不断蒸发，为蚕室进行补湿。

③空气新鲜：因采取间接升温的方法，能使燃烧产生的不良气体全部排出室外，可防止小蚕煤气中毒，保持空气新鲜。

④营养好：因保温、保湿性能好，能保持桑叶新鲜。

⑤燃料来源广：不受燃料种类的限制，可用煤、柴、草等。

3. 小蚕炕房共育的条件

（1）养蚕配套设施

小蚕共育必须有专用的共育室、贮桑室、消毒灶、消毒池以及足够的蚕具。共育室除具备天花板、对流窗、白墙壁和水泥地面外，还需有地火龙或其他升温、补湿设备，能够有效地控制蚕室的温湿度。

（2）有小蚕专用桑园

小蚕共育一定要有专用的桑园，避免每家每户轮流投叶。专用桑园应栽植适宜小蚕用叶的桑品种，如新一之濑、黑油桑、转阁楼等。栽植形式以低干成片为主，并应加强肥培管理及病虫害防治。

（3）有懂技术、善经营的人专门管理

小蚕共育一般是几十张或上百张蚕种集中在一起饲养，如果技术处理不当，损失极大，必须选用技术熟练的人专门饲养。同时，集中共育的管理工作也很重要，应加强领导，有组织、有计划地进行小蚕共育。不具备共育条件不可强行采用共育形式，力求保证共育的质量和信誉。

4. 饲育要点

（1）养蚕前做好试烧和消毒工作

养蚕前要进行试烧，调查炕内温度变化情况，检查烟道有无漏烟现象，同时摸清温度变化规律，以便调节。小蚕共育，消毒防病工作尤为重要，养蚕前必须进行全面的清洗、消毒，蚕室四壁和天花板必须用新鲜石灰浆粉刷，蚕具要用石灰水浸泡或用高温消毒灶进行蒸汽消毒，室内外用漂白水喷洒消毒。所铺黄沙应取出淘洗，再晒干铺好。消毒后打开炕门，待药味散尽后使用。养蚕期间，因炕内湿度大、温度高，病原容易繁殖，易发生真菌病，各龄起蚕必须用防僵粉或防病1号进行蚕体、蚕座消毒，养蚕结束后，蚕室和蚕具须用漂白粉消毒再进行清洗，以防病原传播。

（2）严格掌握温湿度标准

一至二龄蚕的饲育适温为26～28℃，干湿差为0.3～0.5℃，三龄蚕的饲育适温为25～26℃，干湿差为1～1.5℃，眠中较饲育温度降低1℃，干湿差为1.5～2.5℃。

加温时防止温度忽高忽低，切忌烧猛火，温度增至目的温度以下1℃时应停火，余热便可使室温达到目的温度。补湿在每回给桑结束后进行，在黄沙或地面上洒清水，或在蚕架下挂湿帘。

（3）适当换气

换气可以结合给桑同时进行，一、二龄期适当开放门窗，进入三龄期后，蚕呼吸量逐渐增大，应注意经常换气，促进室内空气新鲜。

（4）掌握好给桑量和给桑回数

小蚕发育快，小蚕期应注意选采各龄适熟的桑叶，保持桑叶新鲜，给桑量要适当。给桑少了，蚕要受饿；给桑多了，易发生钻沙蚕。小蚕炕房育每日只给桑 4～5 回，每回给桑的间隔时间长，为了使蚕充分饱食，应适当掌握每回的给桑量。蚕座面积最好固定，如果每平方米的蚕座面积在一龄期可容纳一张蚕种所孵蚕量，二龄期则只能容纳 0.5 张蚕种所孵蚕量，三龄期只能容纳 0.25 张蚕种所孵蚕量。在此面积上，一龄期每回可给桑 1～1.5 层，二龄期给桑 2～2.5 层，三龄期给桑 2.5～3 层。照此计算，每张蚕种一龄期需用桑 1～1.5 千克，二龄期用桑 3.5～4 千克，三龄期用桑 13～15 千克。

（5）做好扩座工作

小蚕发育快，必须超前扩座，每天上午、下午各扩座一次，每次给桑前匀座，使蚕头分布均匀，稀密适当。因蚕架上下层四周温度有差异，应结合给桑，每天调换蚕箔位置 1～2 次。

（6）眠期处理

一般一龄期可以不除沙，二龄期蚕起、眠时各除一次沙，加眠网宜稍早，饷食要适时，用叶力求新鲜适熟并偏嫩。

（7）把好分蚕关

为了保证共育的质量，分蚕前应先进行除沙、消毒，并按用户合同清点好数量。根据用户路途远近，提前通知养蚕户做好领蚕准备，在发蚕时应给足最后一次桑，切忌只发蚕不给桑。整个分蚕过程中做到不失蚕、不伤蚕、不饿蚕、不感染蚕病，有条不紊地进行。

（二）覆盖育

1. 概念

覆盖育是采用塑料薄膜或防干纸覆盖在蚕座上进行小蚕饲养的方法。该方法能减慢空气流速，保持蚕座内的温湿度，防止桑叶萎凋，保持叶质新鲜，可提高蚕的食下量和消化量、减少给桑回数，使蚕吃饱、吃好，眠起齐一，节省桑叶和劳力，是一种简便易行的方式。

2. 塑料薄膜覆盖育

由于小蚕消耗的空气较少，不怕闷湿，因此可利用塑料薄膜的保湿性能保持桑叶的新鲜。养蚕用的薄膜可选聚乙烯塑料或聚丙烯塑料。

（1）薄膜特点

薄膜质地柔软、坚韧耐用、容易消毒，保湿性能强，使用方便。

（2）养蚕优点

该方式能保持桑叶新鲜，使蚕的营养条件较好，还能节省桑叶和降低养蚕劳动强度。

（3）塑料薄膜的准备

每张蚕种需准备长 1 米、宽 0.8 米的薄膜 8 张。在一些多湿地区，塑料薄膜需要打孔以增加透气性，孔的大小以蚁蚕钻不出来为宜，孔距 2~3 厘米。但用有孔的塑料薄膜覆盖时，四周必须折叠，以减少蚕座水分的蒸发，保持桑叶新鲜。

（4）使用技术

不同龄期塑料薄膜的使用方法有变化，一般一至二龄期上盖下垫，四边折叠，称为"全防干育"，三龄期只盖不垫，称为"半防干育"。具体做法为：收蚁时将塑料薄膜垫在蚕箔里，上面再铺一张蚕座纸，经收蚁定座给桑后，再在蚕座上盖一张打孔塑料薄膜，四边折叠，使其密闭，每次给桑前的半小时揭去上盖的塑料薄膜进行换气。揭膜还可促使蚕座干燥，并增强蚕座上的光照强度，使下面的蚕向上爬，防止出现钻沙蚕。揭膜后进行扩座、匀座和给桑。阴雨多湿时，揭膜时间可适当提早，给桑后立即重新覆盖。眠中要将用过的塑料薄膜及时洗干净，再用甲醛液消毒，晾干备用。

（5）饲育温湿度

饲育温度与炕房育相同，但干湿差应保持为 1.5~2.5℃，过干时要注意补湿。

（6）给桑

采用塑料薄膜覆盖育，桑叶保鲜效果好，每昼夜给桑 3~4 回，也有推行省力化养蚕的，每昼夜只给桑两回。

（7）注意事项

覆盖在蚕座上的塑料薄膜常有小水滴，是蚕座内水汽遇低温在薄膜上凝结的缘故，在内外温差变化大时，更易发生，可用清洁布擦干。

3．塑料薄膜围帐（台）育

该方式是用聚乙烯薄膜，在蚕室内将蚕架（台）前后左右围成围帐，在围帐内加温、补湿，给桑时开启薄膜门帘、抽出蚕箔给桑的饲养形式。这种形式既可保温、保湿，又可节省加温的燃料。其加温方法是在蚕架下设置地火龙，在地火龙上面再铺清洁的 2~3 厘米厚的黄沙，作散热和补湿之用。用此方法，养蚕户可以避免在高温多湿中进行饲养技术操作，减轻劳动强度。围帐育密闭性差，保温、保湿性能不如炕房育。为了保持桑叶新鲜，需要配合使用塑料薄膜覆盖育技术，才能取得良好的饲养效果。小蚕塑料薄膜围帐育在共育结束后，将薄膜围帐拆除即可饲养大蚕。

4．塑料薄膜盒帐育

该方式主要由蚕盒和塑料薄膜帐子组成，蚕盒由木筐和塑料筐构成，重叠后在外面套上塑料薄膜帐子。加温、补湿均在围帐外面进行，给桑时或眠中去除围帐。围帐可以减少蚕框内温度波动，提高湿度，减少桑叶凋萎失水，促进蚕饱食。

（三）箱饲育

箱饲育是用木制或塑料制的饲育箱（盒）饲养小蚕的方法。饲育箱一般长 70~80 厘米，宽 40~50 厘米，高 9~10 厘米。箱底垫蚕座纸，收蚁时直接将蚁蚕放入箱内饲养，每日给桑 2~3 回，给桑后将若干个箱重叠起来，使蚕与外界环境隔离，箱内形成一个保温、保湿、黑暗的微气象环境，桑叶能在较长时间内保持新鲜，同时可避免虫伤鼠害。给桑前15~20分钟开箱换气，眠中不密闭。

（四）片叶立体育

1．概念

片叶立体育（如图5-1-1所示）是将桑叶叶片穿连成串，垂直搁挂在饲育框内，蚕在蚕座中呈立体状分布的一种省力化饲育方式。片叶立体育一日给桑一次，节省桑叶和劳力，具有使桑叶保鲜、蚕粪和饲料分开的特点，利于蚕的健康生长，能起到增产增收的效果。总之，它具有省工、省叶、省蚕室的优点。

2．制作饲育框

饲育框可用木条或木板制作，每张蚕种需制备长100厘米、宽63厘米、高39厘米的木框4只。在框的两长边加一根可上下移动、用来搁挂桑叶串的横档，以便在叶片大小不同时进行升降。框的四周和底部用塑料薄膜包好钉牢，上面开口设有可揭盖的塑料薄膜。准备长63厘米的铁丝100~120根，用于穿叶。

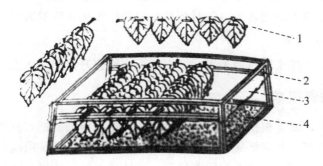

1—穿叶棒；2—活络横档；3—塑料薄膜；4—饲育箱底。

图5-1-1　片叶立体育

3．收蚁

收蚁前先平穿叶串，用铁丝从叶片靠近叶柄的主叶脉的两侧穿过，使叶面平展不折转。收蚁时，将叶串叶背向下平摊在压卵网上，待蚁蚕爬上叶串后提起叶串，移到饲育框内搁挂，搁挂高度以叶尖稍触框底为宜。叶串搁好后，将框口的塑料薄膜盖好，以利保湿。

4．给桑

待桑叶吃尽后再给予新的叶串。一龄期可直接在原残叶串上夹加一棒新叶串，两叶串要叶背相对紧紧靠拢，使蚕爬至新叶串上进食。

二、三龄期的叶串要改成直穿，铅丝从靠近叶柄的主叶脉上穿过，使叶片的上表面同向并与铅丝垂直成串。二、三龄期给桑，可在残叶串夹上加一棒或二棒新叶串。叶串之间、叶片之间的距离应根据蚕体大小和桑叶叶形等进行调节，做到疏密得当，以便蚕取食。每天给桑一回，换叶一回。

5. 除沙

每天给桑时要把落在底部的蚕粪清除掉，第三日给桑时要取出第一日的残叶串。

6. 眠起处理

各眠期应采取早止桑、迟饷食的办法促进蚕发育整齐，发育迟的蚕应提出另行穿串饲养。

7. 消毒防病

每龄期调换饲育框时，应进行清洗消毒。每次饷食时和除沙前用防僵粉或新鲜石灰进行蚕体、蚕座消毒，撒药时将叶串提起稍倾斜。

8. 温湿度调节

片叶立体育应该用地火龙或电热自控加温补湿装置加温、补湿。

9. 注意事项

①各龄用桑和每串叶片的老嫩力求一致，以免蚕发育不齐。

②在框底和叶串间放几片零星桑叶，以帮助掉下的蚕上爬。

③应根据各叶串上蚕的多少，随时调整叶串的位置和穿叶的数量。

（五）土炕蚕棚育

该方式指在室外挖土坑搭棚子养蚕。土坑下应修建升温柴灶，土坑周围筑墙。

三、小蚕饲养技术

蚕的饲养技术，就是根据蚕的生长发育规律，人为地创造适宜蚕生长发育的环境条件，保证蚕健康发育，并降低成本，提高劳动生产率，以获得优质高产蚕茧的综合技术措施。"养好小蚕一半收"，小蚕阶段养好了，蚕体质强健，能提高对不良环境和病原的抵抗力，为养好大蚕打下基础。

（一）桑叶的采摘和运输

桑叶是蚕生长发育的物质基础，桑叶质量的优劣直接关系到蚕茧的产量和质量。根据蚕的生理需要和发育程度，采摘一定数量质地优良的桑叶，并保持桑叶新鲜，为蚕的饱食创造条件，是实现蚕茧丰收的重要一环。

1. 桑叶选采标准

小蚕期是蚕充实体质的阶段，选好小蚕用桑是保证蚕体质强健、发育整齐的重要环节，所以一定要保证小蚕用叶质量，其中收蚁及一龄期用叶尤为重要，必须选用叶质柔软，水分、蛋白质含量较多，糖类含量适宜，易于蚕消化吸收的适熟叶，使蚕单位时间内的食桑量和消化量达到最大，不用未成熟叶或老叶。

2. 桑叶选采方法

小蚕期适熟叶的选采一般以叶色为标准，参考叶位及桑叶软硬、厚薄程度进行。此外，还可参考桑叶含水率、蚕咬食程度及就眠率进行判断。

（1）叶色、叶位及质地软硬

桑树发芽后，随着叶片的生长，叶的色泽、厚度等有着明显的变化。在一根枝条上，叶色的变化呈如下规律：顶上的叶薄、柔软、嫩绿，往下逐渐增厚、趋硬、增绿。叶位的营养变化呈如下规律：上部叶含有丰富的水分和蛋白质，糖类较少，随着叶位向下，水分和蛋白质相对减少，糖类增多。

春季小蚕期各龄用叶标准如表 5—1—1 所示。

表 5—1—1　春季小蚕期各龄用叶标准

项目	叶色	叶位
收蚁	黄中带绿	芽梢顶端由上而下的第 2—3 位叶
一龄	嫩绿色	芽梢顶端由上而下的第 3—4 位叶
二龄	将转浓绿色	芽梢顶端由上而下的第 4—5 位叶
三龄	浓绿色	芽梢顶端由上而下的第 5—7 位叶（又称三眼叶或止芯叶）

夏蚕期：一龄期选采春伐桑顶端第 2—3 位叶或夏伐桑新梢下部叶，二龄期采春伐桑顶端第 4—5 叶或夏伐桑下部叶，三龄期采夏伐桑疏芽叶。

秋蚕期：一龄期采枝条顶端第 2—3 位叶，二龄期采枝条顶端第 4—5 位叶，3 龄期选采枝条上中部的适熟叶。

（2）桑叶的含水率

桑叶含水率是判断适熟叶的主要依据。小蚕期用叶的含水率一般要求在 75％～80％，其中一龄期用叶以 78％～80％为好。若含水率不够，应采摘偏上位叶。

（3）苗蚁试喂和残桑观察

关于蚕对桑叶的咬食程度，可在收蚁前用苗蚁进行咬食试验，或在收蚁食桑后取残桑观察获知。上下表皮完全被咬穿成孔，则桑叶过嫩；上表皮未被咬穿，则桑叶过老。以下表皮被食，而上表皮约有半数被咬破为宜。

（4）就眠率鉴定

一龄期适熟叶可根据蚕就眠快慢来判定，凡是就眠率高的，桑叶质量适熟良好。

小蚕期适熟叶的识别

收蚁第一天，从有利于蚕的疏毛出发，满足蚕体对水分的需要，可采摘适熟偏嫩、黄中带绿的第 2—3 位叶，桑品种以湖桑为好，收蚁第二天起选采发芽早、成熟快的桑品种，采桑时应注意春蚕期适当偏嫩，盛食期可适熟偏老。

采叶要根据用桑安排，有计划地进行。小蚕期一般应在叶质好、成熟早的桑园内采摘，三龄期采用三眼叶。但作为条桑育用的桑园，小蚕期不应安排采叶。

小蚕期采叶既要选采适熟叶，注意老嫩一致，做到"四同五无"，即叶色、叶位、软硬、大小相同，无虫害、无病害、无虫粪、无泥叶、无烟灰，又要保持桑叶新鲜，应边选边采边理成叠，并随即将采的桑叶放在垫有湿布的采叶筐内，再盖上湿布，防止桑叶萎凋。

3. 采叶时刻

在天气正常的情况下，采叶分为早采、夕采两次，日中不采。早采应等雾散露干后进行，上午 10 时左右结束。夕采在太阳西斜时即可进行，从时间上看在 16 时以后开始，如果气温高时，可推迟到 17 时以后开始。桑叶是桑树的同化器官，白天利用太阳光、空气中的二氧化碳和来自根部的水分等进行光合作用，合成营养物质。因此，采叶时间不同，叶内所含的养分也有差异。夕采的桑叶，经过一天的光合作用所形成的营养物质多积于叶内，含糖类等营养物质多，但水分较少；早采的桑叶因营养物质已输送到其他部位，叶中含糖类物质较少，水分较多。其具体情况如表 5-1-2 所示。

表 5-1-2　早、夕采所得桑叶的水分和糖分含量比较　　　　　单位：%

项目	6 时（早采）	18 时（夕采）
水分	82.110	74.010
糖分	0.490	0.921

养蚕生产上还要具体掌握天气变化、劳力安排和用叶量情况。一般春蚕期应以夕采为主，以提高桑叶的营养价值，如遇天气干燥时，可增加早上采叶量，以提高桑叶的含水率，干旱时可采带露水叶，阴雨天要在雨前抢采，尽量不采有雨叶；夏秋蚕期应以早采为主，阴雨多湿天气，也可在下午采叶。

通常情况下，夜间和早晨的用桑可以在傍晚采，贮桑时间短，而且营养好；白天各次用叶可以在早晨采，这样，可缩短贮桑时间，桑叶比较新鲜，叶质较好。蚕在盛食期要适当多采，将眠时少采或不采。桑叶贮存量多时不采或少采。

4. 采叶量的估计

采叶前必须正确估计用桑量，采备 0.5~1 天所用的叶量。采叶过多，势必延长桑叶贮藏时间而降低叶质；采叶过少，又会影响饲育工作的正常进行，往往使蚕受饿。

采叶量的估计，通常以每次实际给桑量以及到下次采叶前的 0.5~1 天的给桑量为基础，再根据蚕的发育进度、蚕座面积的扩大程度和现有桑叶贮存量作适当增减。

5. 桑叶的运输

运桑要贯彻随采随运、松装快运的原则，防止桑叶萎凋和受污染，保持桑叶新鲜。如需长途运输，要抓紧时间，最好在早晚进行，并缩短途中时间。桑叶运到贮桑室后，应随即倒出抖松散热，条桑则在解捆散热之后进行贮藏。

（二）小蚕桑叶的贮藏

1. 贮藏的目的和要求

（1）目的

受采桑时刻及天气等因素的限制，养蚕时一般不可能做到随到随吃，而需要贮备一定数量的桑叶，以保证饲育工作的正常运行。如果遇到长期阴雨，日照不足，贮桑还可降低桑叶过高的含水率，提高叶质。

（2）要求

贮桑以能保持桑叶新鲜，不损叶质，且方法简便易行为好。

2. 贮桑时间和环境对叶质的影响

在同一环境下，贮桑时间愈短，桑叶愈新鲜。例如在温度21℃、湿度100％的环境中贮桑，第二天桑叶干物量耗减2.3％，水分量耗减3.5％，到第三天干物耗减量增到3.4％，水分耗减量增至4.1％。干物中以淀粉的消耗量最大，蛋白质也在逐渐减少，脂肪、纤维素的变化则很小。

桑叶在贮藏过程中成分的变化与贮桑环境关系很大。桑叶含水率的变化主要受贮桑室湿度所支配，环境越干燥，从桑叶中蒸发的水分越多。桑叶中干物量的损耗，主要受贮桑室温度的影响，因贮桑过程中，桑叶仍在进行呼吸作用，温度越高，呼吸作用越旺盛，干物的消耗量越多。

在贮桑过程中，如桑叶堆积过多，时间过长，因桑叶呼吸作用所释放的热量不能发散，将使叶堆发热，形成蒸热叶，如桑叶堆积过实，还将引起桑叶发酵、变臭。这样的桑叶不但营养价值下降，而且蚕吃后容易发病。因此，应创造良好的贮桑环境，加强贮桑管理。贮桑时间一般不能超过一昼夜，最好能控制在12~16小时。

3. 失水率与食下率的关系

采回的桑叶要立即放入贮桑缸里贮藏，防止桑叶失水萎凋。从表5-1-3可以看出，桑叶失水10％时，将降低蚕的食下率，失水30％以上时就基本上失去饲料价值。

表5-1-3　桑叶失水程度与蚕的食下率　　　　　　　　　　单位：％

项目	三龄	四龄	五龄
新鲜叶	100	100	100
凋萎10％	90	91	93
凋萎20％	58	58	82
凋萎30％	39	44	62
凋萎40％	21	23	53
凋萎50％	——	13	32

4. 贮桑方法

小蚕期常用的贮桑方法有缸贮法、活叶贮藏法及围席贮桑法。

（1）缸贮法

在缸底盛放清水，上置竹垫，中间放气笼，把采回的桑叶抖松放在气笼四周；亦可将叶理齐，叶柄向下，叶尖向上，沿缸盘放，桑叶放好后，上盖湿布，可以保鲜较长时期，适于一、二龄期少量储桑。

（2）活叶贮藏法

先在贮桑室内砌一贮桑水槽，约宽1米、长4米、高0.3米，池底略倾斜，能盛水也能排水，池底铺一张塑料薄膜，然后放一层约4厘米厚的细石子（石子应事先冲洗和消毒），灌以适量的清水，水面略低于石子面，然后将理齐的桑叶叶尖向上、叶柄向下插入水中，以水面不沾到桑叶为宜，桑叶放好后，在浅池上加一个拱形的塑料薄膜罩子。储桑时每天要换水，以保持清洁。储桑用具都应定期清洗、消毒、晒干，适于一、二龄期贮桑。

（3）围席贮桑法

在地上放一个大圆箔（或方箔），周围用篾席围成圆圈，高约1米，再在中部放一气笼，把采回的桑叶抖松，放在气笼四周，上面盖湿布或湿箔。在贮桑前，要先把篾席四周及箔底喷湿，并经常补湿，确保桑叶新鲜，每次给桑后，必须把桑叶上下翻动，防止桑叶发热变质。这种方法，贮放桑叶量多，适于二、三龄期贮桑。

5. 贮桑管理

桑叶贮藏期间，必须加强贮桑管理，防止桑叶变质。

①贮桑室用具要专用，养蚕室不能兼作贮桑室，贮桑用具不能和室外养蚕用具混杂，并要经常清洗、消毒，保持干爽、清洁，同时，出入贮桑室必须换鞋。

②贮桑室要保持低温多湿，要求湿度在90％以上，温度越低越好。应在后半夜外温低、湿度重时，开门窗换气，导入新鲜空气。贮桑应保持多湿，但不能直接在桑叶上喷水补湿，以免水膜堵塞叶面的气孔，阻碍其呼吸作用，产生有害于蚕的中间产物，时间一长，还会导致叶面发黏，桑叶发黑。湿叶贮藏极易引起细菌繁殖污染。

③贮桑室内的陈叶和新鲜叶要分开贮藏。一般应先采先用，迟采迟用。不同养蚕批次的用叶也要分开贮藏。还要对桑叶加强检查，适当翻动，防止蒸热。

（三）给桑

给桑是养蚕过程中工作量最大的一项技术操作。给桑技术合理与否，不但关系到蚕的生长发育的好坏、蚕茧产量与质量的优劣，而且关系到养蚕成本和劳动生产率的高低。

1. 给桑前的准备

为了便于给桑和蚕取食，利于蚕发育齐一，给桑前要做好准备工作，给桑前的准备工作习惯上称调桑，包括选除不良叶、理叶和切桑叶。调桑时要防止桑叶萎凋、污染和蒸热。

（1）切叶大小

把桑叶切成大小适当而又整齐的叶片，利于给桑均匀，可使蚕食桑均等、发育齐一。但桑叶切小后容易萎凋，且切得越小，萎凋越快。切桑大小，应根据饲育型式、给桑回数、气候情况以及蚕的发育程度等来决定。小蚕普通育每日给桑回数多，切桑宜小，薄膜覆盖育和炕床育一日给桑回数少，切桑宜稍大。环境干燥时，切桑宜大，盛食期切桑可稍大，将眠时宜偏小，以利眠中蚕座干燥，使蚕眠得快、眠得齐。

（2）切桑形式

切桑形式有方块叶、长条叶、粗切叶、木梳叶等。

一般一、二龄期采用大小为蚕体长度 1.5～2 倍见方的方块叶。长条叶宽度约等于蚕体宽度，长度为蚕体的 5～6 倍，眠起处理提引青头蚕时宜用长条叶。粗切叶用于三龄、四龄饷食及大眠前，一般切成三角形或正方形，切法为先将片叶或芽叶自上而下散落，堆成圆形，再在桑堆边缘三侧各切一刀，将切下的桑叶压入桑堆下，然后开始将桑叶粗切成三角形或正方形。有的地方从二龄期开始使用木梳叶，木梳叶的切法如下：先切除叶柄，再沿叶柄到叶尖对半切开，后在每半片桑叶上顺着叶脉斜切 2～3 刀即成。给桑时，叶面应朝上，叶背向下。有条件的，可用切桑机切叶。

几种切桑的方法

2．给桑回数

给桑回数的确定主要依据桑叶萎凋程度而定，而桑叶萎凋快慢主要受饲育湿度影响，与饲育型式有关。此外，还与桑品种、桑叶老嫩、给桑当时的桑叶新鲜程度及其他条件有关。

如果桑叶失水率达 20%，蚕的食下率将显著降低。因此，安排两次给桑的间隔时间，应以桑叶的萎凋程度不超过 20% 为限。防干育的饲育环境多湿，桑叶保鲜好，可隔 8～12 小时给桑 1 回，每昼夜给桑 3～4 回；普通育的环境下，桑叶容易萎凋，每隔 2～3 小时给桑一回，全天需给桑 10～12 回。

3．给桑量

给桑要做到合理，防止过多或过少。因为给桑过多，不但浪费桑叶，而且使残桑多，影响蚕座卫生，容易增加钻沙蚕，导致蚕发育不齐；给桑过少，将使蚕食桑不足，个体瘦小，同样对蚕发育不利。因此，给桑过多或过少都将影响蚕茧产量和质量以及养蚕成本。给桑量的多少，应根据蚕的发育、食桑状态、蚕头稀密、蚕座上残桑多少以及每日给桑回数、气象环境等情况具体掌握。

（1）给桑回数与给桑量

给桑量必须与给桑回数紧密配合，每天给桑回数少时，应增加每回的给桑量，相反则应减少每回的给桑量。

（2）蚕的发育阶段与给桑量

不同龄期的给桑量不同，蚕龄越大，给桑量越多，应掌握小蚕期基本吃净、略有残桑，大蚕期充分吃饱、不留残桑的特点（如表 5-1-4 所示）。

表 5-1-4　各龄用桑比例

项目	一龄	二龄	三龄	四龄	五龄	合计
克蚁用桑量/kg	0.19	0.46	1.85	8.35	75	85.85
占全龄用量/%	0.22	0.54	2.15	9.73	87.36	100

同一龄期的不同阶段给桑量也不同，从少食期、中食期到盛食期，给桑量逐渐增加，过了盛食期，给桑量应逐渐减少。给桑时少食期少给；在各龄初期和将眠时，给桑量要偏少些，以在下回给桑前能吃光为度；盛食期多给，使蚕充分饱食，以蚕座上略有残桑为宜。

各阶段具体情况为：

①少食期：二龄期中，从饷食到皮肤的皱壁伸直的一个时期叫作少食期。这个时期的形态特征如下：皮肤多皱、体色灰白，经过时间约占当时龄期的四分之一。此时，蚕才蜕皮，消化器官刚刚更新，分泌消化液的机能还不很旺盛，消化吸收力较弱，不宜给桑过多，应严格控制给桑量，以在下次给桑前吃光为度。

②中食期：一般少食期过后的第一天为中食期。这一时期的形态特征是：蚕体变细长，体色转青，皮肤上的皱纹逐渐消失。其经过时间约占当时龄期的四分之一。此时，随着蚕的发育，其食欲渐趋旺盛，给桑量应逐渐增加，以每回给桑前蚕座上可见少量残桑为宜。

③盛食期：从中食期终了到进入催眠期前的时间叫作盛食期。这一个时期蚕的形态特征是：蚕体粗长，体色青白，皮肤紧致而有光泽。其经过时间最长，约占当龄的八分之三。此时，蚕的食欲旺盛，食桑量最多，是蓄积养分、为眠中绝食做准备的阶段。因此，必须给足桑叶，使其充分饱食，蚕座上尚有残桑时，就要给桑，养蚕能手的经验是"旺食十分饱"。

④催眠期（减食期）：从盛食期终了到蚕就眠前的时间叫作催眠期。这个时期蚕的形态特征是：体色渐渐转为乳白色，皮肤紧致而发亮，体躯粗短。其经过时间最短，约占当龄的八分之一。此时，蚕食欲开始减退，但仍然要使其饱食，并注意根据蚕的食欲减退情况调整给桑量，防止浪费桑叶和给桑过多，造成蚕座过厚，影响蚕的就眠。

（3）蚕室的气象环境与给桑量的关系

蚕室内温湿度的高低和气流的强弱能直接影响蚕的食欲和桑叶的新鲜度，在适温范围内，温度越高，食欲越旺盛，适当的湿度和空气新鲜度也能促进食欲，给桑量要适当增加，因此给桑时还必须根据蚕室气象环境灵活掌握。一般高温多湿时，蚕生长发育快，食欲旺盛，给桑量应当适当增加，而气温偏低时，应酌量减少；在环境干燥或气流较强时，桑叶萎凋快，应增加给桑回数而减少每次的给桑量，使蚕能经常吃到新鲜桑叶。

（4）叶质与给桑量的关系

桑叶新鲜适熟、叶肉厚、叶质好，在减少给桑回数时，可稍增加给桑量。相反，在桑叶不新鲜、叶肉薄、叶片小时，应增加给桑回数，减少每次给桑量。

（5）蚕品种与给桑量的关系

不同的蚕品种有不同的食桑习性、食下量和食桑状态。因此，给桑量要依不同品种作适当调整。如中国种食桑快，一次食下量多，给桑量宜偏多；日本种食性慢，应适当减少食桑量。一代杂交种，食桑较快，食欲旺盛，应适当增加给桑量。在一代杂交种中，由于蚕品种不同，其食桑速度、食桑量也有差异，因此要根据蚕品种的特性掌握给桑量。

（6）蚕座稀密程度与给桑量

一箔蚕的头数多少与给桑量有密切关系。小蚕具有趋密性，一般蚕座偏密。因此，每回给桑时要注意观察：蚕座密，蚕头数多，残桑少的，给桑量应适当偏多；蚕座稀，蚕头数少，残桑多的，给桑量则偏少。

（7）给桑量与残桑、加网及用药的关系

给桑量还应根据蚕座残桑多少及加网、用药等情况灵活掌握。如残桑少，应稍稍增加给桑量，残桑多时应减少给桑量并推迟给桑；又如在加网或用药前的给桑量应偏少，而加网后的给桑量应稍增加。

总之，给桑量要依据当时的具体情况决定，要看蚕给桑。

4. 给桑适期

养蚕时一般都按计划实行定时给桑，但由于蚕室温湿度、蚕座残叶量及桑叶萎凋程度等情况的变化，原定的给桑时刻不一定就是给桑适期。蚕的胸部膨大，头胸昂举或体躯伸长而静止，体壁呈暗色时，为饱食状态；蚕的胸部稍有透明，体躯伸长，爬动求食，为给桑适期；蚕的胸部透明，体壁宽弛，口吐丝缕时，为饥饿状态，应立即给桑。

5. 给桑方法

小蚕给桑时要求动作迅速，给桑厚薄均匀、疏松平整、不伤蚕体。同时要结合调箔，促使蚕感温均匀，发育整齐。给桑前要做好扩座、匀座和整座工作，使蚕在蚕座上分布均匀，尤其是有趋光性和趋密性的品种，蚕往往聚集在蚕箔的一边，更要注意先匀座后给桑。

一般采用一撒、二补、三匀、四整的方法。撒，即用右手松握切好的桑叶，手心向上，桑叶由指缝中漏出掉入蚕座，撒叶时应先高后低，先蚕座四周后蚕座中央。补，即对大面积缺叶处进行补撒。匀，即对稀密不均处进行匀叶，使蚕座各处给桑厚薄均匀，条条蚕都能饱食。整，即将蚕座外的桑叶扫入蚕座。如果采用片叶或木梳叶给桑，要求叶面向上，叶背朝下，一片片铺平，不能漏空，以便于蚕就食。

给桑应自上而下依次进行，给桑后应立即检查，防止漏给桑。由于蚕室内上下温度有高低，需要调换蚕箔位置，可在给桑的同时进行调箔，使蚕的发育趋于一致。

小蚕给桑的操作

（四）扩座

蚕活动的范围叫蚕座，扩大蚕座的面积叫扩座。小蚕生长发育速度快，因此必须经常扩大蚕座面积，使蚕能正常食桑和运动。蚕过密则相互拥挤，造成食桑不足，发育不齐，同时会因相互抓伤体壁而增加感染蚕病的机会；蚕过稀则残桑多，浪费桑叶，使蚕座陷于多湿，且蚕室、蚕具利用率也低。扩座的目的就是使蚕有适当的蚕座面积，便于蚕的正常食桑运动、经济合理地利用桑叶。

1. 小蚕期蚕座面积要求

蚕座面积通常以每头蚕所占的面积和蚕的生长倍数为基数，再加上适当的活动余地来计算，一般为蚕体面积的 1.2 倍左右，可因饲养环境、饲育型式等作适当增减（如表 5-1-5 所示）。

表 5-1-5　小蚕期蚕座面积和蚕箔用量参考

项目	收蚁当时	一龄	二龄	三龄
蚕座面积/m²	0.12～0.14	0.7～0.8	2.0～2.2	5.0～5.2
大方箔（1.85m×1m）/箔	—	0.5	1	3
小方箔（1m×0.8m）/箔	—	2	3	6
木盒（1.1m×0.8m）/盒	—	1	3	6
木盒（0.8m×0.55m）/盒	—	2	5	11～12

2. 扩座方法

小蚕生长发育快，采用防干育时每天给桑回数少，要求给一次桑，扩一次座，匀一次蚕，防止蚕座整体和局部过密或过稀。小蚕期蚕座的疏密标准如下：一般一、二龄期各蚕间留一头蚕的空隙，三龄期各蚕间留 2 头蚕的空隙。扩座一般在每回给桑前进行。小蚕扩座的方法有卷网或卷纸扩座、条叶扩座、震动扩座和加网扩座等。

（1）卷网或卷纸扩座法

该方法只在收蚁当天下午或当天晚上第一次扩座时使用，具体做法为用双手捏住收蚁时垫在蚕座下的网或纸的两端，向里侧卷动抽出，使纸或网上的蚕座留在原处，蚕座就可扩大，稍加平整即可给桑。

（2）条叶扩座法

该方法适用于一、二龄期，扩座前，改方块叶为条叶，给桑 15 分钟后，待蚕爬上叶面，连叶带蚕移到蚕座边缘即可。三龄期匀蚕和扩座，一般用手将蚕连同残叶一起放到适当位置，使蚕座扩大。

（3）震动扩座法

该方法就是将蚕箔略微倾斜，并在箔底轻轻敲动，使蚕座因震动而扩大的方法，也有用圆棒插入蚕座纸下轻轻摆动而使蚕座扩大的。

（4）加网扩座法

该方法是在蚕座上先加网给桑，等蚕爬上一半，提网另放蚕箔的扩座方法，操作方便，不伤蚕体。

3．注意事项

动作要轻快细致，不伤蚕体，防止蚕上下翻动和蚕埋入蚕沙，而造成钻沙蚕和死蚕，保持蚕座平整；扩座时要结合匀蚕，使蚕头分布均匀，并且不要耽误时间；如果蚕座面积在蚕箔内不能再扩展时，就应加网分箔，并要求在盛食期扩大到当龄最大面积；小蚕期扩座后应撒焦糠。

（五）除沙

蚕座中的残桑、蚕粪、蜕皮壳、吸湿材料及残留消毒药物等废弃物总称为蚕沙。除去蚕沙的操作叫除沙。

1．除沙目的

除沙是为了保持蚕座清洁干燥，减少病原感染机会，防止发生蚕病。如果蚕沙在蚕座中堆积过多，时间过长，会造成蚕座蒸热、多湿，还会散发出不良气体和水分，影响蚕的体温和蚕体水分的蒸发。同时多湿环境利于病原繁殖，将增加蚕染病的机会。所以及时除沙是养蚕过程中非常重要的一项防病保健措施，尤其在夏秋蚕期高温多湿时，除沙工作显得更为必要。

2．除沙种类

因时期不同，除沙分为起除、中除和眠除三种。

起除：蚕每次蜕皮后的首次除沙，一般在起蚕给桑两回后进行。

中除：起除和眠除之间的各次除沙的统称。

眠除：在蚕将眠前加网除沙。眠除能使蚕座清洁干燥，蚕就眠齐一。

3．除沙次数

除沙次数从蚕的生理上讲，以多为好。但生产中如除沙过多，不但费工，蚕受伤和遗失的机会也将增加，而且还会影响蚕食桑。因此，在不影响蚕生理的情况下，应减少除沙次数。目前，小蚕期普遍采用防干育，给桑回数少，沙薄，通常在一龄期不除沙，如沙厚可提早眠除一次。

除沙次数要随蚕发育相应地增加。二龄期起除和眠除各一次，三龄期起除、中除和眠除各一次。

4．除沙方法

除沙一般采用网除法，所用网主要为棉制线网和塑料网。在每次除沙之前，先在蚕座内撒上一些石灰或焦糠之类的吸湿材料，然后加上蚕网，待两次给桑之后再将蚕抬到另外的蚕箔中饲养，把原来蚕箔中的蚕沙倒掉。

5. 注意事项

①除沙尽可能在白天进行，避免遗失蚕，夏秋蚕期要避免在日中高温时除沙。

②除沙动作要轻，勿伤蚕体，尤其起除和眠除要轻捉轻放。

③除沙中发现病弱小蚕要用蚕筷拈出，放入消毒钵内，切勿乱丢或喂家禽。

④除沙前应在地上先垫塑料薄膜，并准备好沙筐，不可将沙直接倒在蚕室地上。除沙完毕后，蚕室地面要打扫干净并消毒，换出来的蚕网和塑料薄膜要清洗、消毒、晒干待用。

⑤清除的蚕沙应尽快搬出蚕室，蚕沙不能在室外堆积或摊晒，也不能直接作为桑园肥料，须先集中到蚕沙坑里，经发酵后方可用作肥料，切不可乱堆乱放。

⑥养蚕人员除沙结束后要先洗手再做调桑、给桑工作，鞋底上黏附的蚕沙要清理干净。

扩匀座与除沙

（六）气象环境的调节

1. 温湿度的调节

在各种气象环境因素中，以温湿度对蚕生长发育的影响最大，小蚕期温湿度的调节尤为重要。个别地方养蚕之所以单产低、茧质差、发病率高，与养蚕中不能控制温湿度有很大的关系。

根据小蚕的生理特点，小蚕期在适温适湿的范围内，偏高温多湿饲养，有利于蚕生长发育。但蚕在不同龄期所需的温湿度标准不同，而且还因饲育型式、蚕品种、叶质条件及养蚕习惯等不同而不一样。小蚕常采用防干育，其温湿度标准如表 5-1-6 所示。

表 5-1-6　小蚕饲育温湿度标准

龄期	温度/℃	相对湿度/%	干湿差/℃	备注
一龄	27~28	90~95	1~1.5	眠中降温 1~2℃，干湿差 1.5~2℃
二龄	26~27	85~90	1~1.5	眠中降温 1~2℃，干湿差 1.5~2℃
三龄	25~26	80~85	1.5~2	眠中降温 1~2℃，干湿差 2~2.5℃

在温度调节过程中，应特别注意收蚁后 24 小时疏毛期的温湿度调节。疏毛期的温湿度控制，关系到蚕体发育的匀整度，是养好小蚕的关键之一。收蚁后的疏毛期应该用适温范围中偏高的温度饲育，以保证蚕疏毛齐一，减少伏蚕。

下面就生产实践中经常出现的一些不良气象因素介绍调节方法。

（1）高温干燥时的调节

高温干燥时主要是防高温，应补湿降温。

①在蚕室四周种树或搭凉棚，窗门口挂湿草帘。

②日中气温较高时，酌情关闭门窗，傍晚气温较低时，开门窗导入冷空气，傍晚还可将蚕移到室外饲养。

③在室内喷洒冷水，降温补湿，并放低蚕座。

④用叶要新鲜，日中高温干燥时可给湿叶，适当增加给桑回数，扩大蚕座，使蚕饱食。

（2）高温多湿时的调节

湿度过大时会造成蚕室闷热。在这种情况下，除了采取降温措施，还应加强通风换气，并采取相应的技术措施。

①适当开放南北门窗，用风扇使室内空气流动，消除闷热。

②搭建凉棚，挂草帘，防止室温升高。当外温降低时，即卷起草帘，开放门窗，导入凉气。

③给桑前在蚕座上撒干燥材料，并稀放蚕座。

④适当增加给桑回数，同时应减少每回给桑量，多撒焦糠、石灰等吸湿材料，防止蚕座蒸热，夜间气温下降、蚕食欲旺盛时，应使蚕饱食。

（3）低温干燥时的调节

低温干燥时应适当加温补湿。

①室内升温时应使温度逐步升高，防止温度激变，在升温时同时要注意补湿，可在升温炉上烧水，在火源上放置水盆，利用蒸发的水蒸气补湿，也可使用电热补湿器补湿。

②关闭门窗，但要注意适当换气，换气前可升高室内温度，或在外温较高时进行。

③给予新鲜桑叶，减少每回给桑量，适当增加给桑回数。

（4）低温多湿时的调节

低温多湿时应注意及时升温，同时进行排湿。

①升温并适当开放门窗，进行换气排湿。

②适当减少给桑量，不使蚕座残桑堆积，防止蚕座冷湿。

③勤除蚕沙，多撒吸湿材料，适当增加除沙次数，保持蚕座干燥。

2. 换气

小蚕期因呼吸量小，一般不需要进行大规模的换气，但由于在一个较小范围内，饲养蚁量较集中时，特别是采用火缸、火炉升温的，室内空气容易污浊。据调查，下垫、上盖打孔塑料薄膜的蚕座，经过 5~6 小时二氧化碳浓度可达 6% 以上。因此，小蚕期也应适当进行换气。一般一、二龄期可结合给桑进行换气，给桑前半小时揭开薄膜，小蚕期不需要大的气流，每昼夜换气 2~3 次，每次换气 5~10 分钟，就可达到换气要求。进入三龄期后，蚕逐渐增大，给桑量和排粪量增多，要多开门窗，增加换气次数。换气时，应注意避免室温降低过多，影响蚕生理。

3. 光线的调节

小蚕饲养对光照没有需求，小蚕期趋光性强，蚕常会聚集在光线较明亮的一侧，造成蚕头分布不匀，影响食桑的均一性，使蚕发育不齐。因此，蚕室内应保持明暗一致的分散光线，并保持昼明夜暗的自然状态。同时蚕室要避免强光直射，以免局部温度升高，桑叶萎凋。

气象环境的调节

（七）眠起处理

1. 概念

眠起处理是指各龄蚕从就眠开始到眠起后给第一回桑之间的技术处理。蚕的眠和起是龄期的转变过程，眠起处理是养蚕过程中比较重要的技术环节。

2. 眠蚕、将眠蚕、青蚕及起蚕的特征

眠蚕：胸部膨大发亮，体壁紧致，头胸昂举，不食不动，在胸头交接处出现三角形褐斑。

将眠蚕：胸部膨大发亮，体壁紧致，不食不动，无三角形褐斑。

青蚕：体色青灰，体细长，有寻食举动。

起蚕：体壁多皱，略带黄色，头部偏大，灰白头部渐渐变为褐色。

眠蚕、将眠蚕、青蚕、起蚕及熟蚕的区别

3. 意义

蚕眠起是新皮形成、旧皮蜕去的过程，表面上蚕虽然不食不动，然而蚕体内正在进行急剧的生理活动，营养消耗较多，对外界环境极为敏感，对不良环境抵抗力弱，如果处理不当，会削弱蚕的体质，影响蚕的发育整齐度，容易诱发蚕病，并带来操作上的麻烦，增加工作量。因此，眠起处理是养蚕过程中重要的技术环节，且技术性较强。

4. 眠起处理的技术

眠起处理在处理方法上，要求通过个体观察、照顾好大多数，做好群体处理。根据

眠起进程，眠起处理可分为眠前处理、眠中保护和饷食处理三个阶段，总的要求是眠前吃饱、眠中管好、饷食适时。

（1）眠前处理

该环节包括饱食就眠、适时加眠网和提青分批等工作。

饱食就眠：蚕过了盛食期，食欲减退，体壁紧致发亮，略吐丝缕，这是就眠的先兆，此时即催眠期。蚕在就眠前，如食桑不足，将使蚕体质虚弱，容易发病。因此，这段时间必须使蚕吃足桑叶，防止眠前受饿，保证蚕体内积蓄足够的营养，以供眠中和蜕皮时消耗。为此，在盛食期将蚕座扩大到当龄最大面积的基础上，用叶要新鲜，适熟偏嫩，边缘四角处处给到，务必使所有蚕饱食，并要加强观察，根据蚕的食欲、就眠情况适当增加给桑回数，控制给桑量，做到逐次减少，防止蚕座厚、冷、湿和桑叶浪费。

适时加眠网：为了改善眠中环境条件，保证蚕座清洁干燥，在蚕就眠前要加网除沙，在全部或绝大多数蚕入眠后要停止给桑，并在蚕座上撒干燥材料。适时加网除沙是做好眠起处理的第一步。眠网加得过早，除沙后仍要喂较多桑叶，眠中残桑多，蚕沙厚，蚕座潮湿，容易使蚕就眠不齐，同时影响眠蚕健康。但加网过迟，则网下的眠蚕多，除沙处理困难，容易增加遗失蚕和半蜕皮蚕。

适时加眠网，主要根据蚕的发育程度即体形、体色及食桑行动变化来决定。正确的加网时间应掌握在蚕就眠前12~18小时。一龄蚕在盛食期后，身体开始发亮，体色变成炒米色，有部分蚕身上粘上蚕粪粒呈"头顶沙"时为加网适时，但一龄期沙薄，可以不加网，而通过扩座把蚕沙摊薄，蚕头放稀，然后撒上三七糠（新鲜石灰粉与焦糠按3∶7的比例混合），以促进蚕座干燥。如眠前蚕座残桑较多较厚，仍应加网进行眠除。当二龄蚕体色由青转白，体壁紧致发亮，行为呆滞或见到蚕驮蚕时为加网适时；三龄蚕眠性较慢，加网宜稍偏迟，一般在蚕体躯缩短，胸部膨大，体色转白，出现个别头部能透视的将眠蚕时为加网适时。加网后给桑1~2次，蚕即可就眠。当50%~60%的蚕已经入眠时，便可停止给桑，在80%~90%的蚕入眠后，即可在蚕座内加入一些石灰和焦糠，以保证眠中蚕座干燥。

同时，加网适时还要根据蚕品种特性、蚕龄大小、温湿度的高低和饲育型式等灵活掌握。一般小蚕生长发育快，就眠也快，小蚕期加网应掌握宁早勿迟的原则；给桑回数少的，由于两次给桑时间长，更要注意提早加网，给桑回数多的宜偏迟；如果蚕室温度过高，或饲养就眠快的蚕品种时，加眠网也宜偏早。

提青分批：在饲养过程中，由于桑叶老嫩、给桑厚薄、蚕头稀密、感温高低、雌雄个体发育差异等原因，蚕个体间发育不可能完全一致，就眠会有迟早不齐的现象发生，此时，应将眠蚕和未眠蚕分开。未眠蚕俗称青蚕，将青蚕提出，使眠蚕和青蚕分成两批的工作称为提青分批。提青分批的目的是使未眠的蚕能继续吃到新鲜桑叶，加快发育，并改善眠蚕的眠中环境，提高蚕的发育整齐度，为饷食齐一创造条件。一般眠除后经6~8小时，仍有部分蚕不能立即就眠，则应加网提青分批。具体做法如下：一般适时加眠网后经过8~10小时，最迟不超过12小时，大部分蚕就眠，如果仍有较多蚕未入眠，先在蚕座上撒一层焦糠等作为隔离材料，后加提青网，网上给少量桑叶，经过15~20分钟，将网提起，提出来的青蚕，集中并箔，放在温度较高处，给予优良桑叶，并仍采用防干育，促使蚕就眠，以减少发育上的差异。对少数发育不良、体质虚弱的迟眠蚕，应予以淘汰。

若入眠很齐，可以不加提青网，只是在蚕座上给少许长条叶或几片桑叶，将迟眠蚕引出。

（2）眠中保护

眠中保护就是从止桑到饷食这段时间的技术处理，也就是指从停食到次龄第一次给桑前这段时间对环境的维护，主要是对气象因素的调节。蚕入眠后不食不动，体内生理活动都要靠储存的养分来供给。眠中经过因蚕品种、龄期、温湿度差异而不同。小蚕眠中经过较短，一、二龄蚕眠中经过为 18~22 小时，三龄蚕为 24 小时。

为了减少眠中的体力消耗，眠中温度比食桑温度低 0.5~1℃。从止桑到见起的眠中前期（从撒焦糠止桑到发现起蚕）应保持环境和蚕座干燥，相对湿度应降低到 70%~75%，干湿差维持在 2~3℃，并在蚕座上撒干燥材料；从见起到饷食的眠中后期宜适当偏湿，干湿差维持在 1.5~2℃，以利蜕皮；眠中要保持安静，避免风吹和振动，空气要新鲜，避免强光和偏光并保持光线均匀，避免蚕聚集在一侧，不造成饷食处理时的困难。

（3）饷食处理

蚕眠起后第一次给桑称为饷食（也称开叶）。饷食适时以起蚕的食欲、头部色泽的变化和群体活动情况为依据。起蚕头部色泽会由灰白色转淡褐色再呈黑褐色，一般在大部分蚕头部呈淡褐色、头胸部左右摆动，显出求食状态时为饷食适时。实际上大批量养蚕时，蚕入眠或蜕皮总有先后之分，为了提高工效、减轻劳动强度，只能尽量做到同时饷食。饷食过早，蚕头部呈灰白色，其口器尚嫩，食欲不旺，会造成蚕的消化不良，且容易引起发育不齐。饷食过迟，蚕头部已呈黑褐色，蚕已受饿，健康有损，尤其在高温下起蚕会到处爬行觅食，消耗体力，互相抓伤，危害更大。在严格分批提青基础上，应在蚕座中已不见眠蚕，且 90%~95% 的起蚕头部呈淡褐色，显出求食状态时饷食。蚕蜕皮后经 2~3 小时开始有食欲，饷食适时还可根据见起和盛起到达时间进行推算（如表 5-1-7 所示）。起蚕达 1% 时为见起，起蚕达 50% 时为盛起。

表 5-1-7　小蚕见起和盛起到达时间

龄期	眠中温度/℃	见起至饷食经过/小时	盛起至饷食经过/小时
一龄	25~26	9~10	5~6
二龄	25~26	9~10	5~6
三龄	24~25	12~13	7~8

饷食用叶要求新鲜，适熟偏嫩，给桑要匀，给桑量应适当控制，约为前龄盛食期一次用桑量的 80% 左右，以蚕能食尽为度。饷食以后，温湿度可适当偏高，有利于提高蚕食欲和保持桑叶新鲜。各龄起蚕饷食前要撒防僵粉进行蚕体、蚕座消毒，然后加网给桑，给桑两回后即可除沙。起蚕体壁嫩，易受伤，操作要轻快、细致。

关于眠起处理，传统的方法是"迟止桑、早饷食"，确保每条蚕饱食就眠。但是迟止桑，必然是见到眠蚕后再多次给叶，早眠的蚕容易被埋在桑叶中，导致蚕座偏厚多湿，不利蚕的生理，技术上较难掌握，早蜕皮的起蚕还会偷吃残叶，造成下一龄发育不齐；早饷食，对蜕皮较迟的蚕来说，其口器太嫩，对其摄食、消化、吸收都不利。施行"迟止桑，早饷食"，掌握不好会导致蚕发育不齐，造成下一龄技术处理不方便，必须进行多次提青分批，增加饲养人员的劳动强度等。

研究表明，各龄蚕食桑达 60％～70％时，蜕皮激素已分泌，强行停食可照常就眠，对蚕发育无不良影响。因此，现在推行了"早止桑，迟饷食"的眠起处理技术，即蚕约食下该龄食桑量的 70％左右即可停止给桑。实际养蚕时，见到同一批蚕中已有 50％的眠蚕，蚕座中尚有残桑可食时，即可停桑。这种做法的好处就是蚕座伏沙薄，蚕座干燥，早蜕皮的起蚕无叶可吃，有利于蚕的发育齐一。一般自见起至全部蚕蜕皮止不超过 20 小时，待全部蚕蜕皮后再饷食，无碍蚕生理，反可使蚕发育齐一。这对简化养蚕、实行规模化共育及提高劳动生产率是有利的。

（4）掌握日眠

掌握日眠就是控制蚕在早晨至上午进入催眠期，在下午到傍晚时眠齐的做法。

蚕的就眠在时间上有一定的规律，表现出明显的周期性，即在傍晚到深夜这一时段受到抑制，在早晨到日中这一时段受到促进。一、二龄蚕就眠的日周期性很强，三龄蚕较弱，而四、五龄蚕又出现较强的倾向。具体来说，5—9 时蚕开始就眠，随着日中气温升高，就眠快，14—15 时可达到就眠高峰，到 20—21 时就能眠齐，从见眠到止桑只需 8～12 小时，属日眠型。如果蚕在中午前后或下午开始就眠，将成为夜眠型。夜眠的整个就眠过程会出现两个高峰，一个高峰在 22 时前，另一个高峰在第二天早晨 6 时左右。两个就眠高峰之间形成了一个低峰，就眠数显著减少，在这段时间内，即使升高温度也不能增加就眠数，整批蚕直到次日中午后，即经过了 23～24 小时才能眠齐，就眠迟缓，发育参差不齐。从以上可以看出，蚕在日间就眠，眠起齐一，技术处理方便，而且可省工、省叶。因此，掌握日眠是养蚕过程中促使就眠齐一的重要技术。

掌握日眠，与蚕的龄期经过、饲育温湿度及叶质叶量有一定的关系，需要根据经验把收蚁和饷食安排在一定时刻，使蚕每眠都在 18—19 时前止桑提青，进入眠中。在控制好饲育温湿度的基础上，春蚕期掌握在 7—8 时收蚁，二、三龄蚕分别在第 4 天 16 时左右和第 7 天 20 时左右饷食。同时要多观察蚕的发育情况，如果蚕在按计划就眠的前一天傍晚或前半夜到达盛食期，第 2 天可日眠。如果蚕发育稍迟，则应严格控制温湿度，并使蚕充分饱食，以加速其发育，如能在后半夜达到盛食期，同样可以日眠。二龄期要防止用温过高，以免蚕过早就眠，要使三龄蚕能在预定时间饷食、就眠。

眠起处理

（八）蚕期中的消毒防病

养蚕前，蚕室、蚕具虽经消毒，但在养蚕过程中，病原还会通过饲养人员、反复使用的蚕具等途径，从周围环境中进入蚕室和蚕座；或者经采用病虫害食过的桑叶，把某些野外昆虫的病原带入蚕室、蚕座；另外，患传染性蚕病的病蚕排出的粪便、胃液、血液等存在大量病原，将直接污染蚕座、蚕体，引起更多的蚕发病。因此加强蚕期消毒防病的工作，对预防蚕病发生具有重要作用。同时小蚕对病原的抵抗力弱，蚕体小，不仅容易染病，还会遭蚂蚁、壁虱、老鼠等天敌危害，饲养中应积极采取预防措施，减少损失。

养蚕中的消毒防病工作，主要包括三个方面的内容：一是做好蚕体、蚕座消毒；二是隔离、淘汰迟眠蚕和病弱小蚕；三是坚持防病卫生制度。

1. 蚕体、蚕座消毒

在蚕体、蚕座上直接用药剂进行消毒就是蚕体、蚕座消毒，其目的是杀灭病原、隔离病原和干燥蚕座。一般在收蚁、各龄起蚕饷食前及见熟时撒药，若发现有病蚕时，可每天消毒一次。常用的消毒用品主要有新鲜石灰粉、防僵粉、402 液等。

（1）新鲜石灰粉

石灰对病毒性病原有很强的杀灭作用，且价格较低。

使用方法：先将块灰加水粉化，再过筛去粗粒，即得新鲜石灰粉。给桑前撒在蚕体、蚕座上，15 分钟后即可给桑。一般可在各龄龄中使用一次，发病时，每天一次。二、三龄期可用三七糠，撒在蚕座上，用于吸湿和消毒。

注意事项：一是使用前必须过筛，避免将细小块灰撒入蚕座，烫伤或砸伤蚕；二是密闭保存，以防失效；三是石灰必须新鲜，禁止用陈石灰。

（2）防僵粉

防僵粉用漂白粉与新鲜石灰粉混合而成，小蚕使用浓度为 2％。

配制方法：配制时先要测定漂白粉有效氯的含量，再根据有效氯的含量算出配制目的浓度时所需漂白粉与石灰粉的比例。使用时应将漂白粉与石灰粉充分拌匀。

计算公式：石灰与漂白粉的比值＝（漂白粉有效氯浓度－目的浓度）÷目的浓度。例举如下：当漂白粉有效氯浓度为 30％时，石灰与漂白粉的比值＝（30％－2％）÷2％＝14。

使用方法：给桑前用筛子均匀地撒在蚕体上，似一层白霜，10 分钟后加网给桑。一般蚁蚕、各龄起蚕使用一次，发生蚕病时，每天使用一次，连撒几天，直至不见僵病。见熟蚕时用一次可防止发生僵蛹，用此药同时可防止其他病原感染蚕座。使用时按每平方米 20～30 克用药，在给桑前用筛子均匀地撒布在蚕体和蚕座上，施药 15 分钟后再加网给桑。

注意事项：有效氯容易挥发，应现配现用；撒药后给桑应注意防止出现湿叶；使用防僵粉后应加网除沙，以防止回潮和腐蚀蚕具。

防僵粉的配制

（3）防病1号

防病1号是以聚甲醛为主剂的消毒剂，为灰白粉状，对病毒、细菌、真菌等病原都有消杀作用。市售成药有小蚕用和大蚕用两种规格，不需另行配制。

使用方法：可直接撒于蚕体、蚕座上进行消毒，每0.1平方米撒药2～3克。一般蚁蚕和各龄起蚕前用筛子均匀撒粉一次。如蚕发病，应坚持每天撒药一次。撒药5～10分钟后即可给桑。

注意事项：小蚕期不要用大蚕包装，以免引起药害；该药对人有刺激性，使用过程中应戴口罩；撒药后不宜喂湿叶，不能与石灰混用。

（4）402液

402液又名防僵灵2号，对真菌有杀灭作用。市售成药需加水配成稀释液使用，一、二龄期用700倍液，三龄期用500倍液浸蚕网，绞干后加网给桑，使用后立即覆盖塑料薄膜。用药后蚕座上不能撒石灰等碱性物质。

（5）蚕座净

蚕座净是以甲醛、抗菌素402为主剂，酸性陶土为填充剂配制而成。市售成药无大、小蚕用之分。消毒对象及使用方法同防病1号。

2. 隔离、淘汰病弱小蚕和迟眠小蚕

一般地，病弱小蚕和迟眠小蚕体质都比较虚弱，而且有许多传染性蚕病，其在发病初期，往往生长迟缓、体躯瘦小，发育不齐，并有大量病原排出，会污染蚕座和桑叶，使蚕病蔓延。因此，根据病蚕生长缓慢、瘦小的特点，在蚕的饲养过程中要进行严格隔离，及时淘汰病弱小蚕和迟眠小蚕，能最大限度降低蚕座感染概率，是有效防止蚕病发生的重要措施。

3. 坚持防病卫生制度

小蚕期要建立严格的清洁卫生和防病制度。

①一消二换三洗手：一消是指每天用清水冲洗蚕室、贮桑室的入口处，并用漂白粉液消毒；二换是指进入储桑室和小蚕室前均应换鞋，并应在两室门前铺设新鲜石灰粉或浸有漂白粉等消毒液的麻袋（草袋）；三洗手是指进蚕室前洗手、给桑前洗手、除沙后洗手。

②叶面消毒：用漂白粉液为桑叶叶面消毒。

③用具区分及消毒：消毒与未消毒的用具应分开存放；运桑筐和装沙筐分开存放；蚕网、薄膜每龄期用漂白粉液浸渍消毒一次。

④蚕室地面消毒：除沙后用漂白粉液或新鲜石灰粉消毒。

⑤贮桑室消毒：每天冲洗，并用漂白粉液消毒。贮桑用具要专用，同时要经常清洗消毒。

⑥及时选淘病弱小蚕：将病弱蚕投入盛有漂白粉液或新鲜石灰粉的消毒钵中，再进行深埋。切勿乱丢乱放，更不许用来喂家禽，以防蚕病传染。

⑦分室分段饲养：小蚕和大蚕要分段饲养，大、小蚕要分室饲养，小蚕室要远离大蚕室和上蔟室，防止相互感染。

四、小蚕的饲养管理

（一）实行"三专一远"养蚕防病制度

1. 实行"三专一远"制度的重要性

从小蚕的生理特点可知，小蚕对病原抵抗力弱，容易感染蚕病，尤其是软化病。小蚕期的饲养与大蚕体质和产茧量有着密切关系，因此，在生产中对小蚕的饲养，必须高度重视。

病原的存在是蚕发病的主要因素，所以，养好小蚕的关键措施是彻底消毒、杜绝病原。由于全年实行连续多次养蚕，蚕室和蚕具重复使用，病原会随养蚕次数增加而积累，给消毒防病造成较大困难，特别是大蚕饲养和上蔟的场所，由于占用房屋面积大，蚕具用量多，蚕沙和灰沙四处飞扬扩散。因此，对饲养过大蚕的蚕室、蚕具，以及接近大蚕室、上蔟室的四周环境，要想进行彻底消毒是很不容易的。这些地方多少有些病原留存，如遇饲养管理粗放的，就很容易发生蚕病，对小蚕饲养来说是很不利的。

因此，要实行小蚕专用蚕室、专用蚕具、专人饲养的"三专"制度，把大小蚕饲养完全隔离开来，并使其保持一定的距离，以减少蚕病的发生。

2. 内容及做法

①专室：选择远离大蚕室的地点，要有水源（或洗消池），尽量避开水田和经常施用农药的菜地，防止小蚕农药中毒和感染病原。小蚕专用蚕室在结构上要求保温保湿性能好，最好地面是水泥地，便于冲洗消毒。不准养大蚕，更不准用于上蔟。

②专具：小蚕期用具，如蚕箔、蚕网、塑料薄膜、蚕架、采桑筐、除沙筐等，只固定在小蚕室内使用，禁止搬到大蚕室中混用。小蚕室一经分蚕，蚕室、蚕具及周围环境要及时打扫、清洗和消毒。消毒后封闭待下期收蚁再用。

③专人：饲养小蚕的人员要固定，在养蚕过程中，饲养人员经过大蚕室、上蔟室时要绕行，并注意做好个人清洁卫生。

④一远：就是小蚕室与大蚕室、上蔟室之间的距离要远，同时小蚕室要尽量远离有毒场所，以防有毒物质及不良气体对蚕产生危害。

（二）小蚕共同饲育

1. 概念

小蚕共同饲育简称小蚕共育，是把养蚕数量少、设备条件差的养蚕户组织起来，将他们的蚕在小蚕期集中统一饲育，到了大蚕期分到各户饲育的形式。

2. 小蚕共育的优越性

小蚕共育可以充分利用蚕室和各种控温设施，能保证小蚕生长发育所必需的环境、营养和卫生条件，主要优势如下：

①有效解决了缺技术、缺设备、缺劳力而致饲养小蚕困难。

②有利于消毒防病，保证蚕座安全。

③便于技术指导和实行科学养蚕。

④技术到位，遗失蚕少，蚕头足。

⑤成本低，经济效益高。

3. 小蚕共育的组织形式

常见的小蚕共育型式主要有五种，都各有特色。

①小蚕专业化共育：实行企业经营、独立核算，以商品的形式，定期向养蚕户出售小蚕，并配有一定数量的专用桑园，提供供桑服务。每期共育蚕出售后，还负责大蚕饲养技术指导。

②集体共育：以村或村民小组为单位，利用集体蚕房，组织小蚕共育。桑叶、人工、用具及消耗费等按共育蚕种分摊。

③专业户共育：一般由养蚕技术水平高、责任心强的人负责共育室的经营和管理。一切养蚕消耗都由专业户自己负责，共育后向养蚕户收取成本费和一定的报酬费。

④联户共育：养蚕户自愿结合。选择有一定养蚕技术的养蚕户牵头组织共育，或以养蚕重点户为中心，吸收一部分养蚕能手共育。一种是分户订种，集体收蚁，合伙饲养到三龄或四龄时分蚕，费用按蚕种数量分摊，桑叶分户分送；一种是分户订种、分户收蚁、分户饲养，统一消毒、统一加温、统一技术处理。

⑤互助共育：蚕种分户收蚁后，根据参加共育人员技术水平的高低搭配，轮流值班饲养，蚕具和桑叶各户自出，其他处理与联户共育相同。

4. 小蚕共育的经营规模

规模要适应现阶段的管理水平，一般要求不宜过大和过分集中，小蚕专业化共育一季饲养量以 50~100 张蚕种为宜，专业户共育 20~50 张蚕种为宜，联户共育和互助共育，应根据自愿结合情况和蚕房容量而定，参加共育的户数以适当偏少为好。

5. 小蚕共育的基本条件

①能实行小蚕专用蚕室、专用蚕具、专人饲养的"三专"制度。

②建立小蚕专用桑园。小蚕的生长速度快，一定要保证小蚕用叶质量，特别是一龄期用桑的好坏对蚕体质影响极大。因此在建立小蚕专业化共育室的同时，要设立小蚕专用桑园。小蚕专用桑园要选择土层厚、肥力高、排水性和通气性良好，靠近水源便于排灌的地方。桑树的栽植密度不宜过密，以保证充足的日照。多施堆厩肥和氮磷钾复合肥料，及时做好虫害的防治。

6. 专业化小蚕共育技术要点

小蚕专业化共育改发蚕种为发蚕，更有利于广大养蚕户养好蚕、夺取蚕茧丰收。专业化共育室养蚕数量多，技术处理要求标准化，相关内容可见"小蚕饲养技术"部分。

专业化小蚕共育一般在蚕三龄饷食后分蚕，分蚕时应填写说明标签，要求每户一张，内容包括品种、蚕种场名及批次、每张蚕种箔数、配送时间、三龄饷食时间等。分蚕时技术负责人要对小蚕批次进行核对，一切程序完成后在记录表上签名。

小蚕配送通常在早上进行，夏季高温时应在早上 5 时前配送，其他时期在早上 6 时前配送。配送前必须提早 1～2 日通知各养蚕户配送日期及时段，配送时严格遵守小蚕配送时段，及时准确地将小蚕送到各养蚕户手中。配送车辆及有关用具在每次使用后必须及时进行消毒。

共育室技术人员要及时收集养蚕户的意见与建议并予以反馈，小蚕共育收费标准以及共育人员报酬等宜与蚕茧产质量直接挂钩。

五、小蚕饲养标准

小蚕常规饲养标准如表 5-1-8 所示。

表 5-1-8　小蚕常规饲养技术标准参考

项目			一龄	二龄	三龄
饲育温湿度	食桑中	温度/℃	27～28	26～27	25～26
		干湿差/℃	0.5	0.5	0.5～1
	眠中	温度/℃	26～26.5	25～25.5	24～24.5
		干湿差/℃	1～1.5	1～1.5	1.5～2
收蚁及饷食时间			第 1 日 7—8 时	第 4 日 16—18 时	第 7 日 20—21 时
止桑时间			第 3 日 18—20 时	第 6 日 20—22 时	第 10 日 13—15 时
眠中经过/时			20～22	20～22	24
每日给桑回数/回			3～4	3～4	3～4
给桑量/千克			1.0	3.5	18
切叶大小/厘米			0.5～1	1.5～3	片叶、三眼叶
蚕座面积/平方米			0.7	1.8	3.8
除沙次数			不除或眠除 1 次	起、眠除各 1 次	起、中、眠除各 1 次
蚕体消毒			收蚁、加眠网时	饷食、加眠网时	饷食、加眠网时

注：每张种以 25000 头蚕计算。

任务二　大蚕饲养

通常把四至五龄蚕称为大蚕，小蚕期摄取的营养主要用于长身体，大蚕期摄取的营养除用于长身体外，还要用于生成丝物质与为蛹蛾期做准备，雌蚕还需为制造蚕卵积蓄营养物质。大蚕期是蚕完成正常生长发育与决定养蚕丰歉的重要时期，是在小蚕期已获得健康强壮体质的基础上，继续从外界摄取营养物质增加体重与合成丝物质的时期。所以，大蚕饲养与小蚕不同，需要的养蚕设备多、饲料多、劳力多，应针对大蚕的生理特征和饲养特点，采用科学的饲养技术和方法，才能获得良好的饲养成绩。

一、大蚕的生理特点与要求

大蚕在生理上与小蚕多有不同，主要呈现出以下特点。

（1）大蚕对高温多湿的环境抵抗力弱

与小蚕相比，大蚕单位体重的体表面积小，体壁蜡质层厚，皮肤蜡质含量较多，气门对体躯的占比也相对较小。因此，蚕体的水分和热量散发困难，体温容易升高，大蚕体温一般高于室温 0.5℃，对高温多湿特别是闷热环境的抵抗力较弱。若大蚕长期接触高温多湿的环境，将因体热和水分散发困难而引起生理障碍，导致体温增高、脉搏减少、食桑缓慢，其新陈代谢随之减弱。大蚕从桑叶中吸收来的水分随着蚕龄增加而增加，多湿环境不利于蚕将多余的水分从体表和气门排出，将增加由粪带出的排水量。这样不仅不利于肠壁对饲料中营养物质的吸收，而且使相当多的无机盐随着粪便中的尿液排出体外，使蚕体液渗透压下降，体液 pH 值降低，陷入虚弱，容易诱发蚕病。多湿条件下，随着温度升高，蚕的新陈代谢受到影响，更易感染。因此，为了养好大蚕必须严格调控气象环境，特别应防止大蚕接触 30℃以上的高温、85％以上的湿度和闷热环境，否则会妨碍蚕正常的生理活动，影响蚕体健康。

四龄蚕和五龄蚕虽同属大蚕，却有所不同，四龄蚕对低温的抵抗力仍然较弱，不能接触 20℃以下的低温，否则将导致龄期经过延长，发育不齐，减蚕率增加，茧量减轻。因此，四、五龄蚕要分别对待，要继续做好保温工作。五龄蚕对高温的抵抗力较弱，对低温比较适应，但 20℃以下的温度不利于丝物质的合成，将使叶丝转化率变低，因此其饲育温度以 24℃为宜。

（2）大蚕期丝腺生长快

茧丝在蚕未吐出之前为丝液（绢丝物），存在于蚕体腔中一对丝腺的腺腔中，其主要物质是蛋白质，是由蚕摄取的氨基酸通过丝腺细胞内酶的作用而形成的。据调查，蚕吸收的氨基酸有 50％左右用来合成丝物质。蚕吐丝量的多少或茧层的厚薄，主要取决于蚕丝腺的长度和重量。

蚕的丝腺重量从蚁蚕到五龄生长极限时约增加 16 万倍，而在五龄期以前的一至四龄期，丝腺生长相当缓慢，其重量仅占体重的 5％（如表 5－2－1 所示）。丝腺的成长主要在大蚕期，特别是到五龄第三天以后，生长显著加快，至熟蚕时丝腺重量占蚕体重的 40％以上，五龄蚕体重比四龄蚕仅增加了 4～5 倍，可丝腺却增长了 40 倍左右的重量，成为蚕体腔中最大、最重的器官组织，占据了体腔的大部分。调查证实，蚕绢丝物质的 70％是在五龄第 3 日后到上蔟第 2 日期间形成的，其余的 30％则形成于五龄初期及以前。这说明五龄期的饲养对丝蛋白形成极为重要。因此，为确保大蚕正常生长发育，使丝腺充分生长，应稀放蚕座，做好扩座和匀座工作，并给予蛋白质丰富的新鲜桑叶，做到良桑饱食，但也应注意根据丝腺生长规律合理给桑。

表 5-2-1　各龄蚕丝腺重量增长情况

项目	蚁蚕	一龄	二龄	三龄	四龄	五龄
重量	1	20	120	600	4000	160000

注：以蚁蚕丝腺重量为"1"。

（3）大蚕的食桑量大

大蚕期用桑占全龄的 95％，五龄期用桑约占全龄用桑的 85％，需要按质按量及时做好大蚕期的桑叶供应工作。在保证蚕健康成长的情况下，要做到省力、省桑叶、省其他消耗品，以降低生产成本，提高养蚕经济效益。

（4）大蚕期对二氧化碳的抵抗力弱

大蚕期由于食桑量大，体积、体重绝对增长量大，呼吸量多，在排出大量二氧化碳等气体的同时，需要消耗大量的氧气，要求空气新鲜。但大蚕的气管较长，气门面积相对较小，气体交换较困难，对二氧化碳抵抗力弱。同时，给桑量大，排泄物多，从桑叶和蚕沙中散发出的大量水分及二氧化碳和氨等气体，易使大蚕室内多湿、空气不新鲜，妨碍蚕的呼吸，造成蚕体虚弱。因此，大蚕期要加强通风换气，保持室内空气新鲜，使蚕座适当稀疏，促使蚕室、蚕座通风透气良好，同时加强饲养管理，及时清除残桑与蚕沙，并做好消毒防病工作。

（5）大蚕期易暴发蚕病

大蚕期常为蚕病暴发时期，尤以五龄第四、五天后为最。其原因主要有二：一是小蚕期不断感染的少量病原到大蚕期已形成一定规模；二是在四龄期中混育了少数病蚕且未及时处理，使病原得以大量繁殖和扩散。因此，除在小蚕期重视防病工作外，还要加强四龄蚕的防病工作。为了防止混育感染，大蚕期要严格执行病蚕隔离和淘汰制度，及时妥善处理蚕沙，加强蚕室、蚕具的消毒，注意饲养人员的清洁卫生，确保蚕作安全。

（6）对自然环境有一定的适应性

大蚕期特别是五龄期，蚕体表的角质层明显增厚，表皮外又有较厚的蜡质层保护，所以对外界自然环境的影响有一定的适应性，而且大蚕的移动范围比小蚕大，爬动摄食能力较强，对病原的抵抗力强。

利用上述特点，大蚕可以进行省力简易化饲育。

二、大蚕饲育型式

大蚕和小蚕在生理特点和对环境条件的要求等方面有很大的差异，饲养大蚕必须针对大蚕生长发育的规律和特点进行，采取相应措施和不同的饲育型式，创造适宜大蚕的条件，使蚕体健康，达到优质高产的目的。同时，大蚕期又是需要劳力、桑叶、蚕室、蚕具最多的时期。因此，必须革新养蚕技术，采用合理的饲育型式和饲养技术，逐步实现大蚕饲养简易化和省力化，达到优质、高产、高工效、低成本的目的，进一步促进养蚕生产的发展，目前生产上主要采用的大蚕饲育型式如下。

（一）普通育

1．蚕箔（匾）育

用蚕箔、蚕架为蚕具饲养蚕的，统称为蚕箔育。蚕箔育能充分利用空间，占用房屋较少，且有利于防病。其缺点是每次给桑、除沙时必须搬动蚕箔，给桑、除沙所费劳力较多，劳动效率低，又需用较多的蚕架、蚕箔等工具，一次性投资大，成本高。

2．蚕台育

蚕台育是我国在 20 世纪 50 年代初模仿利用上蔟架养蚕的方法发展起来的大蚕饲育型式，其优点是给桑时可直接向蚕台上投放桑叶（片叶、芽叶和条桑均可），给桑效率高，省工省力，便于熟蚕自动上蔟，而且便于就地取材，制作成本较低。目前，蚕台育已经成为主产蚕区大蚕的主要饲养型式之一。蚕台的种类很多，因制作材料和给桑方法不同，可分为以下几种：

（1）简易蚕台

蚕台的制作可就地取材，成本较低。用芦帘、竹帘、竹席或高粱秆、玉米秸秆等编制成的帘子搁在梯形架上做蚕座，做工简单，费工不多，可现做现用，用后可拆卸收藏。其优点是体积较小，占地少，给桑时不必搬动蚕台，可直接向蚕台上投放桑叶，与蚕箔育相比，给桑效率高，便于熟蚕自动上蔟。

（2）塑料编织布钢架蚕台

用竹或木条把塑料编织布绷直制成担架式蚕座，放蚕饲养前搁放在用角钢做成的支架上，支架的同一侧每隔 12 厘米钉钩一个，可承受多层蚕台。平时蚕台在支架上隔层放置，蚕台可上下移动，给桑前降低全部蚕台，给桑处理完毕后复原。除沙时只须利用上层蚕台下的支架上的钉钩架起蚕网，倒掉蚕沙后，放下蚕网即可复原。

（3）吊挂式活动蚕台

吊挂式活动蚕台是四川省养蚕业研究所的专利产品，一般分竹制（如表 5-2-1 所示）和木制（如图 5-2-2 所示）两种。该类蚕台适宜长 8 米、宽 4 米的蚕室使用，可吊挂 4 组蚕台，饲养 4 张蚕种，其他规格的房屋也可安放，但要作适当调整。

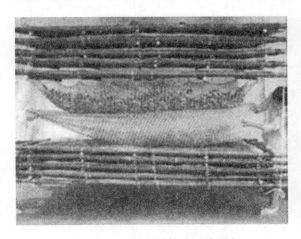

图 5-2-1　竹制吊挂式活动蚕台

图 5-2-2　木制吊挂式活动蚕台

3. 地面育

地面育是不用蚕箔、蚕台而直接把蚕放在蚕室地面上饲养的方法。应选择地面干燥、通风良好的房屋，扫刷干净，堵塞鼠洞、蚁穴。放蚕前3～7天用漂白粉液或福尔马林石灰浆进行房屋消毒，待药液干后，在地面上先撒一层新鲜石灰粉，再铺一层稻草或草节，厚度视气温高低而定，气温低宜厚（3～5厘米），气温高宜薄（1～3厘米）。蚕座有畦条式和满地放两种。畦宽1.5米左右，以操作方便为度，畦长随房屋而定；也可不作畦，用方砖做几个墩，墩上放木板作为操作道。准备工作做好后，将给过2回桑的四、五龄蚕移放在稻草上面进行饲育。要下地饲养的蚕，饲食时不要加起除网，下地时要连蚕带叶，防止蚕体受伤。同一批饲食的蚕放在同一蚕座上，蚕放在蚕座中央部分，以后随着给桑自然扩座。为此，移放蚕时要估计好能容纳的蚕头数，以达到合理的饲育密度。地面育可给予片叶、芽叶或条桑。地面育不除沙，多湿时可撒些干燥材料，如石灰、切碎的稻草等。

地面育给桑速度快，又不需除沙，养蚕效率高，能节省蚕具，但所需蚕室面积较大，且地面比较潮湿，又不除沙，养蚕时要注意通风换气和隔沙排湿。

（二）条桑育

条桑育是指利用带有桑叶的桑枝喂蚕的饲育型式。条桑育能在较长时间内保持桑叶新鲜，可减少给桑回数，且便于蚕取食，能减少残桑，提高桑叶利用率；条桑在蚕座上立体堆叠，蚕座面积小，基本上可不除沙，且能保持蚕座干燥、通气，符合大蚕的生理需要。因此，条桑育是一种省工、省叶的饲育型式。据调查，条桑育可以节约桑叶10%左右，节约劳力50%以上。无论是地面育、蚕台育、屋外育都可以用条桑育的形式给桑，这是有夏伐桑的蚕区春蚕普遍采用的饲育型式。为了提高养蚕生产经济效益和劳动工效，随着桑树剪伐形式的改变，全年条桑育正成为潮流。

1. 蚕台条桑育

蚕台条桑育多利用固定的简易蚕台或活动的钢架、吊挂蚕台，每架蚕台搭2～3层，层距50～66厘米，下层距地面50厘米，上铺芦帘或竹帘，帘上垫稻草或废报纸，移放四龄或五龄蚕，喂饲条桑。采用条桑育时，每平方米的蚕座面积可饲养四龄蚕2200～2500头或五龄蚕1100～1200头，饲养一张种的蚕需要17～18平方米的蚕座面积。为了防止蚕坠落在地导致跌伤，养蚕用的帘子面积应比所需蚕座面积稍大或在地上放上稻草。

2. 地面条桑育

将条桑在地面上放成畦状来养蚕，即地面条桑育。一般畦的宽度为1.2～1.5米，长度可根据房屋大小而定。畦间要留宽0.5米以上的通道，以便操作。地面场所的选择、消毒等与地面育相同。

3. 土坑条桑育

在土坑中进行条桑育即土坑条桑育。土坑一般面宽133厘米、底宽100厘米，长度随地势而定。

4. 斜面条桑育

斜面条桑育，就是将条桑直接斜靠在墙壁或竹竿上来养蚕的一种新方法。斜面条桑育不需用帘子和蚕架，实践表明：采用此法养蚕，每日仅需给桑1回，整个五龄期只需除沙1回，不仅可以节省大量的劳力和用具，降低生产成本，而且有利于蚕茧的优质高产。

斜面设置：将蚕室彻底打扫，地面和墙壁使用漂白粉液等药液消毒。如果是土质地面，宜在斜面下方的地面上铺设塑料编织布。根据蚕室大小和养蚕数量，斜面设置主要有以下几种形式：

①依靠四周墙壁设置半面斜面，中间堆放条桑并围成操作通道。

②中间搭成"人"字形斜面，四周堆放条桑并围成操作通道。设置"人"字形斜面时，两端各竖1.5米左右的木桩（或铁制支架），在0.4米处固定一根较粗的竹子（钢管）作为斜面的支点。

③搭建一层蚕台，设置上下2层斜面，提高蚕室利用率。为了便于上层斜面的操作，下层斜面高度宜控制在1.4米以下。

（三）屋外育

屋外育是把蚕饲养于屋外的一种饲育型式，能解决蚕室、蚕具不足的问题。屋外育是养蚕技术上的一项重大革新，它不仅解决了蚕室、蚕具不足的问题，而且能提高劳动生产率，促进养蚕生产的发展。同时，从蚕的生理上看，家蚕本由野蚕经过几千年的驯化而来，对外界环境仍有较大的适应性。在适温范围内，室外温度日中较高，夜间稍低，呈有节律的变化，能提高蚕肠的pH值，增进蚕的食桑；且室外通风良好，蚕座比较宽敞，可减少闷热的危害，符合大蚕生理要求。此外，屋外养蚕病原少，便于防病，蚕作比较安全。所以，屋外养蚕能取得好成绩。

1. 屋外棚架育

利用室外走廊、房屋前后的场地，用竹木等材料搭建简易蚕棚，在棚内搭蚕台养蚕，称为屋外棚架育（如图5-2-3所示）。蚕台一般搭3~4层，铺芦帘作为蚕座，两层间距0.4米左右。棚架周围用草帘遮围。棚架育空间利用率高，但需要用的材料较多。

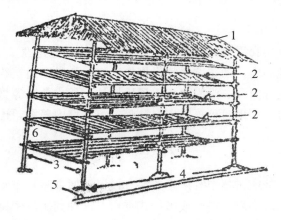

1—草顶盖；2—蚕台；3—架宽；4—架长；5—排水沟；6—蚕台距。

图5-2-3 屋外棚架育

2. 屋外土坑育

选择高燥、地下水位低、排水良好的高干桑园行间或树林间或背风避阳的空旷地作养蚕场地，挖土坑养蚕，这种方式叫屋外土坑育（如图5-2-4所示）。土坑一般底宽1米，面宽1.3米左右，深0.5米，每张蚕种需准备这样的土坑约20米长。如在浓密的树荫下饲养，可不搭棚架，不用遮盖，如在空地上挖坑饲养，必须搭棚遮盖，以防太阳直射、风吹雨淋。棚架形式有搭成人字形的双落水式，有单落水式，也有搭成弓形的船棚式。其中船棚式结构简单，用材较省，应用较普遍。可用桑条或小竹搭成弓形棚架，架顶离坑底约1.5米，棚架上先盖一层草帘或芦帘，再盖塑料薄膜，每张蚕种约需薄膜10千克，土坑育由于蚕座在地平面以下，保温、保湿性能较好，桑叶不容易萎凋，但挖坑较费劳力。

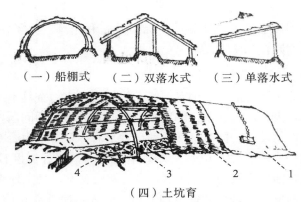

（一）船棚式　（二）双落水式　（三）单落水式

（四）土坑育

1—塑料薄膜；2—草帘；3—支架；4—土坑；5—出水沟。

图5-2-4　屋外土坑育

3. 屋外蚕台育

屋外蚕台育即选择在屋外背风、阴凉、空旷地以竹、木、草帘和塑料薄膜等搭成人字形简易蚕棚，或利用屋外走廊、屋檐等处搭简易蚕台或吊挂式蚕台进行养蚕。蚕台下的地面也可放蚕饲养。

4. 屋外双坑棚架育

采用屋外双坑棚架育需先挖坑搭棚。一般在屋外平地挖宽1.7米、深33~50厘米的双坑，其长随场地而定，两条坑之间设操作通道；坑的四边筑约2米高的土墙；东西两侧设门，南北两侧开窗洞。沿南北两墙顶用树枝、竹或桑条等材料搭成人字形或拱形棚架，棚面覆盖草帘，下雨时可再盖塑料薄膜。可在坑内养蚕，也可在坑面搭蚕架进行多层饲养。

5. 林荫育

林荫育往往在竹林或树林中有浓荫的地方设置地面蚕座，蚕座四周挖好排水沟防止下雨时蚕座积水，也可搭简易蚕台或吊挂式蚕台。这种利用浓密树叶遮阳避雨和利用树干搭蚕台的形式可节省搭棚材料，养蚕也方便，但桑叶容易凋萎，敌害严重，且要有人值班看守。

6. 室外大棚育

大棚养蚕是为适应规模化养蚕而研制开发的一项养蚕新技术。

(1) 大棚养蚕的主要优点

①建棚速度快,有利于规模经营。扩大蚕桑规模,蚕室面积是一个较大的制约因素。建造专用蚕室或扩大住房养蚕,投资大,而且受到建房政策的约束;而建大棚可利用田头地边、宅基窄地等,解决经营大户养蚕面积不足的问题。

②投资少,经济效益高。一般户建 1 个 150 平方米左右的大棚,一次可养 5 张蚕种,其投资一般为2500~3500 元。冬季还可利用大棚种蔬菜、食用菌或养鸡等。

③节约劳力,工效高。大棚养蚕实行小蚕共育,大蚕条桑育、自动上蔟。据调查,1 个劳力按常规只能养 1 张蚕种的 5 龄蚕,而采用大棚可养 2~3 张,大大提高了工效。

④人蚕分离,适应农民提高生活质量的要求,也有利于村镇现代化建设。

(2) 大棚养蚕的主要形式

①钢架塑料大棚:大小根据场地和饲养量而定,用直径 22 毫米左右的装配式镀锌薄壁大棚钢管做拱架,0.1 毫米厚的塑料膜做棚顶覆盖材料,再覆 1~2 层遮阳网做隔热层。为有利通风及防止老鼠等危害,在大棚四周围 0.8 米高的裙膜或 0.5 米高的防蝇网。大棚建好后,在四周开好排水沟。一般搭建 2~3 层蚕台。钢架塑料大棚与农业上蔬菜用大棚相似,可以直接从市场购置建棚材料,建造速度快、成本低,便于综合利用,但防高温性能较差,昼夜温差也较大。

②冬暖型蚕菜两用温室大棚:山东等北方地区的蚕区采用较多,三面建墙,棚顶采用双落水式坡顶设计,棚顶可以加盖防光保温材料,具有冬暖夏凉的特点。除特殊地形外,建造大棚应以东西向最佳。最理想的结构是大前坡、小后坡的棚型结构,规格为前墙高 1 米,两山脊高 3 米,后墙高 2.5 米,后墙壁厚 0.5 米,后坡面 2 米。两山脊各留一门一窗,门宽 1 米以上,便于运条桑,后墙留窗,在离地面 0.8 米处安窗,每隔 2 米安一窗,窗规格为 1.5 米×1 米,外钉纱网和玻璃(塑料薄膜)。支撑骨架以强化水泥拱梁无立柱式最为理想。棚顶、棚面上覆盖一层聚乙烯农膜,上面再盖上一层重量轻、结实耐用、经济实惠、保温效果好、适于机械卷盖的反光覆盖膜。另外,在大棚外建一个操作间,用于贮桑和保存器具等,墙和地面全部用水泥抹面,一侧建消毒池用于养蚕用具的消毒。根据养蚕量,在附近建一个适当的蚕沙坑。

三、大蚕饲养技术

(一) 大蚕普通育技术

养蚕业是古老的传统产业,普通育是我国传统的家蚕饲育型式,受习惯影响,它仍然是目前农村、蚕种场等养蚕的主要方法。

1. 桑叶采摘和运输

(1) 桑叶采摘

①采叶量的估计:采桑前必须正确估计用桑量,采备 0.5~1 天所用的叶量。采叶过多,势必延长桑叶贮藏时间而降低叶质,采叶过少,又会影响饲育工作的正常进行。

采叶量的估计，通常以每次实际给桑量乘以半天或一天内的给桑回数为基础，再根据蚕的发育阶段、余叶情况及蚕座面积的扩大程度进行综合考虑，正确估计每日采桑量。通常四龄期内盛食期（饷食后第三天）用桑量最多，每蚕采叶量为收蚁量的 3000 倍，即每克蚁每天需要桑叶 3 千克；五龄期内盛食期（饷食后第四天至第七天）用桑量最多，每克蚁每天需要 9~10 千克。

②采叶时间：采摘时间宜在早晚气温较低时进行，此时采摘的桑叶在给桑后不易凋萎，也便于储藏，避免在日中采桑叶。早采桑叶供白天用，夕采桑叶供晚上和第二天早上用。大蚕用桑可采轻度露水叶。一般有露水的天气多是晴天，天气较干燥，桑叶略带露水有益于保持新鲜。

③采叶部位及方法：大蚕期采叶与小蚕期不同，重在合理采叶，即采叶和保养桑树长势相结合。从养蚕需要出发，大蚕用叶以蛋白质与碳水化合物含量丰富、含水分较少的成熟叶为宜，过老过嫩叶对蚕不利；从保养桑树出发，每次养蚕结束后，每根枝条应留 7~8 片叶进行光合作用保养树势，促进桑树持续稳产高产。所以大蚕期采叶有两忌：一忌一扫光，枝条不留叶（桑树实行夏伐的春蚕期例外）；二忌从枝条上部往下采，将导致五龄中后期只剩老硬叶，养蚕成绩不好。

采叶部位及方法依季节和修剪方式而不同。

春蚕期：在长江流域一般在大蚕用桑之前的 10~15 天进行新梢摘芯，可以有效地提高叶质充实程度和桑叶产量。四龄期一般采三眼叶和枝条下部叶，留其新梢，使上部叶继续成长充实。五龄期采新梢叶，采完桑叶的枝条要及时伐条。

夏秋蚕期：桑叶采摘既要考虑蚕的生长发育需要，又要兼顾桑树的正常生长。在长江流域采用夏伐桑的蚕区，夏蚕期一般采用疏芽叶，如有春伐桑园，还可采其枝条下部叶，互相搭配使用。

秋蚕期：通常四、五龄饷食后的头两次用桑采偏嫩叶，其余时期由下而上采叶。

（2）桑叶运输

大蚕用桑量大，采桑量多，采好的桑叶须用大的桑叶篓或筐来盛放，不宜过分压实，放置时间不宜过长。运输过程中如堆放太紧实，桑叶呼吸产生的热量难以散发，短时间（约 1 小时）即可引起桑叶发热变质，高温天气尤为严重。因此，桑叶要随采随运，运到储桑室后要及时倒出，抖松散热。条桑应立即解捆散热。

（3）桑叶贮藏

贮藏桑叶应有专用贮桑室，有条件的建地下或半地下式专用贮桑室更好。一般农户养蚕可选用比较阴凉的房屋或在地下水位较低处建简易半地下式贮桑室。对于没有混凝土或砖石硬化、很难彻底消毒的贮桑室，可将塑料编织布铺于地面，再将桑叶放在塑料编织布上，并经常用含 1‰有效氯的漂白粉液消毒。许多蚕病都是"病从口入"（如蚕的病毒病、细菌病、微粒子病等），即使由接触感染的蚕病，病原也多由桑叶带来。因此，贮藏桑叶不仅是保持桑叶的新鲜，更重要的是使桑叶不受污染。

①贮藏方法：一般采用畦贮法。桑叶抖松散热后，堆成苫厢形，畦的高度和宽度为 60 厘米，畦与畦之间留有空隙，以利通气和操作，每平方米约放 25~30 千克。条桑储藏采用竖立法。先在储桑室地面洒适量清水，再解松条桑绳束，使其沿墙壁顺次竖立。

条桑间要有空隙，以防发热。

②贮桑管理措施：一是控制温湿度，保持低温、高湿度（90％以上），温度越低越好，应在后半夜外温低、湿度高时，开门窗换气，排除室内郁热，导入新鲜空气；二是要在贮桑室门口挂上湿布或草帘，隔热防风；三是贮桑用具与采桑用具要分开；四是换鞋入室；五是不同时间所采桑叶要分别贮藏，先采先用，后采后喂；六是每天冲洗贮桑室一次，用漂白粉液消毒，保持室内清洁；七是贮藏时间不能超过一天；八是避免贮藏湿叶，更不能直接在桑叶上喷水补湿，若叶面水分过多，水膜堵塞叶面气孔，阻碍呼吸作用，产生有害于蚕体的中间产物，造成叶面发腻，细菌大量繁殖，桑叶变质；九是气候干燥时，可在叶面上盖湿布；十是每隔四五个小时翻动一次，防止桑叶发热变质。

2. 给桑

大蚕期的给桑，既要考虑蚕的生长发育需要，充分发挥其优良经济性状，又要考虑节约用桑，提高单位用桑量的经济效益。良桑饱食是大蚕饲养主要的技术要求。良桑是指桑叶新鲜无毒，营养价值高，能提高蚕食下量。饱食是指蚕不受饥饿，最大限度地多产茧丝。

（1）给桑回数

大蚕期的给桑回数主要根据饲育型式、饲育期气候及桑叶的凋萎程度来定。如片（芽）叶育每日需给桑4～5回，条叶育每日给桑3回即可。春蚕期和晚秋蚕期每日给桑3～4回，夏蚕期和早、中秋蚕期每日给桑4～5回。如遇大风干燥，桑叶容易凋萎，给桑回数要适当增加。

（2）给桑时间

适时给桑，才能保证大蚕良桑饱食。掌握给桑适时，则须依据蚕室的气象环境、蚕的食欲状态和蚕座上残余的桑叶的多少及凋萎程度来确定。各龄起蚕第一回给桑一般在眠蚕基本全部蜕皮，蚕的胸部稍带透明，体躯伸长爬行，显出求食状态时。以后的各回给桑，一般在上回给桑基本食尽后1～2小时再进行。

（3）给桑量

各龄蚕总用桑量基本上是有一定范围的，以一张蚕种20000头蚕计，四龄期给桑量为55～80千克，四龄期为蚕从蚕体成长过渡到丝腺成长的转折时期，必须做到饱食，少食期给桑以桑叶基本吃完为宜，盛食期以稍有剩叶为宜。五龄期是合理用桑、节约用桑的关键时期，以每张种给桑410～600千克为宜。五龄前期（第1—3日）蚕食桑量少，不宜过量给桑；五龄中期（第4—6日）食桑旺盛，必须给足桑量；五龄后期（第7—9日）蚕的食欲渐减，要适当控制给桑量，减少浪费。春蚕比夏秋蚕多，春用品种比夏秋品种多。大蚕期每张种用桑参考如表5-2-2所示。

表5-2-2　大蚕期每张种用桑参考　　　　　　　　　　单位：kg

项目	春蚕	夏蚕	正秋蚕	晚秋蚕
四龄	80	55	55	60
五龄	550～600	455～470	410～450	430～470

注：每张种以20000头蚕计。

大蚕期给桑量最大的是五龄期，占大蚕期总给桑量的 88% 左右，所以对五龄期逐日给桑量应有序分配（如表 5-2-3 所示）。

表 5-2-3　对五龄蚕逐日给桑量比例　　　　　　　　　　单位:%

项目	第一日	第二日	第三日	第四日	第五日	第六日	第七日	第八日	第九日
春蚕	4	6	9	15	18	18	17	10	3
夏蚕	4	7	12	18	20	20	15	4	0
正秋蚕	5	10	18	20	20	19	8	0	0
晚秋蚕	4	6	9	13	17	17	17	11	6

（4）给桑方法

给桑前先进行匀座整座，使蚕在蚕座上分布均匀。

片叶育在每次给桑前先去除虫口叶、黄叶、泥叶、过老叶、过嫩叶等不良叶，再给桑。给桑要求均匀而迅速，不伤蚕体。首先把桑叶抖松，力求一次拿足一箔的给桑量，在蚕座上均匀摊开，也可先把桑叶放在蚕座中央，然后向四周匀开。给桑完毕后，检查有无遗漏，漏给的要立即补上。

由于枝条长短粗细不一，经小蚕期采叶后留叶多少也不一致，所以在给桑前应修剪过长枝条和无叶部分再估算条叶比例（枝条与叶片的重量比），按照该回应给的片叶量折算出足够的芽叶量，然后把枝条抖松散均匀放在蚕座上，务必使蚕座各处桑叶厚薄一致、平整、分布均匀。

条桑育的给桑，要把梢部与基部互相颠倒交错、平行放置，从蚕座的一端开始，依次给到另一端。条桑蚕座，要力求平整，如枝条长而弯曲，可将条桑剪短后给予。下次给桑前，如发现有枝条在蚕座上弓起，应用桑剪剪断弓起部分，修整后再行给桑，可使蚕座平整，蚕食桑均匀、发育整齐。

大蚕给桑的操作

3. 扩座

（1）重要性

蚕发育到四龄以后，蚕体面积增加极为明显，四龄蚕是三龄蚕的 3.3 倍，五龄蚕是四龄蚕 2.5 倍，随着蚕体面积的增大和给桑量的增加，必须相应扩大蚕座面积，以保持适当的蚕头密度和防止蚕相互抓伤而引起蚕病。如饲养中发现蚕头太密，在给桑前应及时扩座或分箔，使蚕分布均匀，以蚕不碰蚕、两蚕间留有一条蚕宽的空隙为宜。过密会造成食桑不足，蚕体小、发育不良；过稀则残桑多，浪费桑叶，耗用过多的蚕室、蚕具及劳力，增加成本。

（2）面积要求

四龄期合理的蚕座面积为蚕体面积的2倍，五龄期为蚕体面积的1.5倍左右。

（3）扩座方法

大蚕期扩座通常用手将蚕连同桑叶一起移到四周或用加网分箔的方法，以达到稀密适当。扩座时要求动作要轻，不伤蚕体，且使蚕箔蚕头数量大致相同，便于给桑。同时要求蚕座面积要随着蚕的发育逐步扩大，在各龄盛食期前的一回给桑要扩到最大面积，以利蚕充分饱食。

4. 除沙

除沙是大蚕饲育中的重要措施。大蚕期食桑量多，残桑和排粪量也多，为了保持蚕座清洁干燥，必须定期除去蚕沙，勤除沙可以保持蚕座卫生，防止蚕病感染，但除沙次数太多，则费工费时，并且容易造成遗失蚕增多和蚕体受伤。一般地，蚕箔育大蚕期以每天除沙一次为宜，在高温多湿的条件下，五龄盛食期可增加一次除沙，以减轻危害。即四龄期起除、眠除各一次，中除两次。五龄期每天一次。蚕台育要根据残桑多少灵活决定除沙次数，除沙时可将蚕网提挂在上层蚕台上，除沙后再放回原处，这样既方便，又能提高工效。

除沙方法一般用加网除沙。除沙时间最好在上午或下午进行，日中和晚上原则上不除沙。蚕沙要及时运走，远离蚕房，蚕网要勤洗、勤换、勤晒，每次除沙后地面要清扫干净并用石灰粉或漂白粉液进行消毒处理，以防蚕病传染。

5. 气象环境的调节

（1）温湿度的调节

大蚕对高温多湿环境抵抗力弱，四龄蚕的饲育适温为24～25℃，适湿为70%～75%，五龄蚕则以23～24℃，湿度70%为宜。尽量避免20℃以下的低温（尤其在四龄期）和28℃以上的高温及80%以上的高湿（尤其是五龄期）。

（2）换气

大蚕呼吸量大，排泄物多，空气易污浊，如遇高温多湿的情况，室内往往闷热不堪，使蚕的体温升高，体质虚弱，容易诱发蚕病，对五龄中后期及吐丝结茧期的蚕的危害特别大。最有效的措施是加大气流以达到降温排湿的目的，所以大蚕室要设有前后对流窗，窗的大小不小于120厘米×80厘米。大蚕期必须加强通风换气，经常打开门窗，促进室内空气流通，保持0.1～0.3米/秒的气流。换气有两种方法：

①室内外温差换气法：当室内温度高于外温时，打开蚕室的上下换气洞，污浊空气从上换气洞排出，新鲜空气从下换气洞流入室内。如无换气洞，打开门窗也有换气作用。

②风力换气法：当室外有风时，可打开南北门窗，使空气对流，无风时，且室内外的温差不大时，可用风扇向外排出室内空气进行换气，但要防止强风直吹蚕座，使桑叶萎凋。

6. 眠起处理

大眠是大蚕期唯一的眠期，也是蚕幼虫期最后一次眠期。大眠有如下特点：眠性慢，从开始见眠到全部眠齐的时间长，从就眠到蜕皮起身的眠中经过长，而且蜕皮也不如小蚕整齐，止桑到饲食约需 40 小时，因此眠前加眠网要适当偏迟。

（1）加网适时

以每箔均出现几头眠蚕时为加网适时。加眠网后给桑改用切叶。要求给桑均匀，注意饱食就眠，使其蓄积足够的营养，以备眠中和蜕皮时的消耗，但随着就眠头数增加，应控制给桑量，以防止桑叶浪费。

（2）止桑

眠除后经 8～10 小时止桑，止桑用三七糠撒一层在蚕座上，起吸湿作用。止桑后随即拾清迟眠蚕，另行饲养。对发育差的弱小蚕、病蚕予以淘汰，集中到石灰缸再深埋土中。

（3）提青分批

当眠起不齐时，若不提青分批，就会出现一边给桑，一边有蚕陆续就眠的现象，造成层层有眠蚕，蚕在残桑和蚕粪堆积中就眠，影响蚕的生理，继而导致起蚕、眠蚕和青蚕同时存在，处理困难。所以眠除后经过 2 次给桑仍有部分蚕不眠时，应加提青网，将青蚕提出，给予良桑促进就眠。

（4）眠中气候环境的保护

眠中适温较食桑中低 0.5～1℃，一般为 23.5～24.5℃，干湿差为 2.5～3.5℃，前期保持干燥，可在蚕座上多撒吸湿材料；见起后，要适当补湿，干湿差维持在 1.5～2℃，以利眠蚕蜕皮。眠中蚕室应保持安静，使光线均匀，防止阳光直射和强风直吹，气流不宜过大，以防半蜕皮蚕的发生。

（5）饲食

以蚕箔中蚕全部蜕皮起身，起蚕头胸昂起或爬地表现有食欲状态，头部色泽为淡褐色为饲食时期。一般地，见起至饲食经过时间为 13～15 小时，盛起至饲食经过时间为 9～10 小时。饲食用桑要新鲜偏嫩，给桑时适当控制，为上龄期最大一次给桑量的 80％左右，以蚕吃光桑叶尚有求食行为为限，防止蚕因过分饱食损伤口器和消化器官，且有利于蚕消化吸收。

7. 防病卫生

大蚕对病原的抵抗力远比小蚕强，但感染病原的机会远较小蚕多。所以在大蚕饲养过程中，要继续认真贯彻预防为主的方针，防止中间感染，尤其是起蚕和将眠蚕容易感染蚕病，必须结合饲养管理加强消毒防病措施。

①防止蚕体受伤：随时注意匀座、扩座、分箔，使蚕头分布稀密适当，防止蚕相互抓伤，饲养人员接触蚕进行各项技术处理时手要轻快，防止碰伤蚕体，可有效截断病原的创伤传染途径。

②隔离病原：大蚕发病特别是五龄蚕暴发蚕病多因混育了病弱蚕。所以在饲养过程中发现病弱蚕应立即拾出丢进石灰缸中，在各龄蚕眠时止桑前和饲食前，应用蚕筷拾清

死蚕、半蜕皮蚕、不正常蚕后才进行消毒处理。采用地面育或蚕台育时五龄蚕一般不除沙，每日给桑前撒石灰粉，并用短稻草、菜籽壳等作为隔离材料，可减少蚕体与蚕沙的接触机会。

③加强蚕体、蚕座消毒和养蚕场所的消毒：大蚕期各龄起蚕用石灰或防僵粉消毒，发生僵病时可多次使用，防僵粉浓度为 3％，食桑期中每天早上给桑前应该用新鲜石灰粉进行一次蚕体、蚕座消毒，以预防病毒性蚕病。天气潮湿时，在盛食期可用硫黄熏烟（在桑叶基本吃尽时，关闭门窗，点燃硫黄，二十分钟后，打开门窗换气），既有利于排湿，又对预防僵病有一定的效果。贮桑用具和贮桑场所每天用漂白粉液喷洒一次，以达到杀灭病原或抑制病原的目的。每次除沙后对蚕室地面喷洒漂白粉液等进行消毒。

④抗生素添食：氯霉素对败血病病菌（除灵菌外）和细菌性胃肠病菌有良好的杀菌和抑菌效果，还能增强蚕体对中肠型脓病及病毒性软化病的抵抗力。

使用方法：氯霉素一般有针剂和片剂两种，无病时可用来防病，按一定剂量兑水溶解后喷在相应重量的桑叶上即可。从三龄期起，每龄期一次，五龄期两次。发现蚕病时，按药物说明书增加药量，每隔 8 小时添食一次，连续用药三天，以中午添食为宜，以后每天添食一次。

氯霉素添食方法

⑤健全防病卫生制度：同小蚕一样，贮桑室、蚕室等处均须经常消毒，除沙后对蚕室地面消毒，做到换鞋入室，洗手给桑，及时淘汰病弱蚕，分批饲养等。

⑥蚕后消毒：一是用含有效氯 1％的漂白粉液全面喷洒蚕室及用具，将病原集中杀灭后再打扫清洁，不让病原残留扩散。用密封塑料袋将蚕沙统一收集、装运，及时倒入蚕沙池中集中堆沤，充分腐熟后可充当肥料，在桑地、果园、菜园等地使用。

8. 敌害防除

（1）防蝇

多化性蚕蛆蝇寄生蚕体，严重影响蚕茧产量和质量，应积极做好防治工作。

①防蝇入室：蚕室门窗加防蝇网，不让寄生蝇飞进蚕室为害。

②灭蚕蝇杀蝇：使用灭蚕蝇药液可杀死寄生在蚕体内的蝇蛆和产附在蚕体表的蝇卵，达到防蝇的效果。灭蚕蝇有乳剂和片剂两种，可添食于桑中，也可制成药液喷于蚕体。

添食法：将乳剂或捣碎的药片按剂量要求兑水配成稀释液喷在桑叶上。

喷体法：将灭蚕蝇制成稀释液，浓度较添食法高，待桑叶吃尽后，均匀地喷在蚕体皮肤上，以喷湿为度，待蚕爬动后给桑。

③捕杀蛆蛹：早熟蚕另行上蔟，收集蛆蛹，加以杀灭，茧站也是蛆蛹集中的地方，

应注意捕杀。

灭蚕蝇的添食方法

（2）防鼠害

应做好防鼠灭鼠工作，堵塞鼠洞，投放药物，防止老鼠为害。

（3）防蚂蚁

蚂蚁会咬伤蚕，放出蚁酸使蚕中毒。氯丹粉能有效防治蚁害。将配制好的氯丹粉装在纱布袋中，轻轻撒一层在蚕座周围，然后盖上细土，为安全起见，细土上面再盖一层稻草。注意石灰不能和氯丹粉混合使用，以免氯丹粉失效。

（4）防农药中毒

农药可经进食、皮肤接触和气门呼吸等途径进入蚕体，破坏蚕的正常生理，一般地，中毒蚕成团成堆，摇头吐水，体态异常，很快死亡或成为不结茧蚕。蚕农药中毒后即使抢救出来，往往体质变弱，容易染病，所以应防止其农药中毒。

具体防治方法：一是合理布局，把蚕期与农作物喷药期错开；二是了解附近桑园和农田的用药情况；三是选用残效期短的农药，忌用菊酯类农药；四是不在大风时施药，不用机动喷雾器喷药，减少农药扩散，避免桑叶污染；五是关注农药的残效期，对怀疑被污染的桑叶，应先行试喂，了解有无药害；六是如发生蚕中毒，应查明中毒原因，立即开门窗通风，加网除沙，喂新鲜无毒桑叶并依病情进行处置；七是养蚕用喷雾器与打农药的喷雾器要分开存放，养蚕用的水塘，不能浸洗农药用具。

（二）省力高效大蚕饲养技术

大蚕期约用全蚕期劳力的80％、设备的80％、桑叶的95％。大蚕普通育费工、费时，劳动效率低，如何利用大蚕的特点进行省力化饲育，以减少设备投资、提高劳动生产率、提高蚕茧产量和质量等成为养蚕技术发展的主要方向。近年来出现了一批省力化养蚕技术并在一些蚕区得到推广应用，收到明显的经济效益。

1. 片叶（芽叶）育

省力化养蚕由于蚕座相对固定，不必抽、放蚕箔，所以给桑、除沙等技术处理比普通育简便、省力，养蚕效率也高。

（1）给桑方法

给桑时，将足量的桑叶（片叶或芽叶）直接撒向蚕座，再用小棍把桑叶拨匀就行了。每日给桑3～4回。在四龄食桑期与五龄前期，给桑后可覆盖打孔塑料薄膜，以保持桑叶新鲜，延缓凋萎，减少给桑回数，节省桑叶。在下次给桑前0.5～1小时一定要揭开薄膜，进行充分换气。阴雨多湿天气不能覆盖薄膜，防止蚕座蒸热或冷湿。

（2）除沙与扩座

省力化养蚕大大节省了除沙与扩座时间，地面育和屋外土坑育从移蚕到上蔟一般不除沙；蚕台育由于蚕座相对固定而且呈立体状，所以只要蚕架坚定，蚕座材料硬挺结实，就可少除沙或不除沙。

虽然地面育、蚕台育都是自动扩座，但也要随时查看蚕座密度，防止局部过稀、过密。一般四龄盛食期每平方米可养蚕 1300～1400 头，五龄期则以 700～800 头为宜，蚕在蚕座上的分布要求均匀，蚕与蚕之间要有相当于一头蚕宽的距离。发现蚕头过密时应及时匀出移放到空的蚕座上，移蚕、留蚕数都必须根据该龄蚕所需最大蚕座面积决定，移放蚕时一定要放在蚕座中央部分，随着蚕体长大、给桑增加蚕座会扩大面积，留蚕时要求稀密适当，如蚕座蚕头稀，可以把四周的蚕向中央部分放，暂时收缩蚕座面积，以后随着给桑，蚕又向四周扩展，达到扩座目的。

（3）眠起处理

如果从四龄蚕开始进行地面育（包括土坑育）或蚕台育，蚕要经历一次大眠，其眠起处理与蚕箔普通育大体相似。不同的是地面育因不除沙，眠座较厚、湿气较重，在止桑时应撒一次吸湿材料，起到吸湿作用。止桑时如青蚕多，应加提青网，青蚕少则撒粗条叶提青，尽量使同一蚕座上的蚕发育整齐。五龄起蚕饷食宜适当偏迟，以全部蚕已蜕皮起身、不见眠蚕再后延 2～3 小时饷食，让起蚕基本上同时饷食吃叶，后期老熟基本一致，便于进行自动上蔟。

眠起中要尽量开放门窗，保持空气流通、新鲜，夏秋蚕期中午外温过高时适当关闭几小时，但早晚时分则应开放纳凉。采用地面育或蚕台育而不除沙的情况下遇高温多湿天气还应用电扇适当加大气流，排除污浊空气，降低湿度。

（4）消毒防病

省力化养蚕的消毒防病工作和普通蚕箔育大致相同，只不过地面育或蚕台育因不除沙或少除沙，除了每天定时撒石灰粉进行蚕体、蚕座消毒，还应每天或间隔一天撒一次吸湿材料，促使蚕座干燥卫生。此外，还要定时添食氯霉素和灭蚕蝇防治细菌病和蚕蝇蛆病。为了防止桑叶带病原，在各龄起蚕期应用漂白粉液浸洗过的桑叶饷食，遇阴雨天气，浸洗后的叶晾干后才能喂蚕，对预防食下传染效果很好。

2. 条桑育

大蚕条桑育是指将生长着桑叶的桑枝条直接放在蚕座上，让蚕取食桑叶的饲养方法。该技术有效地提高了养蚕生产的劳动工效和桑叶利用率。条桑育包括平面条桑育和斜面条桑育，平面条桑育又包括地面条桑育和蚕台条桑育。

（1）平面条桑育的饲养技术

①条桑收获与储藏：条桑育应事先对桑园划片，作为大蚕条桑育的桑园，小蚕尽量不采叶或少采叶，以使条叶繁茂，便于给桑和掌握给桑量。条桑收获的时间一般在早晚进行，随伐随喂，尽量避免储藏。特殊情况下条桑必须储藏时，宜基部向下竖立，靠墙放置，切忌平放。

②蚕座面积：条桑育下蚕在蚕座上呈立体分布，饲养面积要比片叶育或芽叶育少四分之一。每张蚕种四龄期条桑育的最大面积约为 10 平方米，五龄期的最大面积约为 25

平方米。条桑育蚕扩座方法是移放比较密集的桑条。

③给桑与除沙：条桑育一般每天给桑2回，早晨1回，天黑以前1回；如天气干燥，日中补给条桑1回。盛食期要给足桑叶，一般要给3~4层条桑（约30厘米高），以稍有剩余为适。条桑育一般不除沙。蚕台条桑育为了减轻蚕台承受重量，可在五龄中期抽去下层残条。

④眠起处理：如从四龄期起开始实施条桑育，蚕需要经过一个眠期。将眠前需将较细桑条剪短后再给予，力求蚕座平整。在见眠前一天改条桑为芽叶或片叶，填平条桑空隙，以满足部分蚕食桑的需要并保持桑叶的干燥，防止蚕在条桑下与蚕座中下层就眠（或作茧）；不需加眠网，蚕附在桑条上就眠，有益于蚕的生理。如果就眠不齐，可在大部分蚕就眠后加网提青，分批饲养。眠起后，进行蚕体消毒（使用防僵粉），仍给予条桑，可以不除沙，接着进行五龄条桑育。五龄饷食第一、第二次给桑用芽叶或片叶，免伤蚕体。

⑤上蔟：条桑育一般用自然上蔟法或网收法进行熟蚕收集上蔟。

自然上蔟法：预计熟蚕大批出现的前日，改给芽叶或片叶，出现2.5%左右的熟蚕时，每张种用3~4毫升蜕皮激素，兑水2千克，均匀喷洒在桑叶上，让蚕全部食下，次日早晨至上午，绝大部分蚕将老熟，将2行熟蚕并作1行，使熟蚕密度加大，薄给一层桑叶，然后放置方格蔟上蔟。

网收法：当出现2.5%的熟蚕时，改给芽叶或片叶，促使蚕座平整，添食蜕皮激素。第二天早晨可将两层塑料网覆盖到蚕座上，待熟蚕爬满时，将表层蚕网提起，收集熟蚕，然后上蔟。

（2）斜面条桑育的饲养技术

①做好眠起处理和条桑摊放工作。大眠时须做好提青分批工作。为了促使蚕发育齐一，五龄起蚕饷食宜偏迟，见95%以上的蚕呈觅食状态时开始摊放条桑。饷食时选较粗壮、较直的条桑，均匀顺次地摊放在蚕座上，将当日给桑量全部给出。条桑摊放蚕座1小时左右，待90%以上的蚕爬到条桑上吃叶后，依次轻轻地拿起带蚕条桑，剪口朝下，呈60°的坡度摆放在斜面，两面摆放带蚕条桑呈"人"字形，蚕室四周墙壁也依次倾斜摆放带有蚕的条桑。为防蚕掉落，在斜面前，可预先用塑料网衬底，或从给桑总量中选取部分较粗壮条桑，稀放一层衬底。

②饲喂条桑。斜面条桑育原则上每日给桑1~2回，少食期、减食期每日1回，中食期、盛食期每日早晚各1回。遇高温干燥，或蚕头分布不匀，或五龄盛食期，应视情况及时补给条桑。根据五龄蚕的少食期、中食期、盛食期、减食期灵活掌握给桑量，一般第一回给桑多为2~3层，上蔟前2天为1层，既要使蚕吃饱吃好，又不浪费桑叶。斜面高度随着不断给桑逐渐加高，春蚕由五龄期开始的0.4~0.8米至上蔟前达到1.2~1.6米，秋蚕由五龄期开始的0.5~0.9米至上蔟前达到1.4~1.6米。随蚕座面积的增大，斜面坡度逐渐减小，最后呈45°~60°的倾斜角。

③消毒防病。五龄蚕饷食前用大蚕防病1号或灭僵灵进行蚕体消毒，五龄第2、第4日待桑叶吃净后，用新鲜石灰粉进行蚕体、蚕座消毒。五龄第2、第4、第6日及上蔟前分别使用不同浓度的灭蚕蝇药液进行添食或喷体，上蔟前的喷体消毒尤为重要。上

蔟前添食灭蚕蝇和蚕用抗生素药物混合液，能有效预防蛆孔茧和死笼茧。

④适时上蔟。当见到2.5%的熟蚕时，先喂薄薄一层条桑，或摆放一些片叶，保持蚕座平整。在当日下午4～5时，每张种用3～4毫升蜕皮激素，兑水2千克，均匀喷洒在条桑上。第二天早晨可将薄膜蚕网或双层塑料网覆盖到蚕座上，待熟蚕爬满时，将上层蚕网提起，收集熟蚕，然后上蔟。

3. 室外育

(1) 出室前准备

养蚕场地及周围要先打扫清洁再消毒，第一次养蚕的场地，可在蚕座处撒一层石灰粉，连续养蚕的地方，用漂白粉液喷洒消毒，消毒一般在阴天或早晚时分进行，喷洒后保持湿润半小时以上。如有蚂蚁，蚕座处及其周围应先撒氯丹粉，再覆盖一层细土并撒草节，防蚁的同时避免蚕体接触氯丹粉而中毒。

(2) 出室

四龄或五龄蚕在饲食给桑2次后可移蚕出室。出室的方法是将蚕连叶一起移放在室外蚕座上。初出室的蚕稀放在蚕座中央部，以后随着给桑向四周扩座。移蚕时注意把同批饲食的蚕放在同一蚕座上，不要把饲食时间不同的蚕放在一起。

(3) 给桑与除沙

春蚕期室外育可给条桑饲养，每天给桑叶2～3回，给桑方法与地面育、蚕台条桑育相同。如给片叶或芽叶，每日需给桑5～6回，白天给桑回数多于夜间，每次给桑量宜偏少，夜间给予1～2回桑叶，根据温度高低灵活掌握给桑量。夏秋蚕期用片叶喂蚕，在高温干燥时适当增加给桑回数，或者日中喂湿叶，夜间应适当增加给桑量，让其充分饱食。室外地坑育，一般不进行除沙，在饲养中不要翻动蚕沙。在湿度大的情况下撒一层草节或细干土，既可吸湿又可吸附蚕座、人放出的不良气体。蚕台育给桑与室内片叶育或条桑育相同。

(4) 眠起处理

室外育的眠起处理与室内育基本相同，但室外育不进行眠除，只在大部分蚕就眠时撒层草节。如果蚕眠得不齐，应提青分批，提出的青蚕合并放在空坑内（或空蚕座内）饲养。室外气候变化大，要加强眠中保护，切实检查遮阴防雨设施，不能让眠蚕受到日晒雨淋和强风直吹。起蚕饲食比室内育稍早，夏秋高温时节饲食时允许有少量眠蚕存在。

(5) 不良气候处理

室外养蚕易受各种不良气候的影响，应采取措施加以调节，夏秋季节常有雷雨，应防止蚕座积水。因此养蚕前蚕座周围要挖好排水沟，土坑底部稍有倾斜或挖成拱形。遇连续阴雨造成低湿环境时，应加盖覆盖物，同时减少每回给桑量，并撒防僵粉或干燥材料，预防僵病发生。遇高温多湿要稀放蚕头，适当增加给桑回数，加强通风换气。遇高温天气，桑叶易凋萎，可在白天适当喂湿叶。

4. 大棚养蚕

大棚养蚕是蚕桑生产的一项新技术，是省力化养蚕技术的代表之一。

（1）进棚时间

蚕一般在四龄期第 2 天或五龄期第 2 天进棚。如饷食时进棚，由于起蚕对环境抵抗力弱，容易影响发育。四龄期进棚的也可先放在蚕台或蚕箔内饲养，以便于操作。

（2）给桑技术

大棚养蚕可以采用平面或斜面条桑育技术。棚内地面与大棚平行方向设宽 1～1.2 米的蚕座，长度随棚长而定，蚕座间留 0.5 米左右宽的人行道，以便进行操作。分早、晚饲喂，因给桑回数少，每日应检查 2～3 回，不带残叶给桑，应吃光再喂，发现给桑不匀或不足，适当进行补桑，保持蚕座平整。条桑一般现剪现喂不储存，有利于保证叶质。

（3）温度调节

普通大棚的保温性能较差，特别是夏秋季的午间容易温度过高，要切实做好降温工作。

①覆盖遮阴：在棚顶覆盖遮阳物，常用的有遮阳网、反光覆盖膜与草帘。在棚顶覆盖 2 层遮阳网，内层紧贴塑料薄膜，外层离棚顶 15～20 厘米，并挂出大棚两侧 1.5～2 米，形成外走廊，以防止大棚两侧受阳光直射。草帘直接盖在塑料薄膜上，厚度以棚内不见阳光为宜。

②棚顶喷水：在高温期间，从上午 9 时起，每隔 1 小时喷水 1 次，至下午 15 时左右止。

③加强通风：晴天日出后，揭开大棚两侧薄膜通风换气；待傍晚棚内温度降至饲育适温以下时，放下两侧薄膜保温。在温度较高时，昼夜通风。雨天撤下大棚两侧的遮阳网，掀起大棚两侧的薄膜，以利通气。

（4）消毒防病

大棚养蚕是利用地面饲养，大蚕期不除沙，病原易滋生，所以消毒防病措施必须要严格。在蚕进棚前 7～10 日，对大棚内外进行全面清扫消毒。如使用旧棚，要先换表土，后通风换气，再进行消毒。在大蚕移向地面时，每天须再增加 1 次新鲜石灰粉消毒，既起到消毒作用，又可防潮湿。发现蚕病时，要有针对性地进行防治。

（5）适时上蔟

抓好自动上蔟和上蔟后棚内通风排湿工作，是有利于提高入孔率和茧质的关键环节。见熟蚕时，将蚕座中桑条剪短整平，撒上一层焦糠，再撒上一层防僵粉，使蚕座成为一个较完整的平面，当发现有 5% 左右的熟蚕时，添食蜕皮激素 1 次，安放蔟架，将蔟片挂于蔟架下层横梁上，调节蔟架高度，务使蔟片下沿接触蚕体，再使棚内光线处于暗淡，温度保持在 25℃ 左右，见大批蚕登蔟后，轻轻抬高蔟架，清除蚕沙。及时拣出"游山蚕"，再将其余熟蚕并座上蔟。蚕入孔后要特别注意通风排湿。夜间或晚秋蚕期温度低于 20℃ 时必须加温，以防熟蚕吐丝缓慢乃至停顿，影响蚕茧质量。

（6）清理大棚

养蚕结束后及时将蚕沙、残桑、表土等清理出大棚，并对大棚进行全面消毒。

室外大棚育

5. 全龄薄膜覆盖两回育等少回育

该种少回育饲育型式正在试验推广。少回育就是在饲育过程中，用塑料薄膜盖蚕座以保持桑叶新鲜，从而减少每天给桑回数的饲育型式的总称。每昼夜给桑两回的称薄膜覆盖两回育。少回育可节省劳力和桑叶，并减轻养蚕的劳动强度，是一种省力化的饲育型式，主要技术措施如下。

①大蚕期与小蚕期一样，每回给桑后就覆盖塑料薄膜保鲜，一、二龄期上盖下垫，三龄期只盖不垫，四、五龄期用孔径为 0.4 厘米、孔距为 4 厘米的打孔塑料薄膜只盖不垫，眠中不盖。

②大蚕期揭膜时间要比小蚕期早，一般可在桑叶基本吃完，或给桑前 2 小时揭去覆盖的薄膜。五龄期高温闷热时要积极做好蚕室降温排湿工作，同时应在给桑后 6 小时左右提早揭膜。天雨湿重和喂食湿叶时可不覆盖薄膜。加提青网或见熟后不盖薄膜。

③两回育一般不贮桑。给桑可在早晚采回桑叶后立即进行。用桑要求适熟新鲜。要掌握好给桑量，给桑回数减少后应增加每回给桑量，使蚕吃饱，同时也要防止给桑过量。

④由于给桑回数少，间隔时间长，要做好超前扩座和匀座工作，防止蚕座过小、蚕头过密和分布不匀而使蚕生长不良、发育不齐。

⑤应提早加眠网，适时提青，加强眠起处理，饷食时可增加一次给桑。

⑥在饲养过程中，要加强消毒防病和防中毒工作。

任务三 昆虫激素在养蚕上的应用

昆虫激素主要由昆虫体内的某些腺体或特殊分泌细胞所产生，具有特殊生理功能及生物活性，对昆虫的新陈代谢、生长发育以及蜕皮、变态、眠性、化性、滞育、生殖乃至于产茧量、产卵量等均有强烈的支配作用。家蚕咽侧体分泌的保幼激素，具有保持幼虫形态、抑制蜕皮变态的作用。前胸腺分泌的蜕皮激素，则具有促使幼虫老化、蜕皮变态的作用。当两种激素相互作用时，可控制蚕的生长发育和就眠，当蜕皮激素单独作用时，能引起蚕化蛹、化蛾。此外，还有抗保幼激素，能控制眠性，可使四眠蚕三眠化。目前在养蚕生产上应用的主要是保幼激素和蜕皮激素。

一、保幼激素

1. 保幼激素的性质与作用

保幼激素是家蚕咽侧体所分泌的一种烯类激素。其作用主要是保持幼虫特征，抑制变态。五龄期第三天后，蚕体内保幼激素的分泌量急速减少，以至消失，如适当地添加保幼激素，可使五龄期食桑时间延长，并因食下量增加而增产。现在生产上常用的有734-2、738、ZR-515、ZR-512、增丝素、增丝灵、川幼1号等。

2. 使用剂量

由于保幼激素的种类不同，活性不一样，其使用的剂量也不相同。

①738：剂量为1.5微克/头，一张蚕种（以20000头蚕计）用激素30毫克，加水3000毫升。

②734-2：剂量为0.5微克/头，一张蚕种（以20000头蚕计）用激素10毫克，加水2500毫升。

③ZR-515或ZR-512：剂量为1微克/头，一张蚕种（以20000头蚕计）用激素20毫克，加水2500毫升。

④川幼1号：剂量为3微克/头，一张蚕种（以20000头蚕计）用激素60毫克，加水3000毫升。

3. 喷药时间

喷药时间一般略早于五龄经过的中期，如春蚕期五龄经过为8天左右，一般在饷食后72~84小时内喷药，夏秋蚕期五龄经过为6天左右，应在60~72小时内喷药。气温高时要适当提前，气温低可适当推迟。

4. 配药方法

配制时，将药剂倒入药器中，先用少量水充分搅拌，再加足水量，搅拌数分钟即可使用。

5. 喷药方法

为使药剂能被蚕体壁均匀吸收，使用时要求蚕座内桑叶食尽，蚕体充分暴露，然后用干净的喷雾器，将稀释后的激素液均匀地喷在蚕体上，以恰好喷湿蚕体壁为度，一般每平方米的蚕座需用激素液120毫升左右，等药液稍干，即可照常给桑。

6. 应用效果

保幼激素是用于养蚕的一种增丝剂。使用保幼激素后，蚕五龄经过延长1天左右，全茧量增加10%~20%，茧层量可增加13%~24%。

7. 注意事项

应用保幼激素有许多优点，如增产显著、成本低廉、操作方便、设备简单等，但技术要求严格，稍有差错不但不能增产，还有遭受损害的危险，故必须注意以下事项：

①应有充足的桑叶供应，如果桑叶不足，也可在五龄末期添食蜕皮激素。缺叶或发病时不能使用保幼激素，使用保幼激素的蚕必须发育整齐，健康无病。

②用药后 2 天左右，蚕食桑较慢，应适当减少给桑量。见熟后要勤喂薄饲，让蚕吃饱，但要防止浪费桑叶。

③单用保幼激素的蚕上蔟不太齐一，要拣熟上蔟，分批上蔟。蔟中营茧慢，采茧不宜过早。

④激素的使用剂量和时间必须掌握准确。

⑤喷洒激素的用具必须清洁、无污染。

二、蜕皮激素

1. 蜕皮激素的性质与作用

蜕皮激素是由昆虫的前胸腺分泌的一种甾体激素，具有促进幼虫蜕皮、化蛹的作用。给家蚕末龄幼虫添食适当剂量的蜕皮激素，可以使幼虫龄期经过缩短，提前老熟结茧。与保幼激素配合使用，可克服单用保幼激素后老熟不齐和营茧缓慢的缺点。

2. 使用剂量

蜕皮激素的使用剂量一般为 2~4 微克/头，一张蚕种（以 20000 头蚕计）用蜕皮激素 40 毫克，加水 2000 毫升。见熟前使用时宜增加剂量，见熟后使用时宜减少剂量。

3. 添食时间

一般在五龄末期使用。见熟蚕 5% 左右添食为好，蚕上蔟整齐，结茧快，不影响产茧量，用药后半天即可老熟结茧。在见熟前使用，可缩短龄期经过 1 天左右，节约桑叶和劳力，但产茧量有所下降。

4. 使用方法

将蜕皮激素（含激素量 40 毫克）倒入 2000 毫升水中，不断搅拌，使用时，先将蚕沙除尽，然后将配好的药液均匀地喷洒到 16 千克的桑叶上，边喷边翻动，充分拌匀，给蚕食下。

5. 应用效果

蜕皮激素是用于养蚕上的一种催熟剂，使用后 8 小时内可见催熟效果，一般在见熟时添食可缩短龄期经过 8 小时左右，见熟前添食可缩短 36 小时左右。在养蚕上主要有下列几种用途：

①使蚕齐一上蔟。

②使蚕自动上蔟。

③用于五龄末期蚕病暴发时，可减少损失。

④用于五龄末期缺叶时，可减少损失。

前两项用于见熟后，后两项用于见熟前，但不可过早使用，以见熟前 2 天以内为宜。

6. 注意事项

蜕皮激素在应用上要求十分严格，必须注意以下几点。

①添食蜕皮激素的蚕必须发育整齐。

②使用激素的剂量和时间必须掌握准确，避免夜晚捉熟蚕，一般以傍晚添食第二天捉熟蚕为好，或早上添食，下午捉熟蚕。

③使用激素后，饲育温度不能低于20℃。

④添食蜕皮激素后，蚕成熟齐一，因而应及时做好上蔟前的准备工作。

⑤药液要现配现用，防止变质。添食蜕皮激素的当天，不要用其他药物。

蜕皮激素的添食方法

三、抗保幼激素

除保幼激素外，昆虫体内还存在多种阻碍保幼激素的合成与分泌，抑制保幼激素活性的物质，这类物质被称为抗保幼激素。在生产上，给家蚕二、三龄幼虫施用适当剂量的抗保幼激素，能够将四眠五龄蚕诱导成三眠四龄蚕，可用其生产超细纤度的生丝，开发新的纤维素材。

1. 抗保幼激素的种类与生理活性

抗保幼激素的种类很多，能够将四眠五龄蚕诱导成三眠四龄蚕的主要有咪唑化合物、喹啉酮碱化合物及松香酸类化合物等。

在二、三龄期喷抗保幼激素，可将正常的四眠五龄蚕全部变为三眠蚕，使其在四龄期老熟结茧，全茧量和茧层比正常的四眠五龄蚕低，茧丝纤度只有正常蚕的三分之一到二分之一。但是，如果在五龄中期保幼激素分泌量低的时候添食则不表现出抑制保幼激素的特性，反而会延长五龄蚕食桑时间，增加产茧量。

2. 抗保幼激素的应用

目前，抗保幼激素主要用于以下几个方面：

（1）诱导三眠蚕、生产超细纤维生丝

养蚕生产上，目前主要用抗保幼激素来诱导三眠蚕，生产超细纤度的生丝。四眠蚕的茧丝纤度一般为2.0～3.0D，二龄期施用抗保幼激素诱导的三眠蚕的茧丝平均纤度为1.6～1.9D，三龄期施用抗保幼激素诱导的三眠蚕的茧丝平均纤度为1.0～1.3D。并且，三眠蚕的茧丝纤度偏差小，解舒好，净度优，可用来制作超薄织物。

（2）避免未熟蚕上蔟，确保蚕茧丰收

普通的四眠五龄蚕，五龄经过一般为7～8天。如果在五龄期第三天上蔟，全部蚕不能结茧，如果在五龄期第四天上蔟，大约有三分之一的蚕能吐丝结茧，但所结的茧全部是薄皮茧。因此，五龄后半期缺叶，会严重影响产茧量。但是，当预测到桑叶不足时，用抗保幼激素将四眠蚕诱导成三眠蚕，熟蚕上蔟时间与普通四眠蚕的五龄期第四天大致相当，此时蚕全部都能吐丝结茧，全茧量可达 1.0～1.5 克，茧层量可达 0.2～0.3 克，与正常时无异，可减少因缺叶造成的损失。

（3）解除天蚕卵的滞育

天蚕丝具有独特光泽，强伸度也优于家蚕丝，并且具有艳丽的色泽，经济价值很高。但是，由于天蚕是一化性卵滞育绢丝昆虫，蚕卵在蚁体形成后的前幼虫期进入滞育，在自然条件下，一年只孵化一次，人工孵化极为困难，一般情况下一年只能饲养一次。但是用适当剂量的抗保幼激素处理滞育的天蚕卵，可使滞育解除，达到人工孵化的目的，实现一年多次养蚕。目前，关于抗保幼激素的作用机理及其在生产上的应用，尚需进一步的研究。

任务四　人工饲料育

人工饲料育，在许多方面都借鉴于桑叶育。但是，由于饲料不同，饲养的许多技术措施甚至于基本概念都不同于桑叶育，只有认识到这一点，才能真正掌握人工饲料育。

一、饲育设施及其清洁化

采用小蚕人工饲料育时，必须确保在能够保持清洁环境的设施内实行。这种设施还要有利于推行饲育作业的省力化及机械化，才能充分发挥人工饲料育的优越性。

1. 饲育设施及其要求

为使人工饲料育成功，需要在清洁环境下进行清洁育。房屋及设备的设置必须首先考虑这一点。此外，小规模饲育（100 张蚕种以下）时，手工操作可基本满足要求，大规模饲育时为减少劳力、减少污染、提高效率，还需要采用机械化饲育装置。

小规模饲育时，饲育室可采用炕房育蚕室略加改造而成。一般可在原有炕房的入口处加设两道更衣室，第一室为脱衣室，设有洗手池，第二室为更衣室，入口处设鞋子消毒槽，放置消毒液，操作人员在此更换入室的清洁工作服及帽子。人工饲料对空气需要量少，一般不需要光线，所以为减少缝隙漏气，饲育室可尽量少设窗户，饲育室门窗的密闭性要好。要采用有温度显示的控温仪进行半自动控制。有条件的饲育室内应设置一台去湿机，以便眠中去湿使饲料干燥，可促进蚕发育齐一。

在大规模饲育时，一般均采用自动给饵机、自动饲育装置，并配备空调、去湿机、全自动温湿度显示调控装置等设备。应分别设立饲育室、操作室、饲料准备室、更衣室、饲料保管室、机房及其他辅助房屋。

2. 清洁化的必要性

人工饲料育对环境清洁要求极高，不洁的环境将导致人工饲料腐败，使蚕患病。

（1）人工饲料的腐败及其防止

饲料的腐败大多由真菌、酵母、细菌等引起。调制好的饲料本身接近于无菌状态，然而，饲料与空气接触后，容易被空气中的杂菌污染，不加有防腐剂及抗生素的饲料不到 24 小时就会发生腐败。高温时腐败更快，蚕食下这种饲料必将影响蚕茧产量甚至导致蚕死亡。

实用的人工饲料都加有少量防腐剂及抗生素。但由于防腐剂的生理毒性、经济性等原因，目前的饲料尚不能保证不腐败。

（2）饲育室的空中杂菌

饲育室经过严格消毒，杂菌较少，但随着收蚁及饲育的进行，室内逐渐为微生物所污染，杂菌随着尘埃等飞入空中，如落到人工饲料表面较多时，饲料较易腐败，尤其是室外空气中杂菌数较多的季节，饲育室内杂菌也多。

（3）人工饲料育与蚕病

①细菌性蚕病。人工饲料育中，细菌除直接影响蚕外，还可通过引起饲料腐败作用于蚕。如果腐败的饲料本身有毒性，且这种腐败菌对蚕有致病性，则影响更大。人工饲料育下发生软化病的蚕的消化管内，有大量的乳酸菌存在，这种菌本身无致病力，但可在人工饲料育的蚕的消化管内大量增殖，导致蚕死亡。

②病毒病。与桑叶育相比，人工饲料育发生病毒病的机会较少，但人工饲料育的蚕不能像桑叶育的蚕那样在中肠内合成有抗病毒活性的红色荧光蛋白，其对病毒病的抵抗力较低。

③病毒与细菌共存的影响。两者共同存在时，人工饲料育的病蚕的出现率比单一病原存在时要高得多。如果已食下腐败饲料，即使接着仅感染少量病毒，病毒病的发病率也将大大提高。

④真菌病。桑叶育中常见的真菌病病原物，对人工饲料中的防腐剂的抵抗力较差，人工饲料育的蚕一般不会发生真菌性病害。

（4）清洁化的注意事项

病原不仅附着于衣服、鞋袜上，还大量存在于人的头发、手指、皮肤甚至唾液中。因此进入饲育室要更换消毒过的衣服，佩戴帽子，操作中尽量少说话，凡是工作服外露的人体部分，应用肥皂或消毒液仔细清洗一遍。

饲育室构造要注意密闭性，不能让室内外空气直接交换，门一般要做成推拉门。饲料调制室与饲育室要彻底隔开，否则极易造成严重污染。调制好的湿体饲料的塑料包装其表面往往附有大量病原，所以饲料袋要经过消毒才能送入蚕室。

二、小蚕人工饲料育

人工饲料育时，必须在能够维持清洁条件的饲育设施内进行，还必须严防养蚕操作人员带入病原。另一方面，温度、湿度、光线、气流等饲育环境因素及收蚁、给饵、眠起处理、分蚕等饲育处理是否恰当，直接影响蚕的生长发育及今后的饲育成绩，也影响劳动生产率以及饲育经费的高低，直接关系到人工饲料养蚕的成败，务必认真对待。

1. 饲育准备

（1）饲育机械设备的检修准备

人工饲料育比桑叶育使用更多的设备，如空调、空气过滤器、加温补湿设备、给饵机等，这些设备在养蚕前全部都要检修一遍，并备足必要的零配件，确保蚕期开始后能正常运转。

（2）消毒准备

收蚁前必须制订好计划，防止因气象、人员、设备等出现意外情况造成清洗、消毒不彻底而留下隐患，要求至少在蚕种进饲育室的前两天，饲育室必须达到完全可以使用的状态。

虽然饲育室在上一蚕期结束时一般会进行清洗消毒，但在此期间饲育室极易被病原污染，尤其是曲霉菌、乳酸菌等腐生菌，更易滋生蔓延。因此包括饲育室及所有养蚕用附属室均应彻底打扫清洗，蚕具的洗涤最好在流水中进行，如在水槽中洗涤，最好在水中添加消毒剂。

（3）消毒方法

人工饲料育下，必须对饲育场所进行彻底消毒，其消毒方法及顺序如表 5-4-1 所示。

表 5-4-1 人工饲料育饲育场所的消毒顺序及方法

顺序	工作	内容
1	大扫除	搬出蚕具，对饲育场所进行大扫除
2	蚕具洗涤	蚕箔、蚕网、给饵用具及其他能洗的蚕具
3	第一次消毒	对饲育室、操作室、更衣室、外围等进行喷雾消毒
4	蚕具消毒	塑料、竹木制蚕具用浸渍法消毒，其他蚕具用蒸煮、暴晒等方法消毒
5	干燥	开启门窗，使饲育场所保持干燥
6	第二次消毒准备	蚕具入室（插架、叠放）
7	第二次消毒	熏烟剂（优氯净熏烟剂）熏蒸
8	排气	通过过滤空气排臭，或用氨水排臭

2. 蚕室的防病管理

人工饲料育在高温多湿环境中进行，这样的条件同样也是微生物繁殖的最适条件。人工饲料育一般不进行蚕体、蚕座消毒，因此更应注意保持饲育室不被病原污染。

（1）饲育中的防病措施

人工饲料育下，蚕一至二龄的龄期经过约 8 天，一至三龄的龄期经过约 12 天，在饲育温度 28~29℃、湿度 85%~95%这样的环境中要保持饲料不腐变，必须充分注意防止病原随操作人员进入饲育室。分蚕前对共育室进行调查发现，在一般清洁育条件下，微生物的污染是难免的，主要目标是努力减少病原及腐生菌的侵入，避免大量微生物污染造成损失。

①在外温较低的春蚕期、晚秋蚕期，饲育室的天花板及墙壁等会有结露现象发生，若露落在蚕座上，不仅会溺死小蚕，还会降低饲料中的防腐剂浓度，往往成为饲料霉变的始发处。为防止结露，在饲养开始前就预先对饲育室进行加温，饲育框或蚕架的最上层放一层铺有塑料纸的空饲育框，防止露滴落到蚕座上。

②操作人员的工作服要保持清洁，要经常洗涤使之不附着病原。

③在饲育室入口处用准备好的消毒液进行手部、头脸部消毒。用浸有消毒液的毛巾擦脚后穿戴工作服、胶鞋、口罩等，出入口的门的开启时间要尽量短。

④饲育室周围每天要清扫，饲育室内的桌、椅等经常用浸过消毒液的布擦拭。地面清扫后用消毒液喷洒消毒。

（2）入饲育室的注意事项

①在工作量能够按时完成的前提下，尽可能减少入室人数，减少污染。

②洗手或淋浴时，对露出工作服的身体部分，要用肥皂充分洗净。

③长时间在高温多湿的环境下操作，容易出汗，每人要准备一块洁净的毛巾，防止汗滴落入蚕座。

④饲育中要贯彻生产第一原则，禁止参观者入内。

（3）操作注意事项

①饲育操作尽可能一次性完成，进行饲料的搬运、给饵、补给饵时，要戴上塑料薄膜手套。

②给饵机械及设备使用前均要用浸过消毒液的布擦拭消毒才能使用。

③饲料要通过消毒口进入饲育室，给饵时提前1～2小时将饲料从冷库中取出，避免饲料温度过低使小蚕冻麻痹而增加减蚕率。

（4）给饵后的注意事项

①给饵后，给饵机要立即清洗干净，并使其干燥待用，对较易污染饲料的门把手等应用消毒液擦拭干净。

②饲育室地面要用干净的水冲洗，再用消毒液全面喷洒。

③使用后废弃的饲料包装袋、饲料屑等要带出室外，丢入火中焚烧，不可扔在饲育室附近。工作服、胶鞋等应尽早洗涤消毒。

④操作全部结束后，打开饲育室、更衣室等的紫外杀菌灯20～30分钟（饲育室内的紫外灯光不可直接照到蚕座上）。

3. 饲育室的气象环境控制

（1）温度

一至四龄期要求较高的饲育温度，低温对小蚕影响很大，这是人工饲料育与桑叶育的差异之一。人工饲料育的饲育适温比桑叶育高，其原因之一是不同饲育型式下蚕体温有差异，在同一室温下，人工饲料育的蚕的体温及蚕座温度均比桑叶育的低，有气流时差异更大。这主要是因为人工饲料中的水分蒸发会带走大量的热量。因此，人工饲料育的饲育适温需要相应提高。

人工饲料育的适温范围较桑叶育为更狭窄，一般一至三龄期的适温均为28～30℃，蚕座面上有气流时用其高值，随蚕龄增加在此范围内逐渐降低温度。

（2）湿度

人工饲料育保湿的主要目的是防止饲料干燥。蚕体重的75%～87%是水分，饲料中的水分供给量必须满足蚕对水的生理要求。饲料水分含量适合与否，还直接影响到蚕食下量的多少。小蚕人工饲育给饵回数少，节省劳力是其优点之一，从这个角度出发，也应注意防止饲料干燥。

人工饲料育中，饲育室的湿度以稍高为宜。小蚕期中相对湿度应不低于 85%，以减少饲料失水，促进蚕摄食和生长。进入将眠期，要降低湿度，眠中湿度降到 65%～70%，促使饲料迅速干燥，提高整齐度，见起时再开始补湿。

（3）空气的污浊与气流

人工饲料育时，由于饲料没有呼吸作用，在不发生饲料腐变的情况下，饲育室的空气是比较新鲜的，蚕一般不会发生二氧化碳、氨、一氧化碳等中毒的情况。

蚕的生存环境是由空气的新鲜度、温度、湿度、气流四个因素的综合作用决定的，而气流对其他三个因素起重要调节作用。但人工饲料育要防止 0.1m/s 以上的气流，否则不仅易造成饲料干燥，还会造成蚕头分布不均，从而影响蚕的生长发育及整齐度。

（4）光线

光线是人工饲料育中的重要环境因素，对蚕的饲育成绩、眠性、化性以及劳力使用有很大的影响，其效应与桑叶育差异甚大。

光线影响蚕的摄食和生长：以 6 小时明、18 小时暗的条件饲养的蚕体重最轻，减蚕率也最低；全明条件可促进蚁蚕饱食，提高蚁蚕疏毛率，并使发育经过延长，蚕体重增加，全茧量提高，但发育不齐，减蚕率增加。

人工饲料育的小蚕期，蚕的就眠和蜕皮时刻与光线的明暗变化基本同步。蚕的就眠和蜕皮与每龄的第 30 小时到第 48 小时内这段时期的刺激有关。一般于明暗交替后的 30～36 小时入眠，再经 12～18 小时蜕皮。使用这样的光线变化方式，可促进蚕的眠起齐一。

光线条件还会引起蚕的眠性和化性变化，这在进行原种人工饲育时更应予以注意。在长光照或全明条件下，高温（28℃）易发生三眠蚕，低温（22℃）易发生五眠蚕。人工饲料育中，幼虫期的光照条件是引起化性变化的主要因素，在短光照条件下，全部产滞育卵，在长光照和全明条件下则向产非滞育卵方向转化，每日暗饲育 16 小时以上，可以抑制产不滞育卵。

光线会促进饲料中的脂肪酸氧化变质从而降低饲料价值。

综合多方面因素考虑，人工饲料育以暗饲育为宜。

4. 饲育方法

（1）收蚁

人工饲料育的收蚁处理，需要较多劳力，如处理不当还将影响蚕对饲料的摄食，导致蚕发育不良。因此，必须采用省力，有利于蚕摄食，且适合于不同饲料形态、饲育型式的收蚁方法。

从孵化当日 10 时至第 2 天 10 时的不同时间收蚁，蚁蚕对饲料的摄食随孵化时间的增加而变化，但延迟收蚁对小蚕的生长发育有轻微影响，因此一般在孵化当日上午进行收蚁。如遇蚕种催青不适，可能出现孵化不齐时，可采用转青卵二夜包的方法，促进一日孵化率的提高。

蚕卵表面附着有大量的微生物，当进行无菌育时，有可能会导致饲料腐败，应进行卵面消毒：可在蚕卵转青后孵化前，先用酒精浸 5 分钟，再用福尔马林浸渍 20 分钟，然后用灭菌水洗净，吸干水分。采用清洁育时可不进行卵面消毒，或仅在摊种时薄撒一层防病1号即可。

散卵收蚁可用两种给饵方法。第一种方法是将蚕种用绵纸包裹后感光，将适量饲料切削摊铺成合适面积，置于蚕座上，然后将绵纸上的蚁蚕均匀扫落于蚕座上。如蚁蚕不能全部到绵纸上来，可将极少量饲料切成小粒状撒落于绵纸上吸引蚁蚕。如蚕座上蚕头分布不匀，可在蚕取食一定时间后（一般在收蚁当天下午）进行匀座。

第二种方法类似于桑叶育的双网收蚁法。先将蚕种于蚕座上摊成预定面积，然后感光。为防止蚁蚕扩散，可在其上加一张小蚕用塑料网（预先压平），再在四周撒一圈防僵粉。待孵化后，适当调整蚕头分布，并薄撒一层防僵粉于蚁蚕及卵壳上，再加一张塑料网，随后立即用给饵板给饵，给饵面积略大于摊种面积，经0.5~1小时蚁蚕绝大部分转移到饲料上来后，抬起上面一张网移至铺有防干纸的蚕箔上即可。如遇孵化不齐，可不撒防僵粉，收集未孵化的蚕种及卵壳，第二天继续收蚁。

如采用平板给饵方式，只能采用第一种方法。平附种收蚁也可采用第一种方法，直接将绵纸或蚕连纸上的蚕扫落于饲料上即可。

（2）给饵方法

大规模饲育时，除采用平板状或覆水饲料外，一般采用给饵机进行机械给饵。小规模（100张蚕种以下）饲养时，或进行补给饵时，用给饵板即可满足需要。

用给饵机或给饵板以条状或薄片状切削式给饵时，一般小蚕期每一龄期给1~2回，以平板式给饵时一般每一龄期给饵一回。

切削式给饵时，对条状或薄片状饲料的长度一般无特殊要求，但饲料一般以厚度不超过当龄蚕体长、宽度不超过体长2倍为宜，过厚、过宽均会增加伏沙蚕和遗失蚕，并导致蚕发育不齐。

（3）给饵量和蚕座面积

给饵量和蚕座面积有密切关系，应按照标准进行，特别是收蚁及一龄期第2回（一龄期第3日）给饵，如在规定蚕座面积上给饵过多或给饵不均，容易产生埋没蚕及毙蚕，应多加注意。蚕座边缘易干，可适当多加饲料或者加盖防干纸。

（4）眠起处理

眠起处理直接影响到蚕的整齐度和生长发育。当绝大部分蚕就眠时，要求饲料已经干燥、达到蚕不能摄食的状态。饲料在给饵后即逐渐干燥，通过扩座可加快其干燥速度，除湿或撒干燥材料后进一步干燥。

眠中残剩的饲料干燥不充分，早起的蚕食下此饲料，发育提早，将使蚕就眠不齐。相反，在蚕未眠时就干燥饲料，则将使发育落后的蚕摄食不足，发育更慢，同样造成发育不齐的后果。因此可在各龄蚕的催眠期进行扩座，既可促进饲料干燥，又使原来重叠在一起的饲料暴露出新鲜面，促进发育落后蚕的摄食。然后根据就眠情况进行去湿或撒干燥材料，可以使饲料完全干燥。

扩座时可以用手进行，如配以小型竹制齿耙翻动饲料，可加快操作，操作时注意齿耙尖端应磨平，不要损伤蚕体。撒干燥材料一般在出现95%以上眠蚕时进行。

（5）起蚕的处理

处理起蚕时，应注意适时饷食。饷食过早，会影响迟起蚕的蜕皮和食欲，造成发育不齐；饷食过迟，早起蚕陷于饥饿状态、体质下降，同样会造成发育不齐。

一般情况下，饷食在初起蚕出现后 15～24 小时，起蚕率达 95％～98％时进行为宜。如初起蚕出现 30 小时后起蚕率仍不能达 95％，则应立即饷食，待分蚕给桑后分批进行饲育为宜。如需推迟饷食，应将饲育温度降至 25℃，减轻起蚕疲劳。如需要除沙或分箔，起蚕先加网后饷食，约数小时后即可进行除沙、分箔。

（6）蚕体、蚕座消毒

在清洁环境下进行的人工饲料育，一至三龄期一般不必进行蚕体、蚕座消毒。但如饲料发生霉变，可在霉变周围用吸管滴消毒用酒精，然后将此部分饲料小心去除，去除后的部分再小心滴加消毒酒精进行擦拭。这样既可消毒，又可减轻霉菌孢子的扩散。如果霉变处超过两处，按上法处理后，再加网给饵，等蚕爬上网后除沙，受污染的蚕沙应立即焚烧或投入消毒液中处理。当发现有霉变时要尽早处理，同时要认识到霉菌孢子可能已经全面扩散，因此要对已发生霉变的蚕箔附近的蚕多加观察，并认真分析污染来源，改正疏漏之处。

5. 分蚕

分蚕是由人工饲料育转为桑叶育的重要时期，必须按照实际情况选用安全、有效的分蚕时期和方法。

（1）分蚕时期

分蚕一般在眠期或起蚕期进行，如大蚕饲养户加温有困难，应在起蚕时分蚕为宜。二眠分蚕时以 40％以上眠蚕出现时为好，三眠分蚕时以 60％以上眠蚕出现时为好，以三龄起蚕或四龄起蚕分蚕时，可在起蚕出现 80％以上进行。也可以起蚕给予桑叶 1～2 回以后分蚕，但采用这种方法时，由于桑叶被带进了人工饲料育蚕室，分蚕后人工饲料育蚕室的清洗、消毒要更加注意，不能给下期蚕留下隐患。

（2）分蚕方法

人工饲料育蚕座为平面状，残剩的饲料易结成块状，已干燥的饲料容易损伤蚕体，特别是起蚕更易受伤，因此最好用蚕箔或饲育框分蚕，蚕座以平铺展开为宜。

6. 分蚕后的饲育处理

（1）分蚕后的处置

蚕分到户后，应立即摊开蚕座，进行扩座，眠起齐一后再进行饷食。在此期间，蚕室温度应尽可能接近于人工饲料共育室的温度，避免极端高温与低温。

采用眠中分蚕时，如果整齐度差，为了促进蚕发育的整齐度，可在就眠前按照桑叶育的方法给桑 1～2 回，有明显效果。此时用桑应偏软嫩，加网后给桑，等起蚕出现时提网分批。

（2）给桑处理

给桑一般在初起蚕出现后 15～24 小时进行，发育不齐时不能过分延迟饷食，可根据发育速度分批饷食，提高批内整齐度。给桑前应先进行蚕体蚕座消毒。给桑应偏嫩，避免给予粗硬叶及不良叶，尤其在蚕未完全适应桑叶的最初 1~2 天更应注意。

（3）饲育温度

为了促进桑叶育的顺利转用和蚕的发育，最初的 36~48 小时，饲育温度应比桑叶育的标准温度偏高。

（4）除沙

改桑叶育后的除沙，待蚕上网后应尽早进行。这是因为残剩饲料在改饲桑叶后容易霉变。此时应注意勿使网下蚕遗失。为了减少因饲料被挂带于蚕网上带来的不便，加网时可加双网，除沙时提起上面一只网即可。残剩的饲料及蚕沙最好加以焚烧，也可用来堆肥，但不宜用于表面施肥。

7. 人工饲育后的整理

人工饲料育结束后，共育室及蚕具等大都有蚕粪、饲料、尘埃等附着，如不加以清洗消毒，病原将大量滋生，给下次饲育带来麻烦。因此必须对饲育室、饲育器具、蚕具等进行充分洗涤，干燥后再用消毒药液进行消毒，在 24℃ 以上温度保温一天后方可换气、干燥。

三、人工饲料育的形式

1. 小蚕人工饲料育与壮蚕桑叶育结合

一至二龄期或一至三龄期采用人工饲料育，三龄期或四龄期改为桑叶育。一般其小蚕期经过比桑叶育延长约一天，体重、齐一度、产茧量及茧质与桑叶育无明显差异。考虑到设备利用率等因素，采用人工饲料育的绝大部分为一、二龄蚕。

2. 一至四龄期低成本人工饲料育，五龄期桑叶育

日本广食性品种及低成本人工饲料研究的成功，使人工饲料育的时间延长至四龄，其产茧量、茧质等各项指标与桑叶育无异，一般采用一至二龄期、三至四龄期两级人工饲料共育，五龄期分户桑叶育的模式。

3. 原蚕人工饲料育

原种的小蚕人工饲料育现已完全实用化，生产成绩基本达到桑叶育水平。在某些育种及蚕种繁育单位，已经有用原种全龄人工饲料育生产无毒蚕种的成功先例。

4. 人工饲料无菌育

人工饲料无菌育，已可实现小蚕期给饵一次，大蚕期给饵两次的水平，劳动生产率大大提高，但设备投资较大，在生产上普及较困难。

5. 全龄人工饲料育

当前全龄人工饲料育的蚕的蚕茧产量、质量尚达不到桑叶育水平，且投资较大，尚待完善。

思考题

1. 小蚕有哪些生理特点？

2. 根据小蚕生理特点，在饲育中应注意哪些主要问题？

3. 小蚕饲育型式有哪几种？它们的优缺点分别是什么？

4. 各种小蚕饲育型式应注意哪些主要技术处理？

5. 怎样选采小蚕适熟叶？

6. 小蚕期采桑时刻与叶质有什么关系？

7. 小蚕期贮桑方法有哪几种？

8. 小蚕期有哪几种切叶方法？

9. 决定小蚕期给桑回数的依据是什么？

10. 小蚕期给桑有什么要求？

11. 小蚕期扩座和除沙的目的是什么？

12. 怎样调节小蚕期的温度、湿度、空气和光线？

13. 小蚕期眠前处理和眠中保护应注意哪些技术处理？

14. 小蚕就眠有什么规律？

15. 控制日眠有何意义？掌握日眠应采取哪些措施？

16. 蚕期中为什么要继续消毒防病？主要应抓好哪些工作？

17. 说明蚕体、蚕座消毒药物种类、使用浓度、配制方法及注意事项。

18. 小蚕期的"三专一远"制度的内容是什么？

19. 为什么要推行小蚕共育？怎样做好小蚕共育组织管理工作？

20. 大蚕有哪些生理特点？根据其生理特点的要求，在饲育中应注意哪些主要问题？

21. 大蚕有哪些饲育型式？

22. 大蚕期贮桑方法有哪些？

23. 大蚕期如何做好给桑工作？

24. 养蚕遇到不良气候怎么办？

25. 怎样正确使用氯霉素和灭蚕蝇？

26. 怎样防止桑蚕农药中毒？

27. 养蚕结束后为什么要立即消毒？应该怎样消毒？

28. 蜕皮激素有什么作用？应该怎样使用？

29. 谈谈你对人工饲料育的认识。

项目六　夏秋蚕饲养

夏秋蚕是在夏秋季节饲养的夏蚕、早秋蚕、中秋蚕和晚秋蚕的总称，一般在 6 月中下旬至 10 月中下旬饲养。饲养夏秋蚕有许多优势，由于夏秋季气温高，蚕和桑叶生长发育快，可进行多次养蚕而提高桑叶、蚕室、蚕具的利用率，进而提高蚕茧产量和亩桑产茧量。同时，蚕龄期经过短，可以减少升温燃料，节省劳力，有利于降低养蚕成本。饲养夏秋蚕也存在劣势，此时桑叶叶质较差、气候多变（高温多湿、低温多湿、高温干旱、闷热、大风等）、病原较多，容易诱发蚕病。因此，只有在加强桑园肥培管理的基础上，注意桑树的养用结合，合理地安排夏秋蚕的饲养适期、饲养比例、饲养品种，严格消毒防病，采取合理的养蚕技术措施，才能使夏秋蚕稳定高产。

任务一　夏秋蚕饲养的特点

一、气候特点

我国位于欧亚大陆的东南部，东临太平洋，具有明显的季风气候特点，夏秋蚕期气候变化较大。四川省四面环山，辖区辽阔，地貌复杂多样，各地气候条件差异较大，如攀西地区日照长，昼夜温差大，湿度相对较小，极适宜养蚕。总的来说，四川有春旱、夏热、秋雨、冬暖、多云雾、少日照、生长季长等特点。

（一）夏蚕

夏蚕饲育一般在夏至到大暑之间进行。这一时段，不同地区的气候特点各不相同。

华东地区：如江浙的太湖流域，饲养夏蚕时正值梅雨季节，气候变化较大，下雨期间低温多湿，晴天温度较高，湿度较大，易形成闷热状态。通常在小蚕期，此地温度偏低，需要注意升温，而在大蚕期，往往会出现对蚕不利的高温多湿环境。

华南地区：如珠江三角洲地区，地处亚热带，夏季长且温度高，雨季长且雨量多，还有台风袭击，气温昼夜变化较大。有时温度可高达 29℃，甚至达到 32℃，如遇台风则雨量多、湿度大，台风过后，温度回升，易形成高温多湿的环境。

华北地区：如河北等地，饲养夏蚕的后期，处于高温多湿的季节，平均温度为 23～24℃，最高温度为 34～35℃，大蚕期往往受到高温多湿的危害。

西南地区：如四川盆地的河谷地区，桑树生长期长，从 3 月至 11 月均可养蚕。夏蚕从 6 月中旬开始收蚁，气温逐渐上升，晴天温度较高（26～30℃），湿度较大（相对湿度在 72% 以上），形成高温多湿的气候格局，符合小蚕生理特点，有利于蚕的生长发育。如遇下雨则易低温多湿，仍需注意升温。

（二）早秋蚕

早秋蚕一般在 7—8 月间饲养，为全年气温最高的季节。华南地区的广东省，常受台风影响，暴雨较多，呈现出高温多湿的气候。江浙地区，由于受南方热空气影响，常久晴不雨，炎热干燥，气温往往都在 30℃ 以上。华北地区，当时正值雨季开始，前期温度较高，日间会形成 30℃ 以上的高温，后期温度较低。四川盆地，当时是一年中温度最高的季节，受热带高气压的影响，有时会出现干旱，易形成酷热干燥天气，湿度在 75%～85% 之间，是以四川省一般不养早秋蚕。

（三）中秋蚕

中秋蚕在 8—9 月份饲养，当时立秋已过，气温逐渐降低，昼夜温差较大，日中炎热，夜间凉爽。长江流域，8 月上中旬常有干旱出现，到 8 月下旬和 9 月上中旬，常有秋雨，一般气温逐渐下降，适合蚕的生长发育。

华南地区，8—9 月份常受南海高温影响，有时会出现 34℃ 以上的高温天气。处暑以后，气温开始下降，但平均温度仍是 27～28℃。当时也是台风最多的季节，常有暴雨，仍可出现高温闷热的天气。

华北地区，8—9 月间尚在雨季，前期温度较高，日间可出现 30℃ 以上的高温，后期温度较低，夜间可出现 16～17℃ 的低温。

四川 9 月上旬虽较凉爽，但一天中气温变化较大，早上和夜间凉爽，日中高温干燥；9 月上中旬可能出现连晴高温天气，气温可能达到 38℃，正是"秋老虎发威"的时候；下旬多为梅雨季节，温度可能降到 20℃ 以下，常处于低温多湿状态。从整个时段来看，随着蚕的生长发育，气温逐渐降低，基本符合蚕的生理要求，但遇上梅雨时，湿度往往过大，因此，合理调节气象环境，显得特别重要。

（四）晚秋蚕

晚秋蚕在 9—10 月间饲养，这时已到白露、秋分时节，气温显著下降，天气晴朗少雨。当时全国大部分蚕区，白天温度处于养蚕的适温范围内，早晚温度较低。但在饲育后期，常出现低温干燥或低温多湿的不良环境，应加以调节。

华南一带，9—10 月份开始出现晴朗干旱的天气，中午热，早晚凉，有时因台风袭击而出现降雨，温度下降。

四川大部分地区，多处于梅雨季节，川西、川北地区，晚秋期往往阴雨连绵。晚秋蚕常处于低温多湿的环境，早晚温度低时，应注意升温。

总之，夏秋蚕期气候变化大，通常夏蚕和中秋蚕的小蚕期，不是处于高温多湿，就是处于高温干燥的环境中，有时中秋蚕在大蚕期也会遇到高温袭击。晚秋蚕大多处在低温多湿或低温干燥及昼夜温差大的环境中。我们必须充分认识这些特点，采取有效措施，克服不良气候，为蚕创造良好的生活环境。

二、叶质特点

桑树在春蚕期采叶伐条后，夏秋蚕期再次发芽抽条，开始了新的生长过程。桑树在5月下旬至6月上旬进行夏伐，一周后开始萌芽生长，一直延续到10月。夏秋蚕期桑树生长有生长时间长、产叶量多、生长速度快、叶片容易老硬的特点，与春季生长特点显著不同。据调查，从6月中旬到7月下旬的桑树芽条生长量要占夏秋蚕期芽条生长量的80%左右，平均每天新梢生长2.5厘米，每两天长一片叶。因此饲养夏秋蚕时，要根据桑叶生长规律，在不影响桑树生理的前提下，分批采叶，分批养蚕，充分利用桑叶，使蚕茧增产。

（一）叶质与气候的关系

夏秋蚕期叶质好坏，受气候条件影响很大。

①阴雨连绵时，日照不足，则桑叶的含水率增高，蚕所需的蛋白质、碳水化合物、维生素等营养物质的含量相应减少。

②久旱无雨时，土壤缺水，则桑叶的含水率减少，光合作用能力减弱，合成的营养物质少，叶内粗纤维多，叶质硬化，使蚕难以食下，不利于蚕消化。同时桑树生长停滞，出现封顶现象，造成小蚕期选采适熟叶困难。

③水肥充足时，桑叶生长快，新梢和叶片的增长率高，叶质较好。

（二）不同蚕期的叶质比较

夏秋蚕期桑叶的化学成分与春叶相比有很大的差异。桑叶含水率从春季到晚秋逐渐减少，干物中的蛋白质的含量也随季节的推移而减少，因此，夏秋叶不如春叶好。饲养夏秋蚕的四个蚕期所用的桑叶的叶质也有差异。

①夏蚕主要利用夏伐后的疏芽叶和新条上的基部叶，或利用春伐桑的桑叶，通常饲养夏蚕是在春蚕生产结束后不久开始，此时气温逐渐上升，雨天较多，利于桑树生长，较易获得优质的桑叶；早秋蚕期利用枝条下部叶，这时枝条生长旺盛，成熟叶较多。一般情况下，夏蚕和早秋蚕用叶的叶质较好。

②中秋蚕用叶受当时气候条件、桑园肥培管理水平及早秋蚕期用叶情况影响，如长期干旱，枝条封顶，则叶片老硬，叶质差；如管理及时，肥水充足，蚕期安排合理，早秋蚕期采叶用叶适当，则中秋蚕用叶质量较好。

③晚秋蚕期，一般采摘桑树枝条上部新生出来的叶片，如肥水充足，防治病虫害及时，则桑叶适熟柔软，叶质较好。但夏蚕期、早秋蚕期、中秋蚕期未被利用的枝条下部桑叶早已硬化，营养价值低，不宜作为蚕的饲料。

总之，夏秋蚕期桑叶老嫩差别大，往往不是偏老就是偏嫩，桑叶的成熟度与蚕的生理要求较难统一，而且多虫口叶和病虫害叶。因此，夏秋蚕期必须加强桑树肥培管理，合理设计养蚕布局，做好桑叶采摘、运输和贮藏工作，特别是小蚕用桑应注意桑品种的选择和技术管理，设置小蚕专用桑园，确保夏秋蚕用叶叶质。

三、病虫害特点

（一）蚕病

夏秋蚕蚕茧产量和质量不如春蚕，其主要原因是蚕病多发。

①夏秋蚕期随着养蚕次数的增加，病原积累多，扩散面大。

②高温多湿的环境条件下，病原繁殖快，致病力强。如蚕室、蚕具消毒不彻底，饲养管理粗放，容易发生蚕病。

③桑叶叶质又较差，蚕食后体质虚弱，抗病力低。

因此，夏秋蚕比春蚕容易发病，蚕茧产质量低。

（二）桑树害虫

桑树害虫较多，且大多数都能使蚕致病，如桑螟、野蚕、桑尺蠖、桑螟、桑毛虫等。蚕食下被害虫或虫粪污染的桑叶，就会感染病原，从而发病。因此夏秋蚕所患蚕病多与桑园虫害有关系。

四、农药

夏秋蚕期农田及桑园使用农药比较普遍，农药一般分为化学农药与生药农药。

（一）化学农药

夏秋蚕期农田、桑园使用农药时间和品种较多，农药易挥发污染桑叶。桑树治虫时，如对农药残效期掌握不准，也会使蚕吃下带毒桑叶而致死蚕或者不结茧蚕增多。

（二）生物农药

生物农药是指利用生物活体（真菌、细菌、昆虫病毒、转基因生物、天敌等）或其代谢产物（信息素、生长素、萘乙酸等）针对农业有害生物进行杀灭或抑制的制剂。

若大量使用生物农药防治水稻和森林害虫，蚕食下被生物农药污染的桑叶，就会发生猝倒病。

五、蝇蛆病

夏秋季多化性蚕蝇蛆危害比春季严重，也是饲养夏秋蚕的一大特点，要及时使用灭蚕蝇。

总之，要养好夏秋蚕，夺取蚕茧丰收，必须加强消毒防病，要及时防治桑园病虫害，抓好防蝇、防蚁和防治农药中毒工作。

任务二　夏秋蚕饲养技术

一、合理布局

夏秋蚕合理布局对夺取蚕茧丰收关系极大，并且可影响来年的蚕茧产量。养蚕应根据当地的气候变化规律、桑树生长情况及农事忙闲特点，来合理布局。

（一）饲养数量

夏秋蚕期的不同阶段，饲养数量各有不同，应合理安排。

①夏蚕饲养数量不宜过多。夏蚕期正是桑树夏伐后不久、开始萌芽抽梢的时期，为有利于桑树生长，夏蚕只能用疏芽叶以及少部分新梢基部叶饲养。

②早秋蚕饲养数量较夏蚕可适当增多。早秋蚕期正是桑树生长旺盛的时期，枝条下部叶片如果不采摘利用，到中秋蚕期已经老硬。从充分利用桑叶的角度出发，应该饲养较多数量的早秋蚕。如早秋蚕期劳动力比较紧张，可适当推迟早秋蚕的饲养时间。

③中秋蚕期应当养足蚕种。饲养中秋蚕应充分利用桑叶和蚕室、蚕具，养足蚕种，但要注意的是：中秋蚕期初期桑树叶质比较柔软，但此时常常出现"秋老虎"，若收蚁过迟，虽可减少高温的影响，但桑叶较老，因此要根据当年桑树生长和气候情况决定饲养时期。

④晚秋蚕饲养量根据桑树余叶量来决定。但收蚁不能过迟，以免受低温影响而延长龄期经过，使养蚕劳力、用桑和升温材料的消耗增加。

（二）出库时间

各蚕区因气候条件不同，出库时间各有差异。根据四川省的气候特点和桑树生长规律，四川省夏秋蚕种出库时间应适当偏早。

①夏蚕：出库工作一般在6月上中旬展开，宜在高温伏旱季节到来之前结束养蚕。目的是避免在五龄期和上蔟阶段遭遇高温。

②秋蚕：应在8月上旬开始出库，9月中下旬结束养蚕。目的是避免遭遇雨季，以利秋蚕优质高产。

③晚秋蚕：应在8月底9月初出库，10月中旬结束养蚕。目的是把五龄期和上蔟阶段安排在天气较好的10月小阳春时期。

二、选择蚕室

小蚕与大蚕在生理上存在差异，其饲养时期的气候条件也不同。因此，应根据当时情况为小蚕、大蚕分别选择合理的蚕室。

①夏秋蚕的小蚕室应当选用空间较小的房屋或是炕房，蚕室空间较小，既能保温保湿，又能降温补湿，调节温湿度较方便。

②大蚕室要选择坐北朝南、高大、空旷、通气良好的房屋，门窗面积宜大，前后窗

的面积不小于墙面积的四分之一且应南北相对，以便通风换气，使气流通畅。每间蚕室四周应设气洞，并在上方设气窗，便于导入阴凉空气，加强纵向换气。

三、蚕品种的选择

选养适合夏秋蚕期用的优良蚕品种，是获得丰产的一个重要因素，要合理选择蚕品种，做到蚕品种与环境条件相适应。由于夏秋季气温常超出蚕的生理范围，叶质不良，病害较多，因此应选用强健度高、抗病力好、对不良叶质适应性强的蚕品种（夏秋用品种）。我国蚕区广阔，各地气候条件差别较大，养蚕技术也各不相同，各地要根据当地各个蚕期的具体条件，选养优质、高产、抗逆性强的夏秋用蚕品种。在夏秋季气温不太高，桑园肥培管理水平较高，又有一定养蚕经验的地区，也可以在夏秋蚕期饲养多丝量的春用品种。一般情况下，晚秋蚕期温度和叶质等条件较好，可饲养春用蚕品种，以提高茧质。

四、严格消毒防病

夏秋蚕期，由于连续多次养蚕，蚕室中病原积累多，加上高温多湿，病原繁殖快，叶质又差，蚕病危害严重。一般常见的有病毒性软化病、血液性脓病、细菌病、僵病和蝇蛆病等，造成蚕茧产质量低。因此，确保无病是夺取夏秋蚕茧丰收的关键。我们要根据夏秋蚕病的发生规律，认真贯彻"预防为主，综合防治"的方针，制订消毒防病方案，采取综合防病措施，把蚕病危害控制在最低程度。

（一）蚕前消毒

做好养蚕工作，蚕前消毒必不可少，且应遵循以下顺序。

①打扫和清洗：对蚕室、蚕具及周围环境进行打扫和清洗，以提高消毒效果。

②刷：用石灰浆粉刷墙壁。

③晒：洗净的蚕具应在阳光下暴晒。

④药物消毒：晒干的蚕具与蚕室一起用药物消毒，药物消毒浓度要配准，配制方法要正确，数量要配足，消毒要全面彻底、一处不漏，避免走过场，保证质量。

（二）蚕中消毒防病

1. 蚕体、蚕座消毒

在各龄起蚕、将眠蚕和熟蚕阶段可采用广谱性药物进行蚕体、蚕座消毒。

①防僵粉：主要用于各龄起蚕和出现僵病时以及五龄期。

②石灰粉：新鲜石灰粉的消毒效果比较好。在蚕吃尽桑叶后使用，能起到隔离病原和消毒的作用。

③福尔马林糠：将福尔马林和焦糠按一定比例拌匀，在五龄起蚕时撒入蚕座，可起到消毒作用。

④若遇晴天干燥时节，在四、五龄蚕吃尽桑叶时，可用漂白粉液喷洒蚕体，能有效减少病毒病、细菌病和僵病的发生。喷洒时雾点要细，喷洒要匀，可将喷头朝上，让喷出的药液雾滴自然落下。

2．添食防病

①添食氯霉素：三至五龄期可防治蚕的败血病和细菌性胃肠病，起到间接减少病毒病的作用。

②添食（喷体）灭蚕蝇：可防治蝇蛆病。一般在三龄期第二天，四龄期第二天或第三天使用一次，五龄期每隔一天使用一次。

③薰烟：遇低温多湿时，可结合加温薰烟措施，既可排湿又可抑菌，对预防僵病发生有良好作用，每平方米用 10~15 克薰烟，密闭半小时后通风换气。

3．蚕沙堆沤

饲养过程中病毙死蚕、蚕沙和蔟草，是三大污染源，病原多，必须严加控制。不能在蚕室中和桑园周围摊晒蚕沙、旧蔟。蚕沙要及时清除，并倒入蚕沙坑进行堆沤，以达到杀灭病原的目的。

4．蚕具清洁

蚕网和蚕箔要经常替换洗晒。大、小蚕要分室饲养，做到蚕具专用。

（三）蚕后消毒（回山消毒）

养蚕后，应立即进行回山消毒，烧毁废蔟，清除垃圾，集中杀灭蚕室和蔟室中的病原，防止病原扩散。

①药物消毒：先用含有效氯 1.2% 的漂白粉液对蚕室、蚕具、蔟具进行喷消。

②打扫环境：再清除蚕室内外的垃圾及残存物。

③清洗用具：后对蚕具、蔟具进行清洗，清除不洁物。

只要能认真做好消毒防病工作，就能控制蚕病的危害，保证夏秋蚕无病高产。

五、努力改变叶质

桑叶是蚕的饲料，优良的叶质是保证蚕体健康，做到良桑饱食，取得蚕茧丰收的基础。要养好夏秋蚕，必须从努力改善叶质着手，为此需要做好以下工作。

（一）加强桑园肥培管理

夏秋季气温高，桑树生长旺盛，是桑树管理的关键时刻，要使各期蚕均能获得较好的桑叶，必须加强桑树的肥培管理。若缺水缺肥，则叶片小、叶色黄，硬化快，新梢提前封顶，使桑叶产质量明显下降。

1．施肥

总的要求是养一次蚕，施一次肥，一般夏秋季施肥量应占全年施肥量的 50%~60%。桑园夏伐后要施足夏肥，并分次施入秋肥，充分满足桑树生长发育对肥料的需要，氮、磷、钾肥应按一定比例混合使用，使叶质充实，也可采取根外追肥，利用早晚时分喷施水溶性肥料于桑树上，以起到促进生长、提高肥效的作用。

2．灌溉

夏秋季桑树对水的需求量大，且常常遇到秋旱，土壤缺水时，要及时做好灌溉工作。据调查，灌溉比不灌溉可提高秋叶产量 22.5%~40.3%。

3．除草

夏秋季杂草生长快，加强除草不但能防止杂草夺取水分和养料，减少桑园地肥力损失，而且还可以提高桑树的抗旱能力，延迟秋叶硬化，改善叶质。

（二）做好病虫害的防治工作

夏秋季是桑树病虫害为害严重的时期，不仅影响桑叶的产量和质量，而且会给蚕带来传染性疾病。因此要抓住时机，合理用药，做好病虫害防治工作。夏秋季桑树虫害主要是桑螟、红蜘蛛、桑粉虱等，应根据当地桑虫预测预报情况，及时采取防治措施，要求治早、治了、大虫小虫一起治，彻底防治虫害，以保证夏秋叶产量和质量。同时，要积极采取防止蚕农药中毒的措施。

（三）合理采摘桑叶

1．合理采摘桑叶的原则

①夏秋季气温高，在肥水充足的情况下，桑树生长旺盛，在枝条上有不同成熟度的桑叶。小蚕期要根据蚕生长发育的需要，从枝条上选采适熟叶。

②因温度高，叶片开叶后成熟快，如果采摘过迟，叶片很快就会因老硬而使利用价值降低，因此夏秋叶应分批采摘利用。

③桑叶是桑树的营养器官，必须在桑树上保留一定的叶片，以利桑树进行光合作用，特别是枝条上部叶的光合效率较高。因此在分批采摘的基础上，大蚕期必须在枝条上自下而上地采摘桑叶，留下枝条上部的叶片。

④无论是夏伐桑还是冬季重剪桑，在夏秋季都应采用摘片叶、留叶柄、保护腋芽的采叶方式，避免影响桑树生长和后期产叶量。同时，要根据桑树的生长规律，分期采取适熟叶养蚕。每季采叶量必须适当，要做到量桑养蚕，种叶平衡。

遵循上述原则，大、小蚕都可以吃到叶质良好的适熟叶，且有利于桑树生长，提高产叶量。

2．各期蚕合理采摘桑叶的方法

①夏蚕：一、二龄期先采新条上的适熟叶，三龄期开始疏芽，为了多留条、留好条，疏芽可分两次进行，第一次疏去过密芽，第二次定条疏芽，大蚕期可采摘新条基部的叶片。

②早秋蚕：小蚕期从枝条上部选采适熟叶，四龄期起应自下而上采摘枝条下部叶，采摘叶量以不超过枝条上的着叶数的 50％为适当。这样，不但能充分利用桑叶，不影响桑树生理，而且对中秋蚕期的叶质可起改善作用。

③中秋蚕：小蚕期从枝条上部选采适熟叶，大蚕期也应自下而上采摘，当时桑树生长逐渐变缓，梢端至少要留 7～8 片叶，以利桑树继续进行光合作用、积累营养，这部分桑叶到饲养晚秋蚕时仍可利用。

④晚秋蚕：应根据桑树上余叶情况养蚕，在枝条上部采叶。晚秋蚕养完后，枝条梢端应留有 4～5 片叶，让其自然落叶。这时桑树生长缓慢，日夜温差大，是积累养分的重要时期，保留部分叶片，可为桑树安全越冬和来年春叶高产打下基础。

总之，夏秋季应分期养蚕，适时采用良桑，做到前期采叶不采光，后期用叶不硬化，既充分利用桑叶，又兼顾桑树生理，使"留""用""采""养"得到统一。

（四）做好桑叶的采、运、贮工作

夏秋蚕期桑叶容易凋萎和蒸热，必须认真做好桑叶的采、运、贮工作。

1. 精选小蚕用桑

叶质对小蚕的体质，特别是一龄蚕影响很大。若小蚕期给予过多硬化叶，其结茧率会比用适熟叶饲养的降低很多。同时，夏秋蚕容易发育不齐，主要原因是夏秋蚕期不同叶位间桑叶成熟度差异较大，选择桑叶较困难，用桑老嫩不一。因此饲养小蚕时，必须在规划好小蚕用桑、建有小蚕专用桑园、加强肥培管理的基础上，认真采摘老嫩一致的桑叶。

小蚕用叶一般以叶位和叶色作为依据。由于夏秋季不同叶位营养成分差异很大，所以适熟叶选采标准不同于春季。收蚁用叶选采从梢端向下呈黄绿色（黄里带绿）并略带缩皱的第2—3位叶；一龄期用叶选采叶色转绿（绿里带黄）、叶面平展的第3—4位叶；二龄期用叶选采叶色正绿（鲜绿色）的第4—5位叶；三龄期用叶选采叶色深绿（浓绿色）手触稍有硬感的第5—7位叶。

同时，要经常观察蚕食桑情况，随时进行调整。干旱季节桑叶含水率低，采用适熟偏嫩的桑叶，水肥充足或多雨季节，桑树条长叶茂，应选采适当成熟的桑叶。

2. 桑叶采摘时间

在采叶时间安排上，如天气情况正常，应以早晨采叶为主，遇到高温干燥时，可以适当采摘露水叶，争取在上午9时前采完叶，以利桑叶保鲜和贮藏。据调查，早晨6时比中午12时所采桑叶的含水率高6.4%左右。是以早晨的采叶量应占全天采叶量的70%左右。其余的在傍晚采，并在下午17时以后开始采摘，严禁日中采叶。

3. 桑叶运输要求

桑叶采下后，要轻装快运，桑叶不能重压，以防桑叶发热变质。

4. 桑叶贮藏要求

夏秋季气温高，贮桑困难，必须设置阴凉、多湿、气流小的贮藏室，并加强贮藏管理。夏秋季贮桑时间不能过长，必须加强采叶的计划性，最好在半天之内将所采桑叶陆续用光，防止采叶过多，贮藏时间过长，使桑叶叶质变差，营养降低。桑叶运到贮桑室后，应立即摊开散热，妥善贮藏。

夏秋季贮桑方法与春季基本相同，一般小蚕期采用缸贮法或浅坑贮桑法。大蚕期因用桑量多，要保持叶质新鲜，必须建立专用贮桑室，贮桑室的门窗应挂草帘防热，并由专人管理。贮桑室的环境对叶质影响很大。据调查，在湿度饱和状态下，桑叶贮藏16小时，桑叶的水分仅减少3%，但桑叶放在普通蚕室内（温度21℃，湿度70%～90%）经6小时后，含水量减少7%，如果室温升高，桑叶失水更快。所以，贮桑室内要保持低温多湿状态，湿度要求在90%以上。夜晚外温降低时，可适当打开贮桑室门窗，通风纳凉，更换新鲜空气同时还要加强检查，及时翻桑叶，防止堆积过高、过实，避免叶堆温度增高，发生蒸热，并且保持室内清洁卫生。

贮桑时，不要直接向叶面喷水，坚持干贮，因为桑叶是活体，虽然已离开树体，但仍在不断进行着新陈代谢作用。如果此时在叶上喷水，易形成水膜堵塞叶面气孔，阻碍其呼吸作用，产生有害于蚕体的中间产物。时间过长，还会导致桑叶发酵增温，叶面发黏，最后成烂叶而发黑。且湿叶极易引起细菌繁殖，蚕吃了容易发生蚕病。因此，若遇天气干旱需对桑叶进行喷水补湿时，应在给桑前半小时用含有效氯 0.2%～0.3% 的漂白粉液进行喷水补湿。这样，桑叶既不会发生蒸热和滋生细菌，又能满足蚕对桑叶水分的要求，同时，在桑园害虫多的情况下，还可减少蚕病的危害。

六、控制饲养环境

夏秋蚕期，前后气候差别较大。夏蚕期和晚秋蚕期，常遇低温天气，如蚕室温度过低，应进行升温，早秋蚕期和中秋蚕期，常出现超出蚕生理适温范围的高温天气，应设法降温，防止温度过高。且蚕在高温条件下新陈代谢旺盛，如果营养供应不足，容易引起蚕体虚弱。因此，在蚕室温度过高时，除了采取降温措施，还应注意良桑饱食。如遇多湿，蚕体的水分和热量散发困难，会加重高温的危害。因此在夏秋蚕饲养过程中，特别是在大蚕期，高温多湿时必须采取必要的饲养技术措施，防止高温闷热等不良环境的出现。

根据现行夏秋蚕品种要求，小蚕期饲育温度最好控制在 27～28℃，干湿差维持在 0.5～1℃。但实际上夏秋季气温常超过 30℃，因此，必须采取降温措施，常见的降温措施如下。

①加厚土坑并盖草：在温度升高时，可加厚土坑，并在屋面盖草，增强隔热效果。

②搭凉棚：蚕室四周应搭凉棚，以减少太阳辐射对蚕室温湿度的影响，有利于室内降温，以利室内空气流通。

③挂草帘：在蚕室前后挂草帘。

④喷水：大蚕期遇高温干燥天气时，采用喷水的方法，可起到一定的降温工作，在凉棚、墙壁、草帘、蚕室地面上喷水，或在空中喷雾补湿。喷水工作须在外温上升前进行，以在上午 9—10 时和下午 16—17 时进行效果较好，若温度上升后再喷水，效果不好。

⑤通风换气：一般情况下，可适当关闭南面门窗，打开北面门窗和地窗，使室内保持一定的气流，到了傍晚，外温开始下降时，打开全部门窗，导入阴冷空气，这样可保持室内温度相对稳定，不致过高。若遇高温时，应加强通风换气，特别是大蚕期，必须保持室内有一定的气流。闷热无风时，室内温度比外温高时，可用风扇促进室内空气流动，以利蚕体水分蒸发，降低蚕体温，减轻高温的危害。

⑥除湿：蚕室湿度大时，除注意通风外，蚕座上要多撒焦糠或短稻草等干燥材料，并增加除沙次数。

饲养晚秋蚕后期往往会遇到低温，特别是四龄蚕对低温的抵抗力弱，必须采取措施防止 20℃ 以下的温度，做到适温饲养，否则，蚕食桑缓慢，龄期经过延长，发育不齐。五龄期也应保持有 23～24℃ 的饲育温度，防止温度过低，提高叶丝转化率。湿度大时，应升温排湿，湿度小时，应升温补湿。

七、加强饲养管理

(一) 抓好催青和收蚁工作

1. 夏秋用蚕种的催青工作

夏秋用蚕种催青工作一般从即时浸酸、冷藏浸酸或复式冷藏种出库后开始，此时温湿度常超出催青标准，易使胚胎发育不良，孵化不齐，蚁蚕虚弱，必须进行合理保护。夏秋用蚕种催青的标准和方法为：在浸酸后 3 天内宜用 18.5℃保护（可放在冷库的低温室内保护），浸酸后第 4—5 天用 23.5~24℃保护，从胚胎反转期开始到孵化止，保护温度为 26.5~27℃，在催青前半期（催青开始至第 5 天）用 80% 的湿度保护，后期（第 6 天至孵化）用 85% 的湿度保护，开始点青时进行遮光处理。夏秋用蚕种胚胎发育快，发种应比春蚕期偏早，以出现转青卵时发种为宜，过迟发种容易造成蚁量损失。

2. 领种要求

夏秋蚕发种工作应在傍晚、夜间或早晨温度较低的时候进行，领种后蚕种应松装快运，途中要防止高温和接触不良气体。

3. 补催青

蚕种领回后进行补催青工作，将散卵平铺在蚕箔或纸盒内，上盖湿布（以不滴水为宜），以降温保湿，促进孵化齐一。饲育室温度不得超过 28℃，干湿差为 1.5℃，并保持黑暗。夏蚕或晚秋蚕遇到低温时，应注意升温。

4. 收蚁

夏秋蚕收蚁应比春蚕适当提早，可在早晨 4 时感光，上午 8 时完成收蚁。若孵化不齐，必须分批收蚁时，应做到当天孵化当天收蚁，避免蚁蚕受饿。收蚁一般采用覆盖小蚕网、给桑引蚁的网收法，小蚕共育室可采用绵纸法，以利分区称蚁，便于分售小蚕。

(二) 稀放饱食

夏秋季温度高，蚕的生长发育快，桑叶叶质差，营养价值低，易萎凋和发生蒸热，蚕不容易达到饱食，所以要强调饱食。夏秋蚕期的桑叶因含水率低、气温高、环境干燥等多种原因，往往容易萎凋，所以要灵活掌握给桑回数与给桑量，原则上每日给桑回数应比春蚕适当增多，每回给桑量可适当减少，也就是要进行多回薄饲。夏秋蚕期蚕的生长发育快，要注意提前扩大蚕座面积，防止蚕拥挤受饿，达到适当稀放，同时要勤除沙，避免蚕座蒸热，促进蚕座干燥，增加蚕的食欲。

1. 小蚕期

饲养夏秋蚕时，小蚕期原则上采取小蚕共育饲育型式，采用炕房育或塑料薄膜覆盖育，小蚕期的给桑回数为每月 3~4 回。夏季气温高，蚕的生长发育快，特别是小蚕期要精选良桑，用叶适熟偏嫩，并每给桑一回，扩匀座一次，以满足蚕在营养上的要求。

2. 大蚕期

大蚕期要抓好三稀，即蚕室内的蚕台稀、蚕台上的蚕箔稀、蚕箔内的蚕稀，这样有利于通风换气，降低温度，使蚕充分饱食。若气温过高，蚕具不足，可将一部分蚕放在地面上饲养，不仅可以减少蚕室饲养量，达到稀放的要求，而且可以减轻闷热的危害。大蚕期每日给桑 5～6 回，同时要做好补给桑工作，补给桑的重点是在盛食期，在两次给桑之间见蚕箔中无桑叶可食，蚕爬行求食时就要补给桑。给桑要根据蚕的食欲情况和气象条件来决定，做到盛食期不受饿，少食期和减食期不浪费；白天如温度过高，蚕的食欲减退，食下量少，每次给桑宜少，到了晚上气温降低时，蚕食桑旺盛，就增加给桑量，以补足日中高温下的食桑不足，促进蚕体健康，发育齐一。

夏秋季桑叶含水量比春季低，为满足蚕体对水分的要求并保持桑叶新鲜，可在桑叶上适当添些清水喂蚕。但喂湿叶必须根据蚕的生长发育、气象环境和桑叶质量情况进行处理。一般地，大蚕期在日中高温干燥，桑叶老硬含水量低时可喂湿叶，原则上小蚕不喂湿叶，夜里湿度较高时或低温多雨时不喂湿叶，蚕快就眠或老熟时不喂湿叶。桑叶添水应在给桑前进行，以不滴水为宜。生产上往往用清水、漂白粉液浸渍或喷洒桑叶。

（三）加强眠期处理

饲养夏秋蚕时，由于饲育桑叶老嫩不匀，容易发生眠起不齐。同时饲养温度偏高，蚕发育快，即使食桑不足也会就眠，因此，眠起处理要比春蚕期适当偏早，并且注意饱食就眠。

夏秋蚕期气温高，蚕就眠快，加眠网宜早不宜迟。因叶质的原因，夏秋蚕容易发育不齐，在眠期处理时必须分批提青，以缩小个体间就眠时间的差异，为适时饷食提供基础。生产上多用焦糠、石灰糠、鲜石灰止桑，一般一眠不加眠除，仅把蚕沙摊薄；迟眠的病弱小蚕应严格淘汰，迟眠的健康蚕应加强饲养管理。

因气温较高，夏秋蚕期还应加强眠中保护，眠中保护温度比食桑中降低 0.5～1℃，特别要防止眠中出现高温闷热的不良环境和发生病虫害。就眠前期环境宜偏干，眠中后期要注意补湿，防止因环境多干而产生半蜕皮蚕。同时要防止强风直吹蚕座和发生震动，室内应保持光线均匀。

夏秋蚕饷食时间，要根据蚕的发育情况和温度高低而定，在及时提青的情况下，待同批蚕起齐后，蚕的头部色泽呈淡褐色时即可饷食。因温度较高，饷食应适时偏早，若温度过高时，可带少量眠蚕饷食。若起蚕不齐，应坚持分批饷食，分批饲养，以防早起蚕偷吃残叶或受饥饿，影响体质，导致发育不齐。饷食时桑叶要新鲜、适熟偏嫩，并适当控制给桑量。

（四）防蝇、防蚁、防中毒

饲养夏秋蚕时应做"三防"工作，即防蝇、防蚁、防中毒。

防蝇可体喷或添食灭蚕蝇，蚕室应设防蝇纱网。

防蚁要事先堵塞蚁洞或用药剂杀蚁。

夏秋蚕期易发生蚕农药中毒，给桑蚕生产带来较大的损失，生产上必须引起高度重视。防止措施主要应抓好以下几点：

①养蚕用叶期与施药期错开，确保蚕期安全。

②大田作物与桑田喷药治虫时间、使用农药种类、使用浓度和方法相统一。

③选用残效期短的农药品种，并改进施用方法，避免用高压喷雾器，以背扶或低压喷雾器为宜，使农药治虫不污染桑叶。

④准确掌握农药的使用浓度和残效期。

⑤用叶前应先进行试喂，确保无毒时才大量采叶。

只要做到上述几个方面，就可以基本上防止蚕农药中毒。如有蚕中毒，应立即开门窗通风换气，并加网除沙，使蚕尽快脱离毒源。

（五）抓好上蔟关

夏秋蚕上蔟时，熟蚕头数应比春蚕稀，做到适熟上蔟、分批上蔟。

蔟中要加强通风换气，做好降温排湿或升温排湿工作。夏蚕和早秋蚕主要防高温多湿，晚秋蚕要防低温多湿，温度低于20℃时要升温。如果温度低到20℃，熟蚕不喜爬动，吐丝困难；如低于10℃，熟蚕将软瘫于蔟上，久不吐丝，有的甚至毙死蔟中。因此在上蔟前应做好充分准备。

采茧时夏蚕采茧可比春蚕提前1～2天，秋蚕采茧要视当时温度情况而定，因此上蔟后应加强观察，根据化蛹情况，做到适时采茧。

思考题

1. 什么叫夏秋蚕？饲养夏秋蚕有何意义？

2. 夏秋蚕有哪些特点？

3. 夏秋季节蚕病为什么比春季严重？怎样处理才能减少蚕病危害？

4. 夏秋季催青有些什么要求？

5. 调节夏秋蚕气象环境，应采取哪些主要措施？

6. 怎样才能提高夏秋蚕用叶质量？

7. 夏秋蚕为什么要强调饱食？怎样才能做到饱食？

8. 夏秋蚕眠起处理应注意哪些问题？

项目七　上蔟、采茧和售茧

养蚕的目的，是获得优质高产的蚕茧。上蔟、采茧和售茧是养蚕生产最后的重要工作，这项工作的好坏直接影响蚕茧质量和养蚕经济效益。实践证明，选用优良蔟具，重视上蔟处理、蔟中保护和采茧的技术，是提高蚕茧质量的有效措施。

任务一　熟蚕的特性及营茧过程

一、熟蚕的特性

五龄蚕发育到一定程度，开始吐丝结茧，这时的蚕叫熟蚕。发育正常的蚕，进入五龄末期后，开始排出含水分较多而松软的绿色粪粒，减少食桑量，这是蚕即将成熟的前兆。最后蚕完全停止食桑，胸部呈半透明，昂起头胸部左右摇摆，口吐丝缕，寻找营茧场所，这就是家蚕成为熟蚕（老蚕）的特征。

从五龄起蚕至熟蚕，一般多丝量蚕品种中的春蚕和中晚秋蚕需 8 日左右，夏蚕和早秋蚕约需 6 日，广东、广西亚热带蚕品种需 5~6 日。

家蚕在熟蚕阶段与食桑阶段表现出的行为或习性完全不同。熟蚕的主要行为特征为强烈的向上性（背地性）与背光性。

1. 向上性

初始的熟蚕具有很强的向上性，会向高处不断攀爬。假如上蔟时用绳子吊挂蔟具，或用竖竹竿扎成蔟座，熟蚕接触到绳子或竹竿，就会沿着绳子或竹竿不停地向上爬，直至爬到顶处。利用熟蚕喜向上爬的习性，可以实现自然上蔟，节约劳力。

2. 背光性

熟蚕对光线较敏感，一般均有避光趋暗的特性，喜在 20lx 左右的低照度光线中营茧。如果蔟室光线明暗不匀，熟蚕会聚集在暗处，造成双宫茧多发。

3. 避强风性

熟蚕会选择空气流通的位置营茧，但在过大风速直吹下，熟蚕会选择避开。因此，蔟中气流速度以不超过 1m/s 为宜。

二、熟蚕营茧过程

熟蚕从上蔟到营茧结束，一般要经过以下几个阶段。

1. 上爬阶段

熟蚕上蔟后，并不会马上寻找营茧位置进行吐丝结茧。无论是自然上蔟还是拾蚕上蔟，熟蚕首先从蔟的下部爬向蔟的上部。以搁挂式方格蔟和折蔟为例，熟蚕在此阶段绝大部分聚集在方格蔟的上边框上，或聚集在折蔟三角形波峰的峰脊上。

2. 滞留阶段

当熟蚕爬到蔟的最上部位后，并不会因没有营茧位置，就立即向下回爬觅位营茧，而是滞留在蔟的上部，有时长达数小时之久。使用方格蔟上蔟，常见熟蚕爬在上边框上，迟迟不入孔营茧，这就是熟蚕处于营茧的滞留阶段。

3. 觅位阶段

在从滞留阶段转入即将吐丝的营茧阶段之前，有一个觅位阶段。熟蚕开始各自寻觅营茧位置，一般是要选择一个比茧体稍大又无干扰的位置。选定位置后，熟蚕便在定位的上下左右吐出少量丝缕，做好框架丝（绊脚丝），然后将尾部伸出框架丝外 1 厘米左右，排出一生中最后一粒粪便。此粪粒呈红褐色，颜色与其他蚕粪明显不同。排出粪粒约十几秒钟（最长不会超过 30 秒钟）后，便开始连续排出十数滴清澈的尿（约有 0.3 毫升之多），最后缩回尾部，完成吐丝前的准备。

熟蚕如无法找到合适的结茧场所，也会不择场地吐丝结茧，这时容易产生双宫茧和柴印茧等次、下茧。

4. 吐丝阶段

熟蚕排尽蚕尿后，接着便进入夜以继日的吐丝阶段。整个吐丝营茧过程持续 2～3 日，大致可分为以下几个过程。

①制作茧网：熟蚕先吐出松软凌乱的茧丝，不具茧形，只是用于固定营茧四周位置，支撑蚕体吐丝结茧。

②制作茧衣：结制茧网之后，熟蚕紧接着以"S"形的吐丝方式，结制出初具茧体轮廓的茧衣。茧衣的丝纤细而脆，排列凌乱不规则，且含丝胶量多。

③制作茧层：茧衣形成以后，蚕体头尾两端向背部弯曲，成"C"字形。腹部以腹足固定于茧衣内腔，昂起头胸部向背部左右摆动，以"S"形的吐丝方式吐出丝圈，每 15～25 个丝圈组成一个茧片。完成一个茧片后，移转到临近部位，继续吐第二个茧片，如此不断吐制茧片。蚕在茧衣内，边移动位置，边吐制茧片，结制成茧体的最外一层茧层，后继续逐层吐制茧片。随着茧层加厚，其吐丝方式也由"S"形变为"8"字形。此外，吐丝方式也因蚕品种而有差别，中国种吐丝形式多呈"S"形，日本种吐丝形式多呈"8"字形，中日杂交种的吐丝形式按阶段变化，外层为"S"形，内层为"8"字形。

④制作蛹衬：当茧层内层将完成时，由于体内大量丝物质已排出，蚕的躯体大大缩小。同时由于吐丝中能量不断消耗，此时蚕吐丝速度减慢，吐出的丝圈也失去原有的均

匀性，形成松散柔软的一薄层茧丝层，即蛹衬。最后，蚕头部向上，尾部向下，吐出一团松软的茧顶。至此，吐丝营茧过程结束。蚕渐渐进入化蛹阶段。

三、营茧与蚕茧品质

熟蚕在营茧中吐出的茧丝含水率很高。茧丝的外层为丝胶，依靠着潮湿带有黏性的丝胶，把一个个丝圈连成茧片。一个个茧片，片片重叠结成茧层。其茧层上丝圈的胶着力，因营茧的外界环境不同而有差异。一般在温度高的环境中，蚕吐丝速度快，移动位置也快，丝片重叠少，如果这时空气湿度低，茧丝干燥快、胶着力小，缫丝时离解容易；在温度低的环境中，蚕吐丝速度慢，移动位置也慢，丝片重叠多，如果这时空气湿度大，茧丝干燥慢、胶着力大，缫丝时离解难。

一粒茧的茧丝精细程度，除与品种及食桑多少有关外，还与吐丝速度有关。温度高时蚕吐丝速度快，茧丝纤度较细；温度低时蚕吐丝速度慢，茧丝纤度较粗。同一粒蚕茧的茧丝纤度也有差异，一般茧丝纤度变化曲线均呈抛物线，即从外向内，茧丝纤度由细逐渐变粗，至300~400米处（外层与中层之分界处）达到最粗，以后逐渐变细，至内层时茧丝纤度比外层更细。特别是接近最后100米左右时，其纤度远细于最初100米。至蛹衬部位，纤度变得更细，强力差，易切断。故用机器缫丝至蛹衬部位时，应掐除蛹衬，不再继续缫丝，防止发生故障。

熟蚕从吐丝开始至营茧结束所经过的时间因温度差异而不同，21℃时需4日，24℃时需3日，26.5℃时仅需2日。另外，经过时间还与茧丝长度有关，春蚕茧丝长，故吐丝经过时间比夏秋蚕要长。蚕从吐丝开始至营茧结束，并不会连续不停地吐丝，中间也会休息。

蚕在吐丝过程中遇到外来振动或强风吹袭时，会突然停止吐丝，此时易形成块状颣节，缫丝时易产生落绪。

任务二　上蔟

熟蚕在结茧的器具上吐丝结茧的技术处理过程叫上蔟，传统上也被称作上山。俗话说"蚕熟一时"，在短时间内要处理大批熟蚕上蔟，往往劳力紧张。上蔟是蚕茧丰产丰收的重要一环，也是决定蚕茧产量和品质的关键时刻。上蔟环节的技术处理对蚕茧的产量和质量影响很大。茧质的好坏，主要是看茧层率、上茧率和解舒率的高低，这关系到养蚕户经济收入的高低和缫丝厂能否多缫丝、缫好丝。因此，上蔟之前一定要做好充分准备，选用科学的上蔟方法和结构性能好的蔟具，给予良好合理的环境条件，以达到提高上蔟工效、提高蚕茧质量的效果，最终获得较好的经济效益。

一、上蔟前的准备

上蔟工作繁忙，是养蚕生产过程中劳动力最集中的时候，一般上蔟至采茧的时间约占养蚕全部时间的20%左右。因此在上蔟前应根据饲养情况，有计划地准备好蔟具和蔟室，搭好蔟架。如事先准备不周，到上蔟时必然会发生忙乱现象，造成不必要的损失。

（一）蔟室的准备

上蔟过程虽只有短短的几天，但蔟室是蚕营茧的场所，其环境条件直接影响蚕茧的质量。熟蚕在营茧的几天内，排出的水分相当于蚕体重的一半，使蔟架往往处于多湿状态。因此，蔟室应高燥、空气流通、保温排湿效果好，光线明暗均匀，能防止日光直射，并能防止虫鼠为害，且便于清洁消毒工作。

大规模养蚕时应设专用上蔟室。也有用大蚕室或利用具有上蔟条件的空闲房屋兼作上蔟室。农村养蚕一般用大蚕室兼作上蔟室。若采用屋外育，并在室外上蔟时，要事先准备好既能通风换气，又能防风、防雨、防晒的上蔟棚，否则应移入室内上蔟。

蔟室面积的设计要综合考虑上蔟面积（比大蚕蚕座面积增加一倍）和技术人员操作面积而定。

（二）蔟室的布置

新建蔟室时，应考虑到使用的蔟具种类、上蔟方式、搭制蔟台的位置等因素，并根据上蔟方式、蔟台或蔟架位置，事先在梁上或墙上做好吊挂或搭架的支承钩，以便上蔟搭架工作的进行。

搭蔟架时，层次的布置还要根据蔟架的种类而定，一般要求最下层必须高出地面50厘米以上，最上层要离天花板70厘米以上，层与层之间的距离应在50厘米左右，蔟架之间及蔟架四周应留有通道，不能靠墙。如果用方格蔟，应按上蔟方法的具体要求布置蔟室。

蔟室通风排湿条件要好，除了有南北对流窗，最好在四周墙角上下增开20厘米×20厘米的通风小窗洞若干个，并备上绿纱与玻璃二重窗。增添这种进风、排风小窗洞，花费不多，但对改善墙角气流死角，增强通风排湿能起到很大作用。

熟蚕有避强光的习性，因此在布置蔟室时，可在蔟室窗门上用窗帘遮光，使蔟室光线均匀而偏暗，以使熟蚕分布均匀，减少下层茧，提高蚕茧产质量。

（三）蔟具的准备

蔟具是蚕吐丝营茧的场所，是养蚕上蔟必不可少的工具，其结构是否适合营造优质上等茧，是直接影响茧质好坏的重要条件。蔟具结构不良易造成双宫茧、黄斑茧、柴印茧、畸形茧等次、下茧。如果蔟具结构不良或使用材料不当，好蚕也结不出好茧，因此，上蔟前必须作好充分准备，选用结构好的蔟具，置备足够的蔟具数量，以减少次、下茧率，提高上茧率以及相关的茧丝质。

1. 优良蔟具应具备的条件

好的蔟具是成功上蔟的前提，其应具备以下条件。

①蔟枝分布均匀，疏密适当，结构合理，不易倒伏。

②具有均匀合适的营茧位置，便于蚕营茧，不易产生双宫茧、黄斑茧、柴印茧等次、下茧，有利于提高上茧率。

③能充分利用蔟室空间，既要便于蔟中通风排湿，又有利于提高蚕茧解舒。

④蔟材坚固耐用，并具有一定的吸湿性能。

⑤体积小，便于消毒和收藏保管，以利多次使用。

⑥上蔟和采茧方便，有利于节省劳力，减轻劳动强度，提高工效。

2. 蔟具种类和性能

（1）蜈蚣蔟

蜈蚣蔟又叫草笼，原在长江流域和黄河流域蚕区广为使用，是农户自己制作的茧蔟。一般是用梳去草壳的稻草、麦秆作材料，先用稻草绞成一根绳并对折为两股作为蔟芯，再把切成 25 厘米左右的稻草或麦秆，均匀排列在两股绳之间，注意疏密适当，然后用绞蔟器钩住蔟芯的一端进行旋转即成一条蜈蚣形的蚕蔟。制作时要使蔟枝排列均匀，疏密适当，一般以一米长的蜈蚣蔟均匀排列蔟枝 330 根左右为宜。每条蜈蚣蔟的长度可根据需要及制作方便而定，一般长 3.3~4 米。打一条长为 3.3 米的蜈蚣蔟，约需稻草 1 千克。

优点：制作简易，可就地取材，资金困难的农家，可以节省一时的投资，短时间内可大量制作；且结茧位置多，便于熟蚕营茧，通风较好。

缺点：柴印茧、黄斑茧等次、下茧较多。体积过大，不便事先加工贮备，一般均在临近上蔟前 1~2 天加工使用。使用后蔟枝易变形，且不便于消毒，一般只能使用一次。

（2）改良伞蔟

改良伞蔟是浙江老蚕区传统的一种蔟具。制作方法简易，一般用稻草作材料。先将稻草切成 50~60 厘米长，以 17~20 根为一束，用一根稻草在草束中腰处捆扎，随后使草束展开成圆形，再折拢成半开半张的伞形状，便成伞形蔟。每个伞蔟一般上熟蚕 30 头左右。此蔟的缺点是蔟枝向下展开，上部角度小，位置狭小，蚕喜结茧于蔟的上部，必然多柴印茧，如在下部结茧，又处于通风不良的位置。此蔟也只能使用一次。

（3）竹扦蔟

四川省蚕区创造的竹扦蔟形似蜈蚣蔟，用竹子和稻草作材料，其制作方法是先将稻草用细麻绳捆扎成直径 2 厘米、长约 1 米的草棒蔟芯，然后把削成 20 厘米长的竹扦从棒的不同角度插入草棒，每条草棒总共插入 100 根竹扦，即制成一条竹扦蔟，每条竹扦蔟可上熟蚕 120 头。

该蔟可就地取材，制作容易，且蔟枝分布有规则，蔟枝坚硬不易倒伏，熟蚕上蔟排尿后，可以将蔟垂直吊挂，有利于蔟中通风排湿。采茧后可在火上烤去浮丝，比蜈蚣蔟经久耐用。其缺点是体积大，贮藏保管不便。如若将竹扦拔下，使蔟芯与竹扦分开贮存，可缩小体积，便于贮存，但下次上蔟前又要重新将竹扦一一插入草棒，比较费工。

（4）折蔟

折蔟（如图 7-2-1 所示）状如波浪形，使用时拉成波浪形，不用时可收折，故被称为折蔟。折蔟是用稻草、竹篾条或塑料制成的波浪形蚕蔟，现在多用塑料制成。1 个折蔟具有 16 个波峰，展开时波峰距约 7 厘米，峰高约 8 厘米，可上熟蚕 350~400 头。

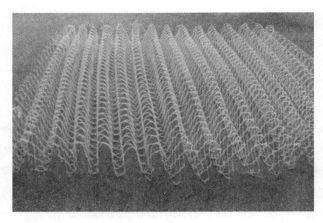

图7-2-1　折蔟

优点：一是蔟间空气流畅，熟蚕一般先在二峰之间的三角形空间营茧，折蔟的高度基本上控制上下重叠营茧的发生，且三角形空间大于茧体，故黄斑茧、柴印茧等次、下茧较少产生。二是经久耐用，便于消毒和贮藏，采茧也方便。每次上蔟采茧后用漂白粉液浸泡即可除去蔟上乱丝，同时起到消毒作用。浸泡后用清水冲洗晾干，收拢捆折贮藏。

缺点：一是吸湿性差，上蔟不能过密，以防止不结茧蚕发生。同时上蔟过密易产生双宫茧。二是因营茧位置靠近蚕座，部分茧易吸附蚕尿而形成黄斑茧。三是一次性投资大。

（5）方格蔟

方格蔟（如图7-2-2所示）主要有搁挂式、双连座式等多种型式。

方格蔟由黄板纸做的蔟片和木制的蔟架两部分组成。蔟片是蚕吐丝结茧的地方，蔟架是组合和固定蔟片用的。使用时将内外框拉成垂直角度，收藏时可将内框转进外框内，折成一个平面。

蔟片规格多为12孔格×13孔格，共156个孔格。每个孔格大小为4.5厘米×3厘米×3厘米，蔟片长55厘米，高40厘米，边宽3.1厘米。

图7-2-2　方格蔟

蔟架（如图7-2-3所示）是用2.2厘米×1.7厘米的杉木条，制成内外两个框架相套而成的。外框架长118厘米，宽58.2厘米，内框架长113.4厘米，宽43.2厘米，在内框架的一条长边框上装有活络搭扣，以便装卸蔟片时拆下活络木条。内外框两端木条中心打孔，由两颗长螺丝钉将内外框相联结，并以长螺丝钉作为整个蔟的轴心，悬挂后可转动。内外框的每根长木条上各装有10只铅丝固蔟钩，钩距为10厘米，内外框的每只角（共8只）均用涂锌薄铁皮包角固定。用杉木做框，可以防止变形。

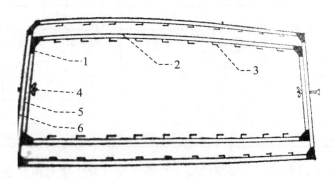

1—活络搭扣；2—活络木条；3—固蔟钩；4—螺丝钉；5—内木框；6—外木框。

图7-2-3　方格蔟蔟架

①搁挂式方格蔟：蔟片规格采用12孔格×13孔格的普通型蔟片。上蔟前将两只蔟片的短边框按同向收拢的方向连结，再用1.3米长的小竹结扎在两只蔟片的长边框上，即成搁挂式方格蔟。

②双连座式方格蔟：适用于蚕台育，蔟片规格与搁挂式不同，有7孔格×16孔格和9孔格×12孔格两种，前者适用于1.5米宽的蚕台上蔟，后者适于1.1米宽的蚕台上蔟。两只蔟片的联结方式也有别于搁挂式，是按两只蔟片逆向收拢的方向连结。连结后的两只蔟片能展开竖立于平面上而不会收拢倒伏。每10副蔟片配备2条蔟棒，蔟棒可用竹条或木条制成，每条截成1.3米长，安上10只铅丝固蔟钩，钩距10厘米。用两条固蔟棒依次将10副蔟片的上边框钩住，便成一组双连座式方格蔟。

目前，最适合熟蚕营茧、有利于提高茧质的蔟具为方格蔟。方格蔟的优点如下：一是上蔟时一蚕一孔结茧，蚕尿排在蔟外，便于蔟中通风排湿，并具有一定的吸湿性能；二是有利于提高解舒率，茧质较好（色白、上茧率高、解舒好），次茧少；三是能多次使用，易消毒，易收藏；四是上蔟时充分利用蔟室空间，省蔟室，有利于节省劳力，减轻劳动强度，提高工效。缺点是投资大，对上蔟技术要求高，如途中遇低温，未熟蚕和不健康蚕易掉落。

3. 蔟具与茧质

改进蔟具结构和运用结构较好的蔟具，是提高茧质的有效快捷方式。因为蔟具是蚕赖以吐丝营茧的场所，其结构是否符合营成上茧是直接影响茧质好坏的重要条件。一般健康的蚕，本都会结成一个正常茧。但由于蔟具结构不良易形成双宫茧、黄斑茧、柴印茧、畸形茧等下茧。因此选结构好的蔟具，就能达到减少下茧率，提高上车率以及相关的茧丝质的目的。

同一蚕品种、同批正常健康的适熟蚕在同一蔟室按标准上蔟密度进行不同蔟具上蔟的茧质比较试验,结果均证明蔟具结构对茧质有明显影响。从表7-2-1可以看出,以方格蔟上蔟的蚕所结茧的茧质最优,其鲜茧上车率高达98%,这是其他任何蔟具都远远不及的。

表7-2-1 不同蔟具营茧的茧质分类调查

蔟具	鲜茧上车率/%	下茧率/%				
		双宫茧	黄斑茧	柴印茧	薄皮茧	合计
方格蔟	98.15	1.13	0.29	0	0.43	1.85
折蔟	86.01	11.37	0.98	1.13	0.51	13.99
蜈蚣蔟	84.91	10.20	1.04	3.78	0.07	15.09
伞蔟	80.59	9.99	2.35	6.45	0.62	19.41

从表7-2-2可以看出,方格簇的每个孔格都使蚕处于横营茧状态,这是其他蔟具都达不到的。

表7-2-2 不同蔟具与营茧状态

蔟具	横营茧/%	斜营茧/%	直营茧/%
方格蔟	100.0	0	0
折蔟	40.0	46.0	14.0
蜈蚣蔟	10.5	25.5	64.0

试验证明,横营茧的茧层部位的厚薄差均比斜营茧和直营茧小,即蚕吐丝较均匀,有利于煮茧时茧层渗透煮熟均匀,提高缫解性能。另外,方格蔟的孔格大小适中,蚕用于牵挂茧体的茧衣就明显比其他蔟具少(一般要减少20%~30%),也相应地增加了有缫丝价值的茧丝长度,各方面的茧质综合成绩反映在蚕茧的出丝率上,方格蔟中营茧的出丝率也就明显高于其他蔟具(如表7-2-3所示)。

表7-2-3 不同蔟具与茧质关系

蔟具	鲜茧上车率/%	茧丝长/m	解舒率/%	鲜茧出丝率/%
方格蔟	98.21	972.5	89.36	14.88
折蔟	89.19	964.5	90.98	13.06
蜈蚣蔟	84.26	960.0	87.97	12.55

二、上蔟处理

次、下茧的产生,除与蔟具等因素有关外,与上蔟技术处理不当也有很大的关系,因此必须重视上蔟处理。

（一）适时上蔟

上蔟要掌握适期，上蔟过早过迟都会对蚕茧的质量和产量产生不良的影响。适熟蚕上蔟，能及时吐丝结茧，吐丝量多，丝质好。

过早上蔟，即未熟蚕上蔟，蚕未完全成熟，尚未停止食桑，此时如强制蚕上蔟，危害有三：一是由于蚕食桑不足而丝量减少，全茧量和茧层量减少，茧层率降低，蔟中死蚕和薄皮茧增多，结茧率和上茧率均降低；二是未熟蚕上蔟因蚕尚未老熟，不能及时吐丝结茧而在蔟上爬行呆滞，并排出大量粪尿，污染蔟具和已初形成的蚕茧，使黄斑茧增多，同时造成蔟中多湿，影响解舒；三是未熟蚕和适熟蚕混上，危害更大，不但影响茧质，而且使不结茧蚕增多。其具体情况如表7-2-4所示。

表 7-2-4　未熟蚕上蔟对结茧的影响

区别	结茧率/%	上茧率/%	薄皮茧/%	双宫茧/%	蔟中死蚕/%	全茧量/g	茧层量/g	茧层率/%
未熟蚕	87	86.5	7.5	2.0	1.50	1.925	0.323	16.81
适熟蚕	98	89.5	1.0	5.7	0.64	2.250	0.405	18.00

如果蚕体全身透明，体躯显著缩短，行动呆滞，则为过熟蚕。上蔟过迟，蚕老熟过度，行动滞缓，选择合适营茧位置的能力减弱，时常出现蚕挤在一起营茧的情况，易产生双宫茧、柴印茧、畸形茧和薄皮茧。严重的过熟蚕甚至会失去吐丝机能而成为不结茧蚕。

从五龄起蚕发育到熟蚕，其经过时间因蚕品种、饲养温湿度和桑叶质量的差异而不同。一般品种中的春蚕需7~9天，夏秋蚕需5~7天，多化性蚕品种仅需3~4天。

（二）上蔟密度

上蔟密度是指一定蔟具面积内投入熟蚕的头数，上蔟密度与茧质有直接关系。合适的上蔟密度，包括两方面的内容：一方面指蔟具在蔟室中的密度要适中，另一方面指蔟室内的上蔟熟蚕总量要适中。密度适中是指既充分利用蔟具和蔟室，又有利于提高茧质。上蔟密度还因蔟具结构不同而有所不同，如蜈蚣蔟每平方米上熟蚕450~500头，折蔟为350~400头，方格蔟每片150头。即使同是蜈蚣蔟也要根据其蔟枝长度不同而有所区别。蔟枝短的蜈蚣蔟比蔟枝长的蜈蚣蔟上蔟密度应减少些。方格蔟以孔格总数的80%~85%计算上蔟熟蚕数为宜。如果采用自然上蔟法，入孔率在75%~80%为适中，以便于全部熟蚕入孔，有利于节省上蔟劳力。饲养一张蚕种的上蔟室面积应保持在15平方米为宜，方格蔟的搁挂层次，以不超过三层为宜。

若蚕蔟的构造较差、茧形较大，易结双宫茧的品种或上蔟时遇到较高温度，上蔟密度就应适当减小。

上蔟过密，营茧位置少，双宫茧、柴印茧、黄斑茧等次、下茧增多，茧质下降，影响解舒率和出丝率。同时蔟中排泄物多，湿度大，易造成不结茧蚕和薄皮茧。从表7-2-5可以看出，应用不同蔟具进行生产时，其上茧率和解舒率随着上蔟密度的增加而下降。

表 7-2-5　上蔟密度与茧质关系

项目	折蔟			蜈蚣蔟（20 厘米长）		蜈蚣蔟（33 厘米长）	
上蔟蚕/头	360	450	540	450	540	450	540
上茧率/%	91.40	89.19	86.77	84.26	71.30	82.73	80.46
解舒率/%	91.76	90.98	82.12	87.97	81.78	81.39	75.42

注：蔟室平均温度为 22℃，相对湿度为 89%，蔟室开门窗。

上蔟过稀，需要蔟室、蔟具较多，浪费人力、物力。

（三）上蔟方法

1. 普通上蔟法

普通上蔟法是传统的上蔟法，是由人工从蚕座中拾取一定数量的适熟蚕及时放入事先准备好的蔟具上。要防止熟蚕在盛容器内堆积过多和堆积时间过长，以免压伤熟蚕和损失丝量。上蔟时动作要轻，避免伤害蚕体。这种方法虽然简单，但人工拾取熟蚕很费劳力，事先一定要做好准备，否则容易造成上蔟忙乱。在初熟时，可先把少量熟蚕拾出，先行上蔟，到大批成熟时，可先把少量青头蚕拾出，另行喂叶，将剩余熟蚕一起上蔟。

2. 自动上蔟法

（1）概念

自动上蔟法是将蔟具直接放在蚕座上，利用熟蚕喜向上爬的习性，让熟蚕自己爬上蔟具营茧的方法。这是一种省力、省工的上蔟方法。

使用该法时，其蔟具结构能容纳熟蚕的数量，一定要大于蚕座上熟蚕总头数，否则便会造成蔟具上熟蚕聚集过多，上蔟过密，使茧质严重下降。目前的几种蔟具中，只有方格蔟的结构能适用于自然上蔟。熟蚕有选择上部孔格营茧的习性，紧靠蚕座的蔟片下部孔格，就很少有熟蚕在其中结茧。同时用方格蔟自然上蔟后，还可以将蔟片提高搁挂，便于清除蚕沙、蚕粪、蚕尿等污物，降低蔟室湿度，有利于提高茧质。

（2）方法

在自然上蔟时，先拾去初熟蚕，一般以见熟蚕达 40%～50% 时，先给薄薄一层桑叶，让未熟蚕继续食桑，随后就可开始在蚕座上方放置蔟片，让熟蚕爬上蚕蔟营茧。先熟的先上蔟片，后熟的后上蔟片，前后一般相差半天左右，故自然上蔟的采茧时间，应适当推迟半天以上，总之要待后上蔟的熟蚕全部化蛹为宜。当蚕蔟上爬有一定数量熟蚕时，把蚕蔟移开或挂起，最后将蚕座上的少量迟熟蚕拾出，另行上蔟。这样可提高工效，做到适熟上蔟。

自动上蔟适合用于地面育和蚕台育，要求蚕座平整、蚕老熟齐一。为使蚕老熟齐一，大眠时要加强提青分批工作，贯彻五龄分批饷食、分批饲养。合理使用蜕皮激素可提高上蔟效率。在出现 3%～5% 的熟蚕的当日 16—17 时，为蚕添食一定剂量的蜕皮激素，让蚕一次吃尽，次日上午即可大批上蔟。

采用自动上蔟法上蔟时，为促使熟蚕全登蔟，可使用熟蚕登蔟剂。熟蚕登蔟剂有月桂醇登蔟剂、庚醛登蔟剂、樟脑油登蔟剂和鱼腥草登蔟剂等多种，这些药物都具有一种特殊气味，能引起熟蚕忌避而促进登蔟。

此外，薄荷液、甲醛肥皂液等也有促进熟蚕登蔟的作用，将这些药剂拌入焦糠、滑石粉或稻草节等干燥材料中，撒布到蚕座上，熟蚕将因忌避其难闻的异味而登蔟，省去了手拾取熟蚕与投入熟蚕上蔟的工序，提高了上蔟工效。

（3）具体步骤

①隔沙登蔟：见熟5%左右时，添食蜕皮激素，见熟50%左右时，喷撒登蔟剂，以利尽快上蔟。同时，撒一层稻草节或铺一张大蚕网起隔沙作用。

②平铺蔟具：将准备好的蔟具，按要求平铺在蚕台上。约经过30分钟后，待90%的蚕爬上蔟具、蚕台上基本无熟蚕时，将蔟具拿开，离开蚕台。将方格蔟搁挂于蚕台竹竿上。要求蔟片间距12~15厘米。先放先提，蔟片孔数应略多于蚕座内蚕头数。剩下未入孔的零星熟蚕，人工捕捉集中上蔟，同时清理蚕沙和废物。

③铺膜接尿：蔟具（方格蔟）上挂后，立即在蚕台或地面上铺好薄膜接尿，在蚕吐丝结茧的第2日拣浮蚕，收去接尿膜，以保持蔟室、蔟具清洁，通风干燥。

上蔟方法

3．振条上蔟法

此法适用于条桑育。把熟蚕从桑条上振落下来上蔟，或在地面上垫薄膜一张，用手拿起桑条，将熟蚕轻轻地抖在薄膜上，然后上蔟。

三、蔟中保护

（一）蔟中保护及其目的

一般蚕上蔟后经过2~3昼夜吐丝终了，蛰伏茧中，再经2天左右蜕皮化蛹。从上蔟到采茧这一时期的保护叫作蔟中保护。蔟中可分为蔟中前阶段和蔟中后阶段。

1．蔟中前阶段

蚕上蔟后，寻找适当的营茧场所，排出粪尿，吐出丝缕，不规则地盘绕在蔟枝上，结成茧衣，再在其中继续吐丝，结成茧层，在吐丝将尽时，又无规则地吐丝结成蛹衬。这个过程就是蔟中前阶段。这个阶段是熟蚕吐丝形成茧层的过程，也是决定茧解舒优劣的关键阶段。

蚕体内绢丝物质的合成与分泌绝大部分是在五龄第三天到老熟上蔟第二天的这段时间内进行的，有的到老熟后第三天还在进行。蚕老熟后绢丝物质的增加量相当于老熟当时绢丝物质总量的30%~40%，若上蔟环境不合熟蚕生理要求，必会影响绢丝物质的合成与分泌，或者导致蚕吐丝异常，进而影响解舒，或者使蚕残留在体内的绢丝物质增

· 养蚕学 ·

多，吐丝量减少。所以蔟中前阶段保护与茧质关系最密切。

2. 蔟中后阶段

熟蚕吐丝结束后，要完成由幼虫变态为蛹的过程。这一过程呼吸旺盛，新陈代谢作用强，若环境条件不合适，将导致死笼茧增多，茧质下降。因此蔟中后阶段保护虽然同蚕茧解舒关系不大，但对蚕茧品质还是有一定影响。

3. 目的

蔟中保护的主要目的是提高茧质，获得解舒优良的蚕茧。另外熟蚕的继续发育和吐丝终了后的变态化蛹，也需要做好蔟中保护工作，否则会影响吐丝量与正常茧的产量。

（二）气象环境对蚕营茧和茧丝品质的影响

蔟中保护的环境条件与蚕营茧状态和茧丝品质有密切关系。蔟中环境不良将导致蚕茧品质下降，在蚕吐丝营茧期间这种影响特别明显。因此，我们要掌握熟蚕上蔟结茧的规律，创造适宜的环境，充分发挥蚕品种的优良性状，提高茧丝品质。影响蚕营茧和茧丝品质的环境条件，主要是温度、湿度、气流和光线等，现分述如下。

1. 温度

熟蚕上蔟后，温度主要影响蚕的营茧速度和茧丝质量。在合理的温度范围内，温度高蚕吐丝快，温度低吐丝慢。一般熟蚕在24～25℃的温度条件下，经50～60小时吐丝完毕。蔟中合理的温度范围是24±1.5℃。上蔟初期温度宜偏高，茧形初步形成后偏低。若温度过高，则熟蚕急于营茧，易使双宫茧增多，同时，会引起丝胶蛋白质变性，增强茧丝间的胶着力，使缫丝时离解困难，落绪增多。温度超过30℃时，死笼茧和烂茧显著增多。随着温度降低，熟蚕吐丝会减慢乃至停止。蚕吐丝停止时，头部左右摆动也随之停止，但由于丝腺内压的作用，丝物质仍可继续吐出，这种胶状的丝物质因未被牵引而成为肥大颗粒状畸形茧丝，这种畸形茧丝在缫丝时很容易被拉断而造成落绪。因此，蔟中温度应适中，同时也要防止温度激变。

2. 湿度

熟蚕上蔟后，通过呼吸、吐丝和排粪尿，要排出大量水分，使蔟中多湿。据调查，20000头熟蚕在吐丝结茧过程中，排出的水分达42千克（如表7-2-6所示）。

表7-2-6　20000头蚕结茧时排出水分量

项目	排出水分量/千克	百分率/%
蚕尿	7.1	16.91
蚕粪	4.1	9.76
蚕呼吸	9.8	23.33
茧丝干燥	21.0	50.00
合计	42.0	100.00

在多湿环境中营茧，茧质差，解舒不良。从表7-2-7可见，蔟中湿度是决定蚕茧解舒优劣的重要因素，如果是多湿、高温的不良环境，则对茧质危害更大，使蚕茧解舒

更差。这主要是多湿使茧丝间胶着面积增大，胶着力增强之故。茧层是由茧丝交叉重叠排列而成的，茧丝外围包着丝胶，丝胶具有黏性，蔟中多湿时，丝胶不易干燥，再加上蚕在营茧时蚕体在茧丝上反复加压，使茧丝间的胶着面积增大，胶着点加深，胶着力增强，造成解舒不良。蔟中多湿除了影响蚕茧的解舒，还可使死蚕和不结茧蚕增多，茧色变黄，上茧率下降。如果蔟中适当干燥，则死蚕少，上茧率高，茧色白，解舒优良。但如果蔟中过干，茧丝间胶着面过小，又容易形成绵茧，使茧层松浮，影响生丝的清洁和净度。故在要求蔟中干燥的同时，也应注意干燥程度的界限。蔟中以保持相对湿度70%～75%为宜。

表 7-2-7　蔟中温湿度对蚕茧品质的影响

项目	蔟中温湿度		茧丝长/m	解舒丝长实数/m	指数
	温度/℃	湿度/%			
对照区	24.0	73.02	1095.8	988.5	100.0
高温干燥区	28.5	55.58	1086.7	980.6	99.2
高温多湿区	29.0	89.55	827.0	351.8	35.6
低温多湿区	18.5	92.74	1099.0	781.7	79.1
室内自然温湿区	17.5	76.24	1070.8	665.2	67.3
室外自然温湿区	14.5	74.68	877.5	317.5	31.8
项目	解舒率/%	落绪次数/次	净度/分	清洁/分	每百米中异状类/个
对照区	90.21	22.6	95.72	98.78	183.2
高温干燥区	90.24	21.6	94.25	95.50	205.4
高温多湿区	38.14	253.9	90.97	97.89	367.0
低温多湿区	70.07	84.4	96.50	97.58	252.9
室内自然温湿区	62.11	121.7	96.20	97.72	504.0
室外自然温湿区	35.50	366.0	93.08	94.70	538.1

注：室外自然温湿区的日平均温度为17℃，湿度68.68%，夜间平均温度为11.8℃，湿度80.68%。室内自然温湿区的日平均温度为18℃，湿度73.92%，夜间平均温度为16.5℃，湿度78.56%。

3. 气流

蔟中空气流通十分重要，它不仅能使室内空气新鲜，减少死笼茧和不结茧蚕，还能排除蔟中湿气，提高解舒率，改善茧丝品质，在高温多湿的情况下作用尤为明显（如表7-2-8和表7-2-9所示）。

表 7-2-8　蔟中气流与解舒率

温度31℃，湿度85%		温度31℃，湿度92%	
气流/(m/s)	解舒率/%	气流/(m/s)	解舒率/%
0	54.1	0	30.3

温度31℃，湿度85%		温度31℃，湿度92%	
0.2	79.8	0.1	47.1
0.7	87.6	0.3	61.9
1.1	92.5	0.5	78.3

表7-2-9　蔟中通风与解舒率

区别	茧丝长/m	解舒丝长/m	解舒率/%
地蔟不通风	969.1	673.6	70.01
地蔟通风	1002.3	753.6	75.19
楼上通风	1042.9	889.6	85.33

蔟中做好通风换气工作，对提高解舒率非常重要。但上蔟初期不能强风直吹，防止熟蚕向一方聚集。上蔟一昼夜后，蚕营茧已基本定位，应打开门窗，通风换气，气流以每秒一米以内为宜。如果风力过大，应当关闭门窗，否则会使蚕吐丝停顿，影响解舒，易产生穿头茧、多层茧。

4. 光线

熟蚕有背光性，若蔟室光线明暗不匀，熟蚕往往向暗处聚集，使双宫茧增多，茧层厚薄不匀。若蔟室过于明亮，熟蚕往往聚集于蔟底结下层茧，使茧层含水率提高，导致次下茧增加，茧质下降。因此，蔟中光线应均匀偏暗，防止阳光直射和偏光。

综上所述，在整个蔟中保护期间，温度、湿度对蚕营茧和茧质影响极大，应做好排湿保温工作。但由于时期不同，蔟中各环境因素对茧质的影响也不一样。上蔟初期除保持一定温度外，应避免强风直吹和强光、偏光。上蔟一昼夜后，茧位已定，通风换气、保温排湿对提高茧质有显著作用。因此，蔟中保护应抓住主要矛盾，掌握好不同阶段的重点，以提高蚕茧的产量和质量。

（三）营茧环境的多因子与解舒率的关系

气象条件与解舒率的关系，不能单从某一因子加以解析。因为各因子是同时存在的，故必须看成是多因子的综合作用影响解舒率，高温多湿、无气流的综合恶劣条件下，解舒率就严重低下，如其中一项条件改善，解舒率就会有所提高，尤其是湿度或气流的改善，对解舒率的提高影响最大（如表7-2-10所示）。

表7-2-10　蔟中环境多因子和解舒率

温度/℃	湿度/%	无气流时的解舒率/%	存在0.5m/s气流的解舒率/%
23	65	92.3	96.2
23	90	53.5	90.6
30	65	85.2	93.6
30	90	28.4	83.0

上蔟室内要保持适温、适湿的气象条件是非常困难的。因为室内气象环境受室外气象的影响，在外温比适温高时，要把蔟室温度降到适温，除了使用制冷设备别无他法，但生产成本会大大提高，不切合实际。饲养一盒蚕种，以 20000 头熟蚕计算，其发散的水分总量多达 40 千克，很快把蔟室变成多湿环境。此时要把相对湿度降到 60%～70% 是难以办到的。但只要敞开蔟室门窗，必要时采用排风扇或鼓风机促进换气，即使在高温多湿的恶劣条件下，解舒率也能得到有效提升，如表 7-2-11 所示，由此可见通风换气的重要性。

表 7-2-11　高温多湿中气流对解舒的作用

温度/℃	湿度/%	气流/(m/s)	解舒率/%
31	92	0	30.3
		0.0	47.1
		0.3	61.9
		0.5	78.3

（四）蔟中保护的具体做法

蔟中保护措施因蔟具不同而略有不同，但都应注意以下原则。

①上蔟初期温度宜偏高，用 24.5～25℃ 保护，以促进蚕吐丝营茧，后期略低，以 24℃ 为宜。

②上蔟当时，蔟室光线宜暗，防止强光和强风直对蔟具，以免熟蚕局部过密。

③适时清理上蔟场地（清场）是上蔟的重要环节。上蔟 24 小时后，熟蚕已定位营茧，应清除蔟下蚕的粪尿及蚕沙等污物，以免产生有害气体。在上蔟 16～24 小时后，要将在蔟外爬行而未能及时营茧的游山蚕捉出另行上蔟。

④加强排湿，蔟中空气相对湿度控制在 75% 以下。当遇闷热多湿天气，要及时排除蔟中湿气，以提高蚕茧解舒率。上蔟 24 小时后，蚕已基本定位营茧。自熟蚕吐丝结茧形成一薄层时至吐丝终了为蔟中保护的关键时期，均要打开门窗进行通风换气，无风时可用排风扇，但不能对着蔟具直吹。

⑤外温如低于 22℃，会影响熟蚕的进孔速度和进孔率，需适当加温。升温也有助于排湿，但加温时蔟室仍应保持通风。

任务三　采茧和售茧

一、采茧

采茧是养蚕的最后一道工序，采茧后即可售茧。采茧工作虽然比较简单，但对茧质影响很大，应认真做好。

（一）采茧适期

1. 适期的蛹体状况

熟蚕吐丝营茧结束后，体躯萎缩，胸足、腹足和尾角逐渐萎缩以至消失，体色变成乳白，约在吐丝终了后的 2~3 天内蜕皮化为蛹。初期的蛹体色乳白，体皮柔嫩。随着蛹体的发育，蛹的体皮逐渐变硬，皮色也由乳白渐变为淡黄色、黄色、黄褐色，最后成茶褐色。蛹的皮色是判断采茧适期的主要参考依据。采茧适期一般应以蛹皮呈黄褐色时为适当。

2. 采茧过早

采茧过早，蚕尚未化蛹，俗称毛脚茧，含水率高，鲜茧堆放很快会发生蒸热，影响茧质，且烘茧时不易烘得适干均匀，烘折大于正常化蛹茧。如在刚化蛹时采茧，蛹体嫩，在采茧过程中稍受震动，易破裂出血而污染茧腔内层，形成内印茧，出血严重的还会导致蛹体死亡，形成血茧。毛脚茧和嫩蛹茧在烘茧中还容易渗出蛹油而污染茧层形成油茧，影响茧质和丝质。采茧处理与蛹出血关系如表 7-3-1 所示。

表 7-3-1　采茧处理与蛹出血关系

采茧程度	下落高度/cm	出血蛹率/%	出血蛹死亡率/%
即将化蛹	33	50	100
	66	86	100
初化蛹（体色乳白）	33	100	60
	66	100	100
偏嫩蛹（体色淡黄）	33	55	20
	66	80	30
正常蛹（体色黄褐）	33	0	0
	66	15	0

3. 采茧过迟

采茧过迟，蚕茧若有蝇蛆寄生而未及时烘死，蝇蛆便会从茧层钻孔而出，形成不能缫丝的蛆孔下茧，有出蛾的风险。

4. 时间要求

一般春蚕期在上蔟后的第 6—7 日可采茧，夏、早秋蚕期在第 5—6 日采茧，晚秋蚕期在第 7—8 日采茧。实践中还应根据当时的气温和蛹体皮色灵活掌握。

（二）采茧方法

采茧时先拾去蔟上死蚕（死蚕应放在消毒缸中），以及印头茧、烂茧和薄皮茧，以免污染好茧。要根据上蔟先后，实行分批采茧，采茧顺序是按上蔟先后，先上先采，后上后采，不采毛脚茧。采放鲜茧动作要轻，防止激震，以免损伤蛹体造成出血内印茧。因此，要特别注意防止蚕蛹受伤出血。采茧时需拣去附着在蚕茧上的草屑、蚕粪等污物。采下的茧不能堆积过厚，防止发热影响蚕茧质量，以 2~3 粒厚为宜。

目前生产上使用蜈蚣蔟、折蔟等的都是用手工采茧。采用方格蔟的可用采茧器（如图7-3-1所示）。采茧器是用与方格蔟片等长的木条，按照蔟孔的距离，在木条上钉一排粗度略小于方格蔟片孔格的短木棒，形状如木梳。采茧时，用采茧器对准方格蔟片的第一行孔格，轻轻向下压，将蚕茧压出孔外，然后取出采茧器，再依次压第二、第三行孔格，直到将所有的蚕茧压出，由于每粒蚕茧都有茧衣牵挂，将吊挂在孔格下面，待将孔格内所有蚕茧压出孔格后，可先将蔟片收拢，再用手将鲜茧捋下，可提高采茧工效。用采茧器采茧，可节约劳力，提高工效。

1—用采茧器将茧子顶压出孔格外情况；
2—方格蔟收拢后，茧子集拢在蔟片外情况。
图 7-3-1 采茧器采茧示意

二、选茧

采茧时要按茧的品质将茧分开放置，养蚕生产上一般将茧分为四类。

上茧：普通好茧。

双宫茧：由两头或两头以上的蚕共结一个茧的称为双宫茧。

次茧：呈轻黄斑、轻柴印、轻畸形、轻薄皮等不良性状的茧。

下茧：薄皮烂茧、蛆孔茧、重柴印茧、重黄斑茧。

采茧时就应严格选茧，尤其是烂茧要及时剔除，以免污染好茧，分类出售，保证茧质。如采下的茧当天来不及出售，应把鲜茧薄摊在蚕匾内或芦帘上，以免发生蒸热。

三、鲜茧运输和出售

出售鲜茧时，装茧的容器宜用箩筐，为防止鲜茧在运输途中发生蒸热，最好在箩筐中插入透气竹笼或放入一把干稻草，以利通气散热。箩内蚕茧不能装得太多，更不能挤压，切忌用塑料袋盛装，否则，活蛹呼吸放出大量的热量和湿气将使茧层蒸热，解舒恶化。在装茧和运输途中，动作要轻，以免蛹体出血而产生内印茧，尽量减少震动，同时还要防止日晒和雨淋。要做到不售毛脚茧、不售潮茧、不售夜茧。

四、上蔟设备的消毒管理

（一）消毒意义

若上蔟后的蔟室、蔟具等不加消毒地放到下次收蚁，会造成蚕病病原扩散，给下期蚕带来危害。采茧结束后，蔟室、蔟具均应彻底清洗和消毒。

（二）消毒方法

①凡只能使用一次的蔟具（蜈蚣蔟等），采茧后应立即处理，切忌到处乱丢而使病原扩散。

②凡可多次使用的蔟具，采茧后应立即消毒和妥善保管。塑料折蔟可用漂白粉液消毒；方格蔟先用火烤去浮丝，后边叠边用漂白粉液喷洒，喷完后用薄膜覆盖密闭，在阳光下晒4~5小时后，放置在干燥清洁房屋内收藏。

③在处理蚕蔟的同时，应该用漂白粉液或其他消毒剂对蔟具及蔟室内外环境进行全面喷洒消毒，杀灭集中在蔟室内外的病原，防止其扩散。

任务四　不结茧蚕及不良茧的发生与防止

一、不结茧蚕的形成原因与防止

吐丝结茧是蚕保护自身变态化蛹的一种本能。生产上常见熟蚕不吐丝结茧，数日后便死亡，或吐出少量的丝而不成茧。个别的能变态化成裸蛹，但很少羽化成蛾。形成不结茧蚕一般有以下几方面的原因。

（一）微量农药中毒

饲育过程中，蚕如取食受农药污染的桑叶，或长期通过空气接触微量农药而积累毒素，将丧失部分或全部神经中枢协调功能，失去吐丝功能，形成不结茧蚕。在四龄期前接触农药的影响并不明显，而在五龄期接触农药的就易形成不结茧蚕，特别是在五龄第三、四天接触的更为严重。

（二）病原侵染

引起不结茧蚕的主要是脓病、微粒子病和软化病等。蚕在上蔟前感染发病，有三种情形将造成蚕不结茧。一是蚕在上蔟前感染发病，病原直接寄生在丝腺上，破坏了丝腺的分泌机能；二是病原在蚕体内大量繁殖，吸取营养，使蚕的丝腺发育受到影响；三是病原在蚕体内产生大量代谢物质，使蚕的中枢神经中毒麻痹失去吐丝功能，这类病蚕在蔟中不结茧，不能化蛹，成为死蚕。

（三）不良环境

饲育期间温度过高，桑叶过嫩，可引起蚕体内分泌失调，丝腺发育异常；蔟中长时间低温，也会促使不结茧蚕的发生；在蔟中高温多湿且不通风的不良环境中，氧气不足，熟蚕将因呼吸困难出现生理不正常和神经麻痹，导致不结茧；饲育中接触煤气、甲醛等不良气体也会引起蚕丝腺发育异常。使用激素不当，也会使不结茧蚕增多。

（四）生理原因

因生理原因引起不起茧蚕的情况主要有四种：一是丝腺过于肥大，在头胸处压迫气管，导致结茧中枢机能发生障碍；二是丝胶的黏度过高或过低，影响丝物质的纤维化；三是中后部丝腺上气管分布异常，引起腺体的呼吸障碍；四是中后部丝腺部分腺细胞发生畸形而致使蚕不能吐丝结茧。

（五）蚕品种的关系

不结茧蚕的发生与蚕品种有较大关系，一般多丝量品种发生不结茧蚕较多。

（六）损伤引起不结茧蚕

上蔟操作不规范，使蚕丝腺受损而不能吐丝。

为防止出现不结茧蚕，在饲育中防止用温过高、用叶过嫩，要严格贯彻防病措施，严防蚕农药中毒，要适熟上蔟，掌握好上蔟密度，上蔟动作要轻，控制好蔟中温湿度，防止闷热多湿和温度过低。蔟中要保持通风换气，及时清除蚕粪、蚕尿等污物。结合实际情况培育不结茧蚕少的品种。

二、不良茧的形成原因与防止

（一）不良茧的概念

不良茧是次茧和下茧的统称。

次茧是指茧层上有轻微瑕疵的茧。虽瑕疵较轻，可以缫丝，但解舒不良，缫折大，只能缫制低品质的生丝。

下茧是指茧层上有严重瑕疵，不能用来缫丝或很难缫丝的蚕茧。

养蚕生产是为了获得可供缫丝生产用的优质原料茧。但在实际生产中，往往会产生一部分不良茧，即次茧和下茧，多由蔟具不良、蔟中环境恶劣或蚕发病等原因造成。

（二）不良茧的种类、发生原因及防止措施

1. 双宫茧

双宫茧即由两头或两头以上的蚕挤在一起结成的茧，茧形特大，缩皱粗乱。由于茧丝交错，排列失常，缫丝时解舒不良，颣节多，只能缫制成有特殊用途的双宫丝或丝绵。形成双宫茧的原因有许多：蚕蔟不良，可供结茧的位置少；上蔟过密、上蔟熟蚕过于老熟；上蔟时温度过高；蔟中光线明暗不匀或受到一面强风等。双宫茧的产生与蚕品种也有一定关系。防控措施如下：掌握适熟蚕上蔟，上蔟密度适中，选用优良蔟具，蔟中光线明暗均匀，防止强风，防止蔟中出现过高温度。

2. 黄斑茧

黄斑茧茧层表面有黄色斑点，主要由蔟中熟蚕排出的粪尿或蔟中死蚕的体液污染茧层所致。污染程度较轻的或颜色浅的属黄斑次茧，污染严重、已渗入茧层的为黄斑下茧。蚕尿为碱性，黄斑处茧丝受损易切断，黄斑茧因此不能缫丝而成为下茧。造成黄斑茧的主要原因是蔟中多湿、上蔟熟蚕中混入未熟蚕、上蔟后蚕发病等。要减少黄斑茧的产生，除在蚕期做好防病消毒工作外，应掌握上蔟熟蚕老熟的齐一，防止未熟蚕与熟蚕混在一起上蔟，上蔟密度适中，选用方格蔟上蔟，蔟中保持通风，及时清理蔟中游山蚕。

3. 柴印茧

柴印茧茧层表面有蔟枝或蔟具的印痕，印痕呈线条状、钉孔状、平面状。印痕处茧丝胶着紧密，茧丝不易离解，缫丝中易切断，程度轻者属次茧，重者为下茧。其原因是蔟的结构不良，上蔟过密，蚕结茧位置狭小。采用方格蔟上蔟，上蔟不能过密，可以有效地防止柴印茧发生。

4. 畸形茧

茧形明显异于正常茧形，失去蚕品种固有性状的蚕茧，统称为畸形茧，主要包括多角和严重尖头。凡茧层厚薄不匀者均为下茧，尖头茧为次茧。其原因主要是营茧位置不合适，蔟枝间过于狭小或受轻微农药污染。防控措施如下：上蔟蚕头不能过密，蔟的结构要适合蚕营茧，避免农药污染。

5. 蛆孔茧

茧层上留有被蝇蛆啮破的小孔的蚕茧，被称为蛆孔茧，多因蛆蝇寄生而致。茧层上有小圆孔，不能缫丝。防控措施如下：在饲育过程中，蚕室应设置防蝇设施，并在五龄期为蚕添食灭蚕蝇药液。

6. 薄皮茧

茧层薄，茧层率不到正常蚕茧的三分之一，茧层弹性差的蚕茧，统称为薄皮茧。这种茧丝量少，解舒差。其成因主要是感染蚕病、食桑不足或过熟上蔟等。防控措施如下：加强防病消毒，做到良桑饱食和适时上蔟与采茧。

7. 印烂茧（死笼茧）

带病蚕勉强吐丝结成茧，有的在结茧中途蚕死去，死蚕腐烂后会留出黑浆色污液，从茧腔内层逐渐渗到外表，隐约可见黑头者为印头茧，外表已有黑污斑者为烂茧。其主要成因是蚕感染脓病或软化病等蚕病，蔟中高温多湿，可使死笼茧增多。防控措施如下：加强防病消毒工作，上蔟前适当添食抗生素类蚕药，蔟中温湿度宜适中，注意通风换气，严防高温多湿和通风不良。

8. 绵茧

茧层胶着力小，缩皱不明显而呈松浮状态的蚕茧被称为绵茧。凡茧层组织松浮，触感软的为下茧，触感较硬而呈现浅缩皱的为次茧。绵茧的发生，主要是蚕品种的特性或蔟中过干所引起。因此，在保持蔟中通风的同时，要防止蔟中过分干燥。

9. 穿头茧

在茧的一端，茧层极薄或出现穿头的茧，称为穿头茧。穿头茧不能缫丝，多因品种特性所致，有时蔟中光线不匀，高温闷热，也会形成穿头茧。因此，改善蔟中环境，可减少穿头茧的发生。

10. 多层茧

茧层间有间隔而分成数层的蚕茧，统称为多层茧，多因吐丝营茧过程中温度昼夜变化剧烈，或高温干燥所造成。因此，应加强蔟中保护，不使温度激变。

11. 红斑茧

茧层表面呈现淡红色斑点的蚕茧，统称为红斑茧。红斑茧的发生多因蚕被灵菌感染所致。多湿环境利于灵菌繁殖，因此，保持蔟中通风干燥是防止红斑茧发生的有效措施。

12. 内印茧

茧腔内有病蚕污染或蛹体损伤出血而染及内层的茧，统称为内印茧。

13. 僵蛹茧

蚕在化蛹后发病，全身干瘪，呈僵硬状，但没有腐烂而形成的茧，统称为僵蛹茧。

不良茧的识别

任务五 蚕茧品质检验

品质检验是确定蚕茧价格的依据，实行优质优价可兼顾企业和蚕农的利益，有利于养蚕生产的发展和茧丝质量的提高。在检验蚕茧品质时，首先要进行茧的分类，然后根据茧的外观工艺性状确定茧的等级标准和价格。

一、原料茧的分类

鲜茧根据品质的好坏，可分为上车茧和下脚茧（下茧）两大类。

上车茧是能够用作缫丝的原料茧，包括上茧和次茧两部分。上茧即茧形整齐、茧层厚、茧色洁白、茧层完好，缩皱、松紧等均能体现该品种固有性状，能够缫制优质生丝的原料茧。次茧即虽能缫丝但因茧层有轻微的疵点，不能缫制优质生丝，缫折较大，缫丝较困难的蚕茧，包括轻黄斑茧、轻柴印茧、轻绵茧、轻畸形茧等。

下脚茧是茧层有重大疵点，完全不能用作缫丝原料，只能用作绢纺或剥制丝棉的一类蚕茧，根据形状、颜色、结构可分为重黄斑茧、重柴印茧、重畸形茧、薄皮茧、死笼茧、绵茧、蛆孔茧等。双宫茧不完全是下茧，又不作普通上车茧对待，应单独归一类，可缫制双宫丝。

在蚕茧收购中，应对蚕茧严格分类，认真评级，既不能让蚕农吃亏，又不能使企业利益受损。

二、原料茧的外观特性

（一）茧的形状和大小

1. 茧的形状

茧形主要有椭圆形、束腰形、球形、纺锤形和尖头形等。茧形属于品种特性，中国种为椭圆形，日本种为深束腰形，杂交种多呈椭圆形或浅束腰形。

2. 茧的大小

茧的大小因蚕品种不同而不同。同一品种中，良桑饱食的蚕的茧形大，茧层厚，而雌蚕茧优于雄蚕茧。养蚕生产上要求茧形整齐端正，利于缫丝。

（二）茧的颜色与色泽

1. 茧的颜色

茧色主要为白色，也有的蚕品种产黄色茧、淡绿色和红色茧。现行品种均为白色茧。

2. 茧的光泽

养蚕生产上要求茧色洁白，光泽正常，色泽一致。

（三）茧的缩皱和松紧

1. 茧的缩皱

茧的缩皱指茧层表面凹凸不平的皱纹，在单位面积内突出皱纹的个数少，则为缩皱粗，反之则细。茧有细匀浅的缩皱解舒好，缩皱粗乱深的解舒差。

2. 茧的松紧

茧的松紧指蚕茧的软硬程度及其弹性，通常以手触感知。与蚕品种、饲育、上蔟等因素有关。茧层过紧过松均对缫丝不利，茧层触感坚硬无弹性或弹性弱的，茧丝离解困难。养蚕生产上要求茧层松紧适度，且富有弹性。

三、原料茧的工艺性状

原料茧的工艺性状是指与缫丝工艺有关的茧的理化特性，包括全茧量、茧层量、茧层率、茧丝长、茧丝量、茧丝纤度、解舒率等。

1. 全茧量

全茧量指一粒茧的总重量，包括茧层、蛹体和蜕皮物的重量。全茧量一般为1.6~2.5克，它与蚕品种、饲养季节、雌雄、食桑情况及饲养技术有很大的关系。

养蚕生产上全茧量的大小还可以用千克茧粒数来表示，千克茧粒数越少，全茧量越重，一般每千克鲜茧有450~600粒。

2. 茧层量

茧层量指茧层的绝对重量，也是全茧量减去蛹体和蜕皮物后的重量。茧层量越重，丝量也越多，茧层量的多少是衡量茧质优劣的最基本条件，也是评定茧级的最基本依据。茧层量在雌雄间差异不是很大，但与蚕品种和饲养条件有很大关系，现行品种的茧层量一般为 0.4～0.7 克。

3. 茧层率

茧层率指茧层量占全茧量的百分比，茧层率=茧层量÷全茧量×100％。茧层率是决定茧丝量多少的主要因素。茧层率高的，出丝率高，缫折小。茧层率的高低与蛹体大小和茧层厚薄有直接的关系。蛹体重的茧层率低，茧层厚的茧层率高。现行多丝量品种的鲜茧茧层率一般为 23％～26％。

4. 茧丝量

茧丝量指一粒茧所缫得丝的重量。茧丝量越重，说明茧质越好。茧丝量的高低与全茧量、茧层量、茧层率及茧层缫丝率有很大的关系，一般解舒优良的茧可缫得茧层量85％左右的生丝，而解舒差的原料茧的茧丝量只有茧层量的 70％ 左右。

5. 出丝率

出丝率指一粒茧缫成丝后所得的生丝量与全茧量的百分比，出丝率=茧丝量÷全茧量×100％。现行蚕品种鲜茧的出丝率一般为 14％～18％，干茧出丝率因蚕期不同而有差异，春茧为 35％～43％，秋茧为 26％～34％，出丝率与茧层率及茧层缫丝率（茧层缫丝率=茧丝量÷茧层量×100％）有直接关系，它不仅体现茧质的好坏，与缫丝工艺也有一定的关系。

6. 缫折

缫折指茧量与缫得丝量的百分比，生产上一般用缫取 100 千克生丝所需原料茧的重量表示。缫折=茧量÷丝量×100％。缫折越低，表示茧质越好，缫折越高，表示茧质越差。

普通原料茧的缫折一般在 250～300，缫折可分为光折和毛折，光折即为缫 100 千克丝所需光茧（除去下茧、剥去茧衣）的重量，毛折指缫取 100 千克丝所需毛茧（包括下茧，不剥茧衣）的重量。

7. 茧丝长

茧丝长指一粒茧所缫取生丝的长度，现行蚕品种的茧丝长因蚕期差异而不同，春茧为 1200～1500 米，夏秋茧为 700～1000 米。实际上蚕结茧时吐出茧丝的总长度为 1500～2500 米，用来构成茧衣、茧层和蛹衬，其中茧衣占 2％～3％，茧层占 95％左右，蛹衬占 2％～3％。

8. 解舒

解舒是指缫丝时茧层离解的难易程度，通常用解舒丝长或解舒率来表示。解舒丝长是指缫丝时平均每添绪一次，所缫取的丝长。

一粒茧缫丝时，解舒丝长（米）=茧丝长（米）÷（落绪次数+1）；一批茧缫丝时，解舒丝长（米）=［生丝总长（米）×定粒数］÷（供试茧总数+落绪总数）。

解舒率是指解舒丝长与茧丝长的百分比。解舒率=解舒丝长÷茧丝长×100％，解舒率＝供试茧粒数÷（供试茧粒数＋落绪茧粒数）×100％。

解舒是衡量茧质优劣的一个重要指标，也是影响生丝品质极为重要的因素。好缫的茧，茧丝离解容易，落绪少，则解舒好。原料茧的解舒与蔟中温湿度有很大的关系，据试验，蔟中温度为 24～25℃，相对湿度为 73％时，解舒率可达 90.21％，在高温多湿（29℃，89％）时，解舒率下降为 42.54％，其中蔟中湿度的影响比温度更为显著，在温度相同的情况下，多湿会造成解舒恶化。加强蔟中通风换气、保持蔟中干燥，是提高解舒率的重要途径之一。

9. 茧丝纤度

纤度是用来表示茧丝粗细程度的单位，通常用旦尼尔（D）表示，450 米长的丝每重 0.05 克为 1D，1D＝9000×丝量（g）÷丝长（m），旦尼尔数越大，丝条越粗，反之越细。

茧丝纤度与蚕品种、饲养季节以及蔟中温湿度有很大的关系。日本种的纤度比中国种粗，春茧的纤度比夏秋茧粗，上蔟温度低的比高的茧丝纤度偏细。生产上要求茧丝最粗部位和最细部位的差异要小，粗细均匀。

10. 茧丝糰节

茧丝糰节指丝纤维上形态异常的疵点。有糰节的茧在缫丝时不能充分离解。生产上要求减少茧丝糰节，提高生丝品质。

四、评茧标准

根据"优茧优价，劣茧低价，按质评级，分等定价"的茧价政策，按茧质好坏定级、按级定价，目前常用的标准是以干壳量分级，以上车率、上茧率、色泽等作为补正条件。现将分级标准介绍如下。

1. 干壳量评级

干壳量评级以 50 克鲜茧的光茧干壳量为依据。干壳量分级以 0.3 克为一级，上车率为 100％时，干壳量分级标准如表 7-5-1 所示。

表 7-5-1　干壳量分级表

等级	1	2	3	4	5	6	7	8	9	10	11
干壳量/g	9.4	9.1	8.8	8.5	8.2	7.9	7.6	7.3	7	6.7	6.4

干壳量在 9.4 克以上或 6.4 克以下的，每增减 0.3 克，分别升降一级，干壳量统计取一位小数，第二位小数四舍五入。

2. 干壳量的补正条件

（1）上车率

在出售的茧中除去双宫茧、黄斑茧、柴印茧等不能缫丝或缫丝困难的下脚茧后的都叫上车茧。上车茧的重量占总重量的百分比，叫上车率。上车率以 5％为一级，凡满 2％者作 5％计，满 7％者作 10％计，不取小数。在干壳量定级的基础上，上车率只有

95％时降一级，只有90％时降二级，以此类推。

（2）上茧率

上车茧中，将茧形特小、茧层薄、轻黄斑、轻柴印的茧及轻绵茧选除，所剩的茧为上茧，上茧重量占总茧量的百分比叫上茧率。在干壳量定级的基础上，以70％～84％的上茧率为基准，如达到85％及以上则升一级，55％～69％时降一级，40％～54％降二级，21％～39％降三级，不取小数。上茧率如在20％以下，同时上车率在80％以下者不作干壳量检验，只作次茧处理。

（3）色泽

在干壳量定级的基础上，茧色洁白，光泽正常，茧衣蓬松，触感干爽的，升一级；茧色次白，光泽稍差，茧衣蓬松，触感不够干爽的为普通，不升不降；茧色灰白或米黄（品种固有色除外），光泽呆滞，茧衣萎缩，触感潮湿者，降一级。

（4）僵蛹茧、内印茧及死笼茧

在检验时，剖茧发现僵蛹茧、内印茧及死笼茧合计占检验总粒数的10％时降一级，20％降二级，以此类推。

五、评茧方法

（一）干壳量评茧法

批量售茧时常采用此法。这种评茧方法是应用评茧仪测定鲜茧的干壳量作为主要指标，结合上车率、色泽、死笼茧等补正条件，分级定价。其主要步骤如下：

①抽样：从茧堆的面、中、底部位各抽取有代表性的样茧1～2千克，充分混匀后，称样茧500克装入样茧篮，送验级台检验上车率和上茧率。

②过秤：样茧抽出后，其余蚕茧应立即过秤，同时检验茧色，将茧量和茧色填在评分表上。

③选茧：从所抽的500克样茧中，选出下茧和次茧，算出上车率。批量大的还应调查千克茧粒数。

④调查：将样茧中的上茧和次茧混匀，从中称取50克，剥去茧衣，剖开茧层，取出蚕蛹和蛹皮，茧壳供烘干用，同时记录存在僵蛹或内部污染的茧和死笼茧粒数。

⑤烘壳：将50克样茧的茧壳放入烘箱中烘至恒重后称量，记录干壳量。

⑥定级：根据检验的各项成绩，进行评级和定价。

（二）肉眼评茧法

肉眼评茧法是以眼看和手触来判定茧质优劣的办法。肉眼评茧虽然远不如按干壳量评茧科学，但它具有方法简便、评茧速度快的特点，评测零星茧量和下茧、次茧可采用肉眼评茧法。肉眼评茧时，评茧员必须熟练掌握评茧的标准和技术，力求正确公正，避免差错，在评估时应注意以下几点：

①评茧时多部位手触蚕茧，根据茧层的厚薄和潮湿度，估计干壳量，并随时与检验的干壳量对照，力求评估准确。

②观察茧色，并随机抽取一定茧数，剔除下茧、次茧，估计上车率、上茧率和死笼

茧、僵蛹茧所占比例。

③根据评估成绩决定基本等级。

如果以茧层率的高低为评茧依据进行肉眼评茧时,其主要步骤如下:

一看:看茧的颜色、茧形和匀整度。并随手取样茧 30～50 粒,计算上茧、次茧和下茧所占比例,估计上车率和上茧率。

二摸:用手摸茧层的厚薄,了解蚕茧厚薄及潮湿情况。

三摇:摇茧听音,估计薄皮茧、毛脚茧、死笼茧和僵蛹茧所占的比例。

四比:经肉眼观察和手触以后,还要将被检蚕茧与样品比较。

五定:根据看、摸、摇、比的情况,按照茧级标准,评定茧级。

思考题

1. 蔟前应做好哪些准备工作?

2. 蔟室和蔟具应具备哪些条件?

3. 主要蔟具有哪几种?它们的优缺点分别是什么?

4. 怎样识别适熟蚕并做到适熟上蔟?

5. 上蔟为什么要掌握稀密适当?合理的上蔟密度应是怎样的?

6. 上蔟有哪些方法?各种上蔟方法应注意哪些问题?

7. 蔟中温度、湿度、气流、光线对蚕茧和茧质有何影响?

8. 简述蚕结茧过程。

9. 不结茧蚕的发生原因是什么?怎样防止?

10. 从缫丝工业角度看,蚕茧分为哪几类?不良茧有哪几种?它的发生原因和防止措施分别是什么?

11. 采茧过早和过迟对蚕茧质量有什么影响?怎样确定采茧适期?

12. 采茧、选茧和售茧应注意哪些问题?

13. 茧的品质主要包括哪些内容?

14. 评茧方法有哪几种?评茧的主要步骤是什么?

15. 实行干壳量评级定价的主要依据是什么?

16. 为什么要评茧?

参考资料

四川省蚕丝学校，1979. 养蚕学［M］. 北京：农业出版社.

浙江农业大学，1980. 养蚕学［M］. 北京：农业出版社.

易永，1987. 新编养蚕学［M］. 成都：四川科学技术出版社.

浙江省嘉兴农业学校，1994. 养蚕学［M］. 北京：农业出版社.

吴大洋，龙淑祯，1999. 养蚕实用新技术［M］. 北京：中国农业大学出版社.

张国政，沈中元，吴福安，2019. 种桑养蚕实用技术［M］. 北京：中国科学技术出版社.